建设工程101问系列

建筑电气施工图
审查要点
101问

U0378876

白永生　编著

机械工业出版社
CHINA MACHINE PRESS

本书共分8章，精炼出了建筑电气施工图审查中典型的疑难困惑和重要知识点100余个，采用一题一议的方式，对所提出的问题在对规范的合理性解释的基础上，兼顾规范编制组的回复、规范的条文说明、各地区的审查要求，进行了有的放矢的或细致或简明扼要的解答。本书具体内容包括电气说明常见审查问题及解析、节能绿建常见审查问题及解析、电气系统常见审查问题及解析、电气平面常见审查问题及解析、消防报警常见审查问题及解析、人防设计常见审查问题及解析、防雷及接地常见审查问题及解析、弱电设计常见审查问题及解析。

本书适合大中专院校相关专业的师生、电气设计工程师及审图人员阅读使用，对于电气行业全链条上的其他相关技术人员也有一定的参考意义和借鉴价值。

图书在版编目（CIP）数据

建筑电气施工图审查要点101问／白永生编著.
北京：机械工业出版社，2025.1. --（建设工程101问系列）. -- ISBN 978-7-111-77141-8

Ⅰ. TU85-44

中国国家版本馆CIP数据核字第2024K5V943号

机械工业出版社（北京市百万庄大街22号　邮政编码100037）
策划编辑：薛俊高　　　　　　　责任编辑：薛俊高　李宣敏
责任校对：张爱妮　刘雅娜　　　封面设计：张　静
责任印制：刘　媛
河北京平诚乾印刷有限公司印刷
2025年1月第1版第1次印刷
184mm×260mm · 14.75印张 · 380千字
标准书号：ISBN 978-7-111-77141-8
定价：59.00元

电话服务　　　　　　　　　　　网络服务
客服电话：010-88361066　　　机 工 官 网：www.cmpbook.com
　　　　　010-88379833　　　机 工 官 博：weibo.com/cmp1952
　　　　　010-68326294　　　金 书 网：www.golden-book.com
封底无防伪标均为盗版　　　机工教育服务网：www.cmpedu.com

前　言

基于现状，确实应当体谅电气工程设计师们。

建筑行业经过三四十年的高速发展，现在确实进入了收缩期，天下同此凉热，作为设计施工图的审查人员，我们也了解设计人员的现实处境，但若因此而放松对于设计图的质量要求，则不是我个人所能决定和现实条件所能允许的。不过我还是希望能更多地站在工程安全的角度来看待施工图的质量，站在共赢的角度去看待与设计院的关系。

但其实，造成今天设计人员困境的，不仅仅是行业发展的形势使然，还有可能是我们自己。为了生存，每一环节都要做到极限，甲方极限控制成本，设计人员极限时间出图，外审人员极限规范要求，最终的结局，并不难预测。只是作为每一个当事人，能做的，大多情况下只能是顺势而为。

如果理解，那审查人员也属不易。

故也请体谅审查人员，我常看到设计院对于外审人员表达着不满，认为他们不够通情达理，审查中过于教条，其意见也并不正确。作为外审人员，我能够理解设计人员的心态，但确实也没法发言，因为所站的角度不同，对同一个问题，看法自然有着巨大的差别。

外审人员并非规范的编制者，只是应用者，有时模糊的条款也只能严格执行，因为他们的背后也有抽审，甚至是计算机 AI 的抽审，更加严格。这就导致了审查越来越严，提出的意见有时看起来并不那么合理，但当你了解了层层的抽审后，就会理解，这并非全是由审查人员所能决定的，他们也有严格的要求和规则需要遵守。

这时就会发现，对于模糊、争议的意见，如果能够有一种相对合理的解读，那就太有必要了，这也是本书写作的初衷——不仅是服务于审查人员，也服务于设计人员，通过切换不同角度对于同一问题的理解，在求同存异中，满足大家都想把工程干好的愿望。

电气审查目前倾向于两端：节约与工程安全，但这两件事有时会产生矛盾。所以审查的核心是把控合理的度，如果简单地一味重压设计人员，只能导致双输，设计院很难办，外审单位最终也无法生存。故建筑电气审查有时需要抓大放小，简化审查，如何去帮助设计人员理解规范，发挥技术支持和把关作用，才是外审单位应该摆正的态度。

本书初衷，正是希望能摆脱"审查"结果而思考"审查"过程。

所以在本书的编写中，我希望能够站在脱离经济考量，脱离管理角度，脱离具体的审查单位，只针对审查中那些危及人员安全、消防安全、实现长期节能的问题来做探讨。我并不是规范的制定者，也不是规范的解释者，但可以成为规范的搬运工，把各种规范编制组的回复、规范的条文说明、各地区的审查要求联系起来，把规范的内在意义融会贯通，找到最为合理的解释，理解编制者真实的意图。

审查的核心逻辑是准确、有效、不扩大审查面。审核的侧重点是先消防安全、人身安全，在满足上述的条件下，再考虑节能减排与控制成本。规范的使用方面，先满足国家标准，后不违反行业标准。但在人身安全方面，尤其涉及消防方面的内容，要求就高不就低。

规范是支持我们设计和审查的指导性文件，为有争议的条文找到相对认同的解释是本书编写的核心。我把问题按规范要求和逻辑分析两部分来记述，希望经过有分析、有逻辑的推导，得出一种办法，站在合规、安全和合理的角度，介绍规范为什么要这么写，如何实施能更加符合规范要求。

说到目的，我希望能做一本无须用专业心态阅读的专业书籍。

技术在不停地进步，我们学习的并非是规范本身，而是一种逻辑思考的方式，以及形成一种电气分析的方法，从而进行合理的设计与审图。但我确实不敢说对错，因为自己没有专业的话语权，也正因为如此，我可以说说，并不需要为此而背负太多的压力；读者也可以轻松去看看，顺便拓宽自己的专业视野。但我相信，对于用心的专业读者，一定能够得到一点启发和教益。考虑到现代人的阅读习惯，本书采用了双色印刷，以提高读者对重点内容的识别把握度和阅读的体验感。

关于构架，本书内容虽琐碎但重点突出。

本书在章节设置上按审查版块进行分类，分为说明、节能、系统、平面、消防、人防、防雷接地、弱电。其中再分典型场所和典型问题。典型问题里再细分为常见的审查案例和疑问。与常规专业书籍不同，问题的分类相对零散，看似难以成为体系，但成体系的书籍已经足够多，能够打通"脉络"的书籍却并不多。故本书的编写原则就是尽量让内容都是重点、难点、痛点，所以我从各省、各地审查要点及咨询回答中反复遴选，尽量做到内容有效、有意义、有前瞻，不浪费读者的宝贵时间。

行业的发展，技术的进步，突飞猛进；规范的变化，甚至可以月来区分，所以我更愿意在这本书里构建出电气审图的骨架，这样无论未来规范如何改变，其中的实质性原理，却能够一直延承下去。

展望未来，应包容地看待世界，才能有所收获。

我会在本书的结尾部分，附上二维码，希望读者能将新的疑问或不好界定的问题反馈给我们（我与编辑），以待未来再版时加入。一本书，如果希望它能有生命力，必须要及时补充欠缺的内容，也要不断地更新其过时的内容，当然，这一点会很烦琐，但我已经做好了准备。

在当下能够安心读书写字的人，除了一些现实的需要，确实需要一份对行业发展的责任和情怀，而我是空有情怀，专业水平确实不足，只能依靠责任感完成本书的撰写。作为一名从业二十多年的技术工作者，依然相信"星星之火可以燎原"，走过困境会变得更美好，而我这块砖头的存在，如果真能"引玉"，给广大的从业者带来一点点启发和思考，此心也足矣。

由此，虽然本人已尽全力，但限于学识水平和能力，书中肯定有不足甚至错讹之处，恳请广大读者同行批评指正，不吝赐教，谢谢！

白永生

2024 年 7 月 15 日

目 录

第1章

电气说明常见审查问题及解析

Q1 设计说明中的几个常见问题

1. 设计依据需要表述哪些内容?

规范要求:《建筑工程设计文件编制深度规定》(2016 年版) 中第 3.6.2 条和第 3.2.1 条第 1 款要求:政府有关主管部门的批文,如该项目的可行性研究报告、工程立项报告、方案设计文件等审批文件的文号和名称;建设单位提供的有关部门(如:供电部门、消防部门、通信部门、公安部门等) 认定的工程设计资料,建设单位设计任务书及设计要求;相关专业提供给本专业的工程设计资料;设计所执行的主要法规和所采用的主要标准(包括标准的名称、编号、年号和版本号)。

逻辑分析:依据重要性,逐一进行介绍。按照工程性质,设计依据应该有自身特点,与电气专业无关的内容慎写,易造成误导。说明中要有电气专业的主要规范,如《低压配电设计规范》(以下简称"《低规》")(GB 50054—2011)、《供配电系统设计规范》(GB 50052—2009)、《建筑照明设计标准》(GB/T 50034—2024)、《民用建筑电气设计标准》(以下简称"《民标》")(GB 51348—2019) 等。

其次,要有有关消防的主要规范,如《建筑设计防火规范》(以下简称"《建规》")(GB 50016—2014)(2018 年版)、《消防应急照明和疏散指示系统技术标准》(GB 51309—2018)、《火灾自动报警系统设计规范》(以下简称"《火规》")(GB 50116—2013) 等,以及有关电气抗震的主要规范《建筑机电工程抗震设计规范》(GB 50981—2014)。

另外就是涉及的各通规,如《消防设施通用规范》(以下简称"《消通规》")(GB 55036—2022)、《建筑防火通用规范》(以下简称"《建通规》")(GB 55037—2022)、《建筑电气与智能化通用规范》(以下简称"《电通规》")(GB 55024—2022)、《建筑环境通用规范》(GB 55016—2021) 等。

再按建筑主要功能,完善相应的行业规范,如住宅类型建筑需要注明:《住宅设计规范》(GB 50096—2011)、《住宅建筑电气设计规范》(JGJ 242—2011) 等;办公类型建筑需要注明:《办公建筑设计标准》(JGJ/T 67—2019);商业类型建筑需要注明:《商店建筑设计规范》(JGJ 48—2014) 及《商店建筑电气设计规范》(JGJ 392—2016);酒店类型建筑需注明:《旅馆建筑设计规范》(JGJ 62—2014);医院类型建筑需要注明:《医疗建筑电气设计规范》(JGJ 312—2013) 及《综合医院建筑设计规范》(GB 51039—2014)。

当附属有车库的建筑物需要介绍车库相关规范:《车库建筑设计规范》(JGJ 100—2015) 及《汽车库、修车库、停车场设计防火规范》(GB 50067—2014)。

锅炉房等有爆炸危险环境的场所需要注明:《爆炸危险环境电力装置设计规范》(GB 50058—2014)、《锅炉房设计标准》(GB 50041—2020)。

内部含有人防区域的建筑类型，需注明相关人防规范：《人民防空地下室设计规范》（GB 50038—2005）（2023年版）及《人民防空工程设计防火规范》（GB 50098—2009）等。这两部适用于国管项目的审查。而地区的人防规范一般更细，在人防审查中，由地区人防办管理的项目，地标为首要达标要求，以北京地区为例，有《平战结合人民防空工程设计规范》（DB11/994—2021）等。

根据各地绿色建筑及节能要求，需要介绍国标，如《绿色建筑评价标准》（GB/T 50378—2019）（2024年版）等。但更多依据地规，需要列出相应地方标准，以北京为例，如《公共建筑节能设计标准》（DB11/T 687—2024）、《绿色建筑设计标准》（DB11/938—2022）等。

其余各类建筑形式，不逐一记述，依据工程性质增加依据。主要分类如图1-1所示。

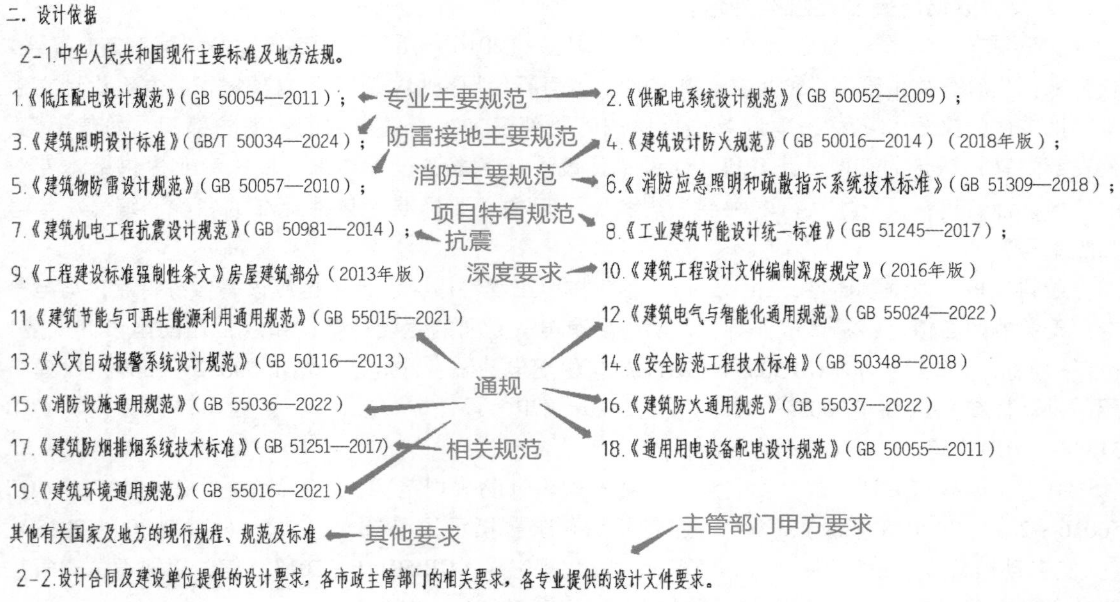

二．设计依据

2-1.中华人民共和国现行主要标准及地方法规。

1.《低压配电设计规范》（GB 50054—2011）；　专业主要规范　2.《供配电系统设计规范》（GB 50052—2009）；

3.《建筑照明设计标准》（GB/T 50034—2024）　防雷接地主要规范　4.《建筑设计防火规范》（GB 50016—2014）（2018年版）；

5.《建筑物防雷设计规范》（GB 50057—2010）；　消防主要规范　6.《消防应急照明和疏散指示系统技术标准》（GB 51309—2018）

7.《建筑机电工程抗震设计规范》（GB 50981—2014）；　项目特有规范　8.《工业建筑节能设计统一标准》（GB 51245—2017）；　抗震

9.《工程建设标准强制性条文》房屋建筑部分（2013年版）　深度要求　10.《建筑工程设计文件编制深度规定》（2016年版）

11.《建筑节能与可再生能源利用通用规范》（GB 55015—2021）　12.《建筑电气与智能化通用规范》（GB 55024—2022）

13.《火灾自动报警系统设计规范》（GB 50116—2013）　14.《安全防范工程技术标准》（GB 50348—2018）

15.《消防设施通用规范》（GB 55036—2022）　通规　16.《建筑防火通用规范》（GB 55037—2022）

17.《建筑防烟排烟系统技术标准》（GB 51251—2017）　相关规范　18.《通用用电设备配电设计规范》（GB 50055—2011）

19.《建筑环境通用规范》（GB 55016—2021）

其他有关国家及地方的现行规程、规范及标准　其他要求　主管部门甲方要求

2-2.设计合同及建设单位提供的设计要求，各市政主管部门的相关要求，各专业提供的设计文件要求。

图1-1　设计依据示意

2. 工程概况表述中需要注意什么？

规范要求：依据《建筑工程设计文件编制深度规定》（2016年版）中第3.6.2条第1款要求：应说明建筑的建设地点、自然环境、建筑类别、性质、面积、层数、高度、结构类型等。同时，其第4.5.3条第1款要求：初步（或方案）设计审批定案的主要指标。

逻辑分析：即要求工程概况中注明建设地点、自然环境、建筑类别、性质、面积、层数、高度、结构类型等主要指标。如应说明高层建筑类别，包括酒店星级、医院级别、体育场馆级别、车库类别等，以便明确负荷等级，为供电要求提供依据。除此之外，还须注明建设地点、周边环境、各不同功能构造的面积、层数、主要专业关联层的层高（如有地下变配电室时需单独介绍）、建筑物的总高度（有裙楼时宜分别介绍）、板厚（前室与室内板厚不同时建议分别说明）、是否为装配式建筑（描述电气装配率）、垫层厚度（如有垫层敷管的可能）、吊顶情况（上人或是不上人吊顶）、是否存在闷顶（其内高度是否考虑消防报警）及结构形式（基础形式多涉及接地，此时也要表述）等主要指标。

含有人防时，还应有防护单元数量、人防总面积等，因为这一点决定是否设置固定或移动电

站。部分地区还需注明人防备案的编号，相关人防批文是设置电站的实质性文件，因为很多地区并不完全依据5000m²的人防总面积的要求来规划电站，而是根据自己地区特点，由人防单位确定，并下达人防批文。

综上所述，某工程项目说明概况如下示例：

（1）工程名称：本工程为×××。

（2）工程的建设地点和周边环境：工程位于北京市海淀区××大街与××中路交叉口。

（3）建筑面积：总建筑面积约××万平方米，其中住宅面积××万平方米，商业面积××万平方米。

（4）建筑高度：建筑主体高度65m，裙房高度30m。

（5）建筑特点：地下2层，层高4m，地上20层，层高3m，户内板厚15cm，前室板厚20cm。

（6）建筑使用功能：地下室共两层，地下二层设置有车库、制冷机房等设备用房；地下一层设置有车库、变电所、备用柴油发电机房等设备用房。地上主要构成：商业功能区（1F～4F）、办公区（5F～9F）、酒店（11F～20F）等。

（7）建筑消防类别：本工程属于一类办公建筑；建筑耐火等级为一级。

（8）必要的建筑做法：屋面材料为复合彩色压型钢板，外窗选用塑钢窗，室内地面建筑垫层5cm，标准层设置吊顶，首层吊顶高度0.8m等。

（9）结构形式：①墙体结构：砖混结构、框架-剪力墙、框支剪力墙结构等；②楼板形式：预制、现浇混凝土楼板；③基础形式：桩式基础、条形基础、筏形基础、箱形基础等；④抗震设防烈度：8度。

3. 设计范围需明确的主要内容有哪些？

设计范围：依据《建筑工程设计文件编制深度规定》（2016年版）中第3.6.2条第2款要求：根据设计任务书和有关设计资料说明本专业的设计内容，以及与二次装修电气设计、照明专项设计、智能化专项设计等相关专项设计，以及其他工艺设计的分工与分工界面；拟设置的建筑电气系统。

逻辑分析：需要介绍的有主要设计内容；电源分界点；后期装修的内容；需要专业单位深化的设备机房设计；仅预留管线的内容；与相关专业的技术接口要求；其他专项深化设计内容，如图1-2所示。

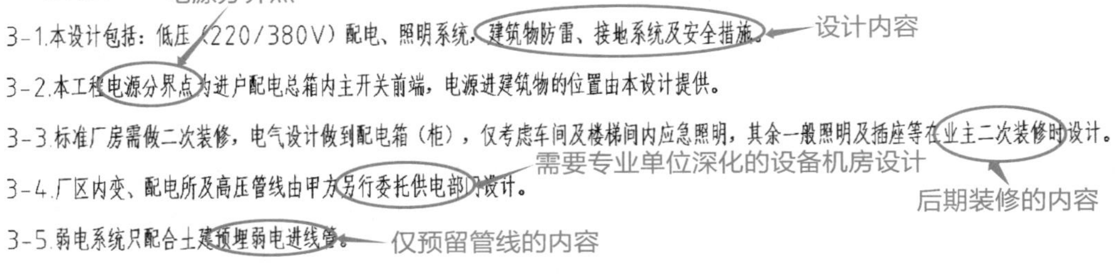

三、设计范围

电源分界点

3-1.本设计包括：低压（220/380V）配电、照明系统、建筑物防雷、接地系统及安全措施。 设计内容

3-2.本工程电源分界点为进户配电总箱内主开关前端，电源进建筑物的位置由本设计提供。

3-3.标准厂房需做二次装修，电气设计做到配电箱（柜），仅考虑车间及楼梯间内应急照明，其余一般照明及插座等在业主二次装修时设计。 后期装修的内容

3-4.厂区内变、配电所及高压管线由甲方另行委托供电部门设计。 需要专业单位深化的设备机房设计

3-5.弱电系统只配合土建预埋弱电进线管。 仅预留管线的内容

图1-2 设计范围示意

4. 设计说明容易遗漏什么内容？

当为多层建筑时，应说明室外消防用水量（主要是为了明确消防用电负荷等级）；电负荷等

级、各类负荷容量（方便计算容量）；供配电方案（确定方案已通过供电局审批）；各系统的设计施工要求和注意事项（包括电气各系统的主要指标、线路选型、敷设方式及设备安装等）；设备主要技术要求（也可附在相应图纸上）、变形缝的电气做法要求等。

消防设备需要注明有入网许可，为消防部门的特殊要求。电气设备需满足产品实施强制性产品认证，为电气行业入网销售的标准，该处需要注意。在国家市场监督管理总局的2024年第9号文中：市场监管总局决定对商用燃气燃烧器具等产品实施强制性产品认证（以下称CCC认证）管理，对低压元器件恢复CCC认证第三方评价方式。可见未来CCC认证的要求会更加严格。

除此之外，设计说明还容易遗漏防雷计算结果及类型、建筑物雷电防护等级、接地及安全措施；电气节能及环保措施；电气抗震要求；防冻及海拔的要求（如有）；电气设备应选用防冻性能好的定型产品，此条限定于北方极寒地区的设计中要求；当设于高海拔地区时需要增加设备海拔的要求，这是根据《20kV及以下变电所设计规范》（GB 50053—2013）中第3.1.3条："在海拔超过1000m的地区，配电装置的电器和绝缘产品应符合现行国家标准《特殊环境条件高原用高压电器的技术要求》GB/T 20635的有关规定"，该内容有介绍即可。

说明中对于自然条件的介绍示意如图1-3所示。

■ 自然条件及概要

● 年度平均气温	10.5℃	● 年降雨量	683.60mm	● 平均相对湿度	62.00%
● 极端最高气温	35.0℃	● 土壤标准冻结深度	0.80m	● 年度平均风速	3.0m/s
● 极端最低气温	−21.6℃	● 土壤最大冻结深度	0.85m	● 基本风压	0.45kN/m²
● 年度日照时数	2777.7hr	● 抗震设防烈度	8度(0.20g)	● 基本雪压	0.45kN/m²
● 年度雷暴日数	34.7D				

图1-3 说明中对于自然条件的介绍示意

5. 人防电气说明中包含哪些内容？

应包含工程概况，平时、战时用途，防护等级、人防电源、战时负荷等级、电力、配电、线路敷设、管线密闭、照明、接地、通信等内容。可以在说明中明确火灾自动报警系统说明及系统电气专业施工图，以及设计依据（包括人防工程现行规范、人防批文）。须注意的是，属于地局管的人防工程采用的人防办批文为《人防工程设计审核批准意见书》（〔年号〕京防工准字××
×号），而国管局的人防工程采用的是国管局人防办批文《人民防空工程建设规划审核意见书》（〔年号〕国机防工规字×××号）。

6. 消防说明中需要涵盖的审查要点有哪些？

《火规》及《建规》中的强制性条文及要点，都是审查重点，需要在说明中逐一表述，虽然烦琐，但常为审查中必查事项，这里不一一介绍。除此之外，消防设备需要设置明显标志；应急照明的启动时间≤5s；装修审查中的各类后增设的门禁，消防时需要打开的要求；应急照明的照度要求、放电时间等需要说明。其次，对防火门监控系统、电气火灾监控系统、消防电源监控系统的设置要求在说明中要有所介绍，并有相应的系统及平面表示。还须注意的是防火相关的内容，如防火封堵、建筑装修材料燃烧性能、消防报警线缆燃烧性能（B2级要求）等均为常见消防说明的遗漏点。

Q2 标准图是否可作为审查依据?

规范要求:《中华人民共和国消防法》第九条:建设工程的消防设计、施工必须符合国家工程建设消防技术标准。建设、设计、施工、工程监理等单位依法对建设工程的消防设计、施工质量负责。

逻辑分析:住房和城乡建设部信访办公室在 2022 年 10 月 27 日对于"国家工程建设消防技术标准"进行的解释中称:国家建设工程消防技术标准指现行国家标准中消防相关标准,以及包含消防技术条文的其他标准。建设工程消防设计、施工除应符合国家建设工程消防技术标准外,还应符合国家现行的其他有关标准规范的规定。可见同时包括了地区标准及行业规范,但也由此可知国家及地方的各级标准图都不应作为施工图审查的依据。错误情况如图 1-4 所示。

工程设计依据	图集不可作为设计依据
《建筑设计防火规范》(GB 50016—2014)(2018年版)	《消防应急照明和疏散指示系统技术标准》(GB 51309—2018)
《火灾自动报警系统设计规范》(GB 50116—2013)	《火灾自动报警系统设计规范》图示(14X505—1)
《消防控制室通用技术要求》(GB 25506—2010)	《火灾自动报警系统施工及验收标准》(GB 50166—2019)
《民用建筑电气设计标准》(GB51348—2019)	《建筑机电工程抗震设计规范》(GB 50981—2014)

图 1-4 图集不可作为设计依据的案例示意

国家及地方的各级标准图仅供设计参考。标准图是把可供参照的设计、施工具体方法较为直观地加以呈现,是用于加深对技术标准、规范理解的手段,可以有选择地引用。标准图的编制、审查等环节不及工程建设技术标准严格,甚至有些标准图的表述并不完善或存在错误,因此不应作为审查依据。设计采用标准图集时,应确保所使用的标准图正确。

图集及规范时效性的要求:重点审查不能使用过期图集和规范,且该内容应适用于全国。因图集规范近年来变化很大,一方面新版的国标图集及地标图集层出不穷,另一方面地标图集的适用区域也发生了变化,如华北地区的 92DQ 系列图集已为过期版本,且其曾经为华北地区通用图集,其中包含北京地区,而如今北京地区单独出版了 09BD 系列图集,天津地区则单独出版了12D 系列图集,而在其余原适用的华北地区则修订为 05D 系列图集,故在设计引用时,需核对设计图集的适用地区。如常使用的国标图集:03D501—1 ~ 4、00DX001、02X101—3、96D702—2、04D701—3、96D301—1、10D303—2 ~ 3 等均为废止版本,审图时常被提及,设计时则要避免选用。

控制原理图必须要出图吗?

规范要求:《建筑工程设计文件编制深度规定》(2016 年版)中第 4. 5. 7 条第 1 款和第 2 款要求:设备自带的控制箱、控制柜,以及部分进行消防强制性认证(CCCF)的消防风机、水泵控制柜,在施工图设计阶段可不出具控制箱系统图及控制原理图。

逻辑分析:目前建筑电气技术的发展快速,涌现出各种电气控制原件和控制方式,随着配电箱厂家的业务拓展,目前多数项目的二次图设计都是由配电盘厂深化或直接绘制的,导致设计单位的二次图设计水平日渐下降和被边缘化。工程师在设计中,由于缺乏实践经验,导致概念不清,二次原理图无能力设计,或设计图可用性较低等情况出现。故从现有的实际情况出发,可依据《建筑工程设计文件编制深度规定》的要求,设计人仅提出其配电、管线要求和应满足的控制原理,并附相应的标注图案例索引,也可以达到审查的要求。但如控制原理特殊,现有标准图无法涵盖时,施工图中应审查相应的二次原理图,如图 1-5 所示。

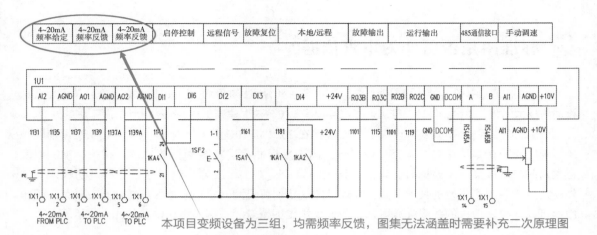

本项目变频设备为三组，均需频率反馈，图集无法涵盖时需要补充二次原理图

图 1-5　图集无法涵盖时需要补充二次原理图的示意

Q3 图中个别处疏漏，是否应按违反强制性条文处理？

规范要求：住建部《建设工程消防设计审查验收工作细则》（建科规〔2020〕5号）中第二章第七条第（四）款第4项要求：强制性条文及含有"严禁""必须""应""不应""不得"等的非强制性条文，均应严格执行。

逻辑分析：如在北京地区，分为事后审查及事前审查。事前审查分为违反强制性条文 E1，违反普通条款 E2，违反法规条款 E3，错漏碰缺 E4 等几类。事后审查又分为深度不足及 A、B 类强制性条款等。事前审查可依据审查要点的问题分类逐项提出；事后审查则针对强制性条文而言，需要酌情处理。

如某工程火灾自动报警系统某一个短路隔离器保护的消防设备的总数设计为33个点，超出规范强制性条文32个点的要求，是否按违反强制性条文处理呢？

在事前审查中（如对设计单位无扣分、整顿要求），示例情况从系统的角度来看，当由于个别支路处疏漏，超出规范要求时，虽不会对整个系统安全造成重大影响，但考虑其为强制性要求，应严格执行，故针对此类条款，可以按违反强制性条文予以提出。

在事后审查中（设计单位会被扣分、停业整顿等处罚），以图为准进行判定，电气设计说明中已经说明，平面、系统均错误，可认为设计人员并没有该规范的概念，则按违反强制性条文处理。但说明已经描述，平面总线隔离器数量无误，仅系统标准有误，可认为设计人员理解概念无误，仅为统计错误，可按深度不足予以提出。如图 1-6 所示的局部错误，可酌情提出，不按违反强制性条文处理。

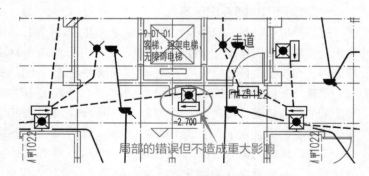

图 1-6　局部错误不造成重大影响的案例示意

Q4 负荷分类的几个常见问题

1. 一类车库的普通照明是否属于一级负荷？

规范要求：《车库建筑设计规范》（JGJ 100—2015）中第7.4.1条要求：特大型和大型车库应按一级负荷供电，中型车库应按不低于二级负荷供电。小型车库可按三级负荷供电。《汽车库、修车库、停车场设计防火规范》（GB 50067—2014）中第9.0.1条第1款要求：Ⅰ类汽车库的消防设备及汽车专用升降机作车辆疏散出口的升降机用电应按一级负荷供电。

逻辑分析：Ⅰ类车库的消防负荷应为一级负荷，对于车库中的普通照明，送、排风机等其他负荷的等级应根据汽车库的相关规范确定，即Ⅰ类车库普通照明，送、排风机属于三级负荷，按照三级负荷要求供电。

《车库建筑设计规范》（JGJ 100—2015）中第7.4.1条是对车库供电电源的要求，具体实施应按《汽车库、修车库、停车场设计防火规范》（GB 50067—2014）和《民标》（GB 51348—2019）中已明确的用电设备负荷进行设计，施工图审查时按设计确定的负荷等级进行审查。

可见《汽车库、修车库、停车场设计防火规范》（GB 50067—2014）中第9.0.1条第1款条文说明：消防水泵、火灾自动报警系统、自动灭火系统、防排烟设备、电动防火卷帘、电动防火门、消防应急照明和疏散指示标志等都是火灾时的主要消防设施。为了确保其用电可靠性，根据汽车库的类别分别作一级、二级、三级负荷供电的规定，不同负荷供电等级基本与现行国家标准《建规》GB 50016的规定相一致。有的地区受供电条件的限制不能做到时，应自备柴油发电机来确保消防用电。该规范比较明确地要求根据Ⅰ类汽车库的消防负荷作一级负荷要求，其余普通负荷按相应规范执行。

另根据《民标》（GB 51348—2019）对机动车库负荷等级的分类要求，结合各类车库的特点，对特大型和大型车库提出应按一级负荷供电的要求，强调了各类建筑物附设的车库负荷等级要求。车库内各类用电设备应根据其对供电可靠性的要求确定其负荷等级。其"附录A　民用建筑中各类建筑物的主要用电负荷分级"中：交通建筑中汽车库明确一、二级用电负荷包括消防用电及其机械停车设备，未列出的负荷分级可结合各类民用建筑的实际情况，根据该标准第3.2.1条的负荷分级原则，参照该标准附录A确定。

综上所述，除Ⅰ类汽车库的消防用电设备、采用汽车专用升降机作车辆疏散出口的升降机及机械停车设备外，车库内正常照明等其他各用电设备并未明确规定负荷等级，应根据其对供电可靠性要求由设计方与建设方协商确定，无特别要求的按照三级负荷要求供电，如图1-7和图1-8所示。

2. 一、二级负荷实质有什么区别？

规范要求：《供配电系统设计规范》（GB 50052—2009）中第3.0.2条及其条文说明规定：一级负荷应由双重电源供电，当一电源发生故障时，另一电源不应同时受到损坏。

逻辑分析：见《供配电系统设计规范》（GB 50052—2009）中"3　负荷分级及供电要求"一章的规定：按对供电可靠性的要求及中断供电在对人身安全、经济损失上所造成的影响程度将供电负荷分为三级，其中一、二级负荷的重要性有区别，但是供电的方式却都是两路供电，一级负荷为"应"，重在"双重电源"。

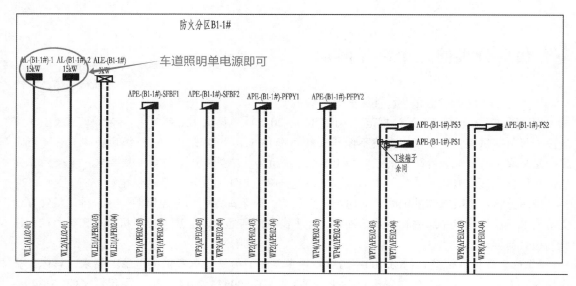

图 1-7　车库普通照明为三级负荷干线示意

AL-(B1-1#)-2				数量：1　参考尺寸：600mm×800mm×200mm　安装方式：挂墙明装 1.2m				
进线开关		出线开关		回路编号	相序	出　线	容量(kW)	用途
P_e 15 kW		NDB1LE-63/1PN 16A 30mA 0.1s	20A	WL01	L1	WDZ-BYJ-3×2.5 SC15/CT CE	0.4	车道照明
K_x 0.90		NDB1LE-63/1PN 16A 30mA 0.1s	20A	WL02	L2	WDZ-BYJ-3×2.5 SC15/CT CE	0.4	车道照明
$\cos\varphi$ 0.90		NDB1LE-63/1PN 16A 30mA 0.1s	20A	WL03	L3	WDZ-BYJ-3×2.5 SC15/CT CE	0.4	车道照明
P_{js} 14 kW		NDB1LE-63/1PN 16A 30mA 0.1s	20A	WL04	L1	WDZ-BYJ-3×2.5 SC15/CT CE	0.4	车道照明
I_{js} 23 A		NDB1LE-63/1PN 16A 30mA 0.1s	20A	WL05	L2	WDZ-BYJ-3×2.5 SC15/CT CE	0.4	车道照明
车道照明节能措施		NDB1LE-63/1PN 16A 30mA 0.1s	20A	WL06	L3	WDZ-BYJ-3×2.5 SC15/CT CE	0.4	车位照明
车道照明为单电源		NDB1LE-63/1PN 16A 30mA 0.1s	20A	WL07	L1	WDZ-BYJ-3×2.5 SC15/CT CE	0.4	车位照明
NDG1 50A/3P		NDB1LE-63/1PN 16A 30mA 0.1s			L2			备用

图 1-8　车库普通照明为三级负荷系统示意

需要注意：应注明一级负荷应由双重电源供电，当一个电源发生故障时，另一个电源不应同时受到损坏。这种表达很重要，双重负荷的要求很高，或是不同电网，或是联系很弱，或是距离很远，均不为规范本意。设计时需要落实是否可以达到上述的要求，常见图纸中多注明一级负荷的高压供电引自不同开闭站或市政变电站，如图1-9所示。

二级负荷需满足其第3.0.7条的条文说明，为"宜"，且不再是双重电源而变为了两回路，重在进线的双路电源，两回路对于上口的电源要求有所降低，只要低压的某一级满足两回路即可，要求相对容易实现，而一级负荷的双重电源在进线电源侧就相对独立。

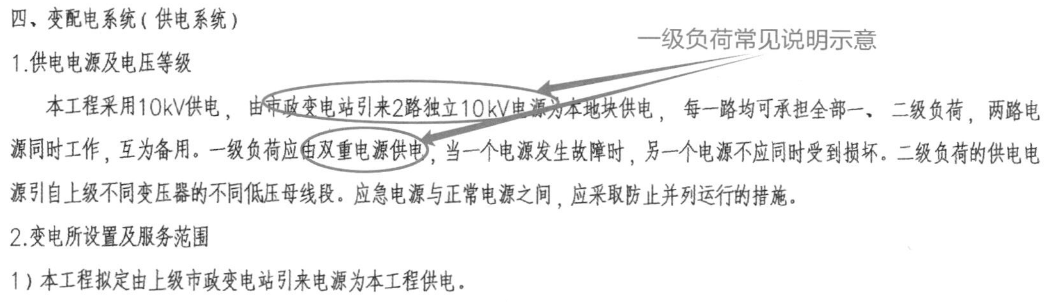

四、变配电系统（供电系统）

1.供电电源及电压等级

一级负荷常见说明示意

本工程采用10kV供电，由市政变电站引来2路独立10kV电源为本地块供电，每一路均可承担全部一、二级负荷，两路电源同时工作，互为备用。一级负荷应由双重电源供电，当一个电源发生故障时，另一个电源不应同时受到损坏。二级负荷的供电电源引自上级不同变压器的不同低压母线段。应急电源与正常电源之间，应采取防止并列运行的措施。

2.变电所设置及服务范围

1）本工程拟定由上级市政变电站引来电源为本工程供电。

图1-9 说明中一级负荷介绍示意

3. "双重电源"应如何判定？

逻辑分析：我们来详述"双重电源"如何判定，如《供配电系统设计规范》（GB 50052—2009）第3.0.2条之条文说明中的"电网"是否等同于"110kV/10kV或35kV/10kV变电站"？来自同一个110kV变电站的两段10kV母线上的电源是否为双重电源？

《供配电系统设计规范》（GB 50052—2009）术语第2.0.2条中对双重电源的定义为：一个负荷的电源是由两个电路提供的，这两个电路就安全供电而言被认为是互相独立的。第3.0.2条的条文说明中有：这里指的双重电源可以是分别来自不同电网的电源，或者来自同一电网但在运行时电路互相之间联系很弱，或者来自同一个电网但其间的电气距离较远，一个电源系统任意一处出现异常运行或发生短路故障时，另一个电源仍能不中断供电，这样的电源都可视为双重电源。

另据《建规》（GB 50016—2014）（2018年版）中第10.1.4条之条文说明：结合目前我国经济和技术条件、不同地区的供电状况以及消防用电设备的具体情况，具备下列条件之一的供电，可视为一级负荷：①电源来自两个不同发电厂（与民建无关）；②电源来自两个区域变电站（电压一般在35kV及以上，最为常见）；③电源来自一个区域变电站，另一个设置自备发电设备（用电处的操作手段）。以上均为双重电源的主要来源，故分别引自两个不同电源供电的城网区域变电所的两路电源可判定为双重电源。

开闭环的要求：当高压为开环运行时，35kV及以上的地区输配电网络，如35kV及以上的输配电网络取自同一个110kV变电所的两段母线，则两路电源不能判定为双重电源。但当前地区电网实际状况为110kV及以上城网区域变电所均可引自不同发输电网，则在闭环供电情况下，引自不同110kV城网区域变电所的两路10kV电源均可认定为双重电源。

而35kV主要为一些大型企业或城市周边区域供电的受电电压等级。当这些大型企业项目不具备引自不同发输电网的条件时，其相邻变电所可在同一供电线路下，为其提供第二路电源，具体设计时需进一步核实，此时，要以供电单位方案作为设计的主要依据。

4. 二级负荷末端是否应采用双电源供电？

逻辑分析：根据进线电源情况，分为两种处理方案。

第一种类型：当有两路10kV电源满足一级负荷供电时，可在低压配电系统首端变电所或配电室切换，单回线路到末端，利用上口双电源的可靠性弥补了下端单回路供电稳定性的不足。含有一级负荷的项目中，如中央空调或生活水泵等为二级负荷，其做法就多为上级高压侧两路电源，低压侧至末端仅设一路电源，如图1-10所示。

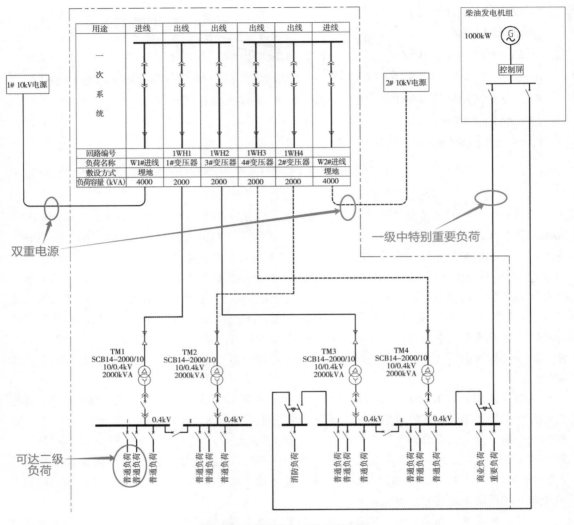

图 1-10 常见电气系统干线拓扑

第二种类型：当只有一路 10kV 电源，还是两台变压器供电时，则还是应采用双回线至低压配电系统末端切换。当然如果具备双路供电的条件时，一、二级负荷都建议采用双路供电。

如需按一级、二级负荷设计，但供电单位没法实现时，使用者可自备发电设备。

按可靠性来分析，供电单位的做法更为合理，以北京为例，《北京市供电局配电网规划细则》一文中规定了：电力负荷分为重要负荷和一般负荷两大类，供电方式上，各种重要负荷均双路供电，对公网的双路电是否需要取自不同开闭站的高压，则并未进行细致描述，需要根据电网实际情况，酌情确定。一般负荷就为单路供电。

该种负荷分级方式更为实用，有利于电气设计中的负荷分级清晰，使问题简单化。美中不足的是作为设计方对于供电情况并不了解，所以设计师只能按照规范去要求负荷等级及供电要求，方案阶段由供电单位先行规划，深化设计及实施阶段还得交给供电部门进行些许调整。

5. 一级负荷是否应由双电源的两个低压回路在末端配电箱处切换供电？

规范要求：《民标》（GB 51348—2019）中第 3.2.10 条要求：一级负荷应由双电源的两个低

压回路在末端配电箱处切换供电，另有规定者除外。

逻辑分析：参见《民标》编制组的回复意见：该处的一级负荷是针对消防一级负荷的规定，要求消防一级负荷应采用双重电源的两个低压回路在末端切换供电。其"另有规定者除外"，是指非消防一级负荷在满足《民标》（GB 51348—2019）中第3.2.13条规定时，又互为备用工作制的生活水泵、排污泵为一级或二级负荷，可由配对使用的两台变压器低压侧各引一路电源分别为工作泵和备用泵供电。

6. 三级负荷的消防设备，是否还需设置末端自动切换装置？

规范要求：《民标》（GB 51348—2019）中第13.7.4条第5款：消防用电负荷等级为三级负荷时，消防设备电源可由一台变压器的一路低压回路供电或一路低压进线的一个专用分支回路供电。

逻辑分析：对于三级负荷的消防设备，当采用单电源供电时（如双电源升级设计自然也没有问题），不需设置末端电源自动装置。关于三级负荷的确定，可见《供配电系统设计规范》（GB 50052—2009）中第3.0.1条第4款之条文说明："用电设备可以断电，其性质为三级负荷"。对应双电源的用电保障，则可见三级负荷就是单路电源。

而三级的消防类负荷现实中比较少见，有些工程（如消防用水量不大于30L/s的厂房或室外消防用水量不大于25L/s的其他公共建筑）中确实存在三级消防负荷的内容，而对于三级负荷，从其供配电系统上就没有什么特殊要求，单路供电即可。

但同时应遵照《民标》（GB 51348—2019）中第7.2.1条第1款的要求：消防及其他防灾用电负荷应分别自成系统。因而，应急照明、疏散照明、消防电机等负荷，在总箱处分支配出后，均应设计专门应急照明配电箱。如果工程实在很小，也应为专用分支回路，不可再混入其他非消防负荷，且予以明确标识。

如图1-11所示，为三级负荷系统示意。

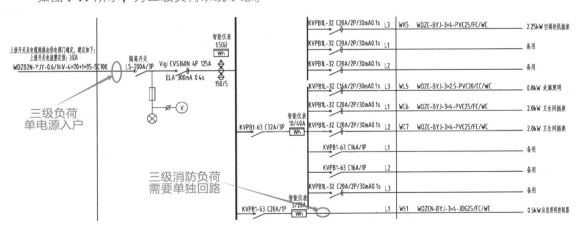

图1-11 三级负荷系统示意

7. 体检中心和牙科诊所需按医疗建筑进行负荷分类吗？

规范要求：《民用建筑通用规范》（GB 55031—2022）第2.1.4条之条文说明内的"续表1"的分类，使用性质为门诊体检类（商业服务类）的C-6保健场所类属于公共建筑下的保健场所，不属于医疗建筑，如图1-12和图1-13所示。

续表1

	类别	类别定义		子类	子类释义	示例
公共建筑	C 商业服务类	供人们进行商业活动、娱乐、休憩、餐饮、消费、日常服务的场所	商业建筑	C-1	售卖场所	购物中心、百货公司、有顶商业街、菜市场、超级市场、家居建材、汽车销售、商业零售、店铺等
				C-2	休闲场所	室内儿童乐园、夜总会、美容、美发、养生、洗浴、卡拉OK厅、按摩中心、健身房、溜冰场等
				C-3	维修服务场所	干洗店、洗车站房、修理店（修车、电器等）等
				C-4	邮政、快递、电信场所	邮政、快递营业场所、电信局等
				C-5	培训场所	各类培训机构（幼儿、学生、老年）
				C-6	保健场所	体检中心、牙科诊所
			饮食建筑	C-7	餐饮场所	餐馆、饮食店、食堂、酒吧、茶馆等
			旅馆建筑	C-8	临时住宿休憩场所	酒店、宾馆、招待所、度假村、民宿（少于15间或套）等

（手写批注：体检中心与牙科诊所为商业类公共场所）

图1-12 《民用建筑通用规范》（GB 55031—2022）第2.1.4条
之条文说明内的"续表1"截图1

	类别	类别定义		子类	子类释义	示例
	F 医疗类	对疾病进行诊断、治疗与护理，承担公共卫生的预防与保健，从事医学教学与科学研究的场所	医疗建筑	F-1	医疗场所	综合医院、专科医院、社区卫生服务中心等
				F-2	康养场所	疗养院、康复中心等
				F-3	卫生防疫场所	卫生防疫站、专科防治所、检验中心、动物检疫站等
				F-4	特殊医疗场所	传染病医院、精神病医院等
				F-5	其他医疗卫生场所	急救中心、血库等

（手写批注：均有治疗功能）

图1-13 《民用建筑通用规范》（GB 55031—2022）第2.1.4条
之条文说明内的"续表1"截图2

逻辑分析：门诊体检类及牙科诊所的保健场所类属于商业服务类公共建筑而不属于医疗公共建筑，审查中容易因为界定为医疗场所而出现误判。具体项目需要具体分析，如满足医院的规模要求，且不为商业附设，才可以定义为医院建筑。规模要求可见《综合医院建筑设计规范》（GB 51039—2014）中第2.0.1条：综合医院为有一定数量的病床，分设内科、外科、妇科、儿科、眼科、耳鼻喉科等各种科室及药剂、检验、放射等医技部门，拥有相应人员、设备的医院。

最典型的审查误区为应急照明的供电时间判定。如某项目按公共建筑考虑，则应急照明蓄电池持续供电时间应不小于1h（火灾30min与非火灾30min之和）；如按医院类建筑考虑，则需要求应急照明蓄电池持续供电时间应不小于1.5h（火灾1h与非火灾0.5h之和），见《建通规》（GB 55037—2022）中表10.1.4，如图1-14所示。

表10.1.4 建筑内消防应急照明和灯光疏散指示标志的
备用电源的连续供电时间

建筑类别	连续供电时间（h）
建筑高度大于100m的民用建筑	1.5
建筑高度不大于100m的医疗建筑、老年人照料设施，总建筑面积大于100000m²的其他公共建筑	1.0

（手写批注：医疗建筑为1.0h）

图1-14 《建通规》（GB 55037—2022）中表10.1.4截图

因此，如具有门诊及体检（牙科）双重功能，平面图中设置诊室、内科诊室、换药室等房间，可对疾病进行诊断、治疗的，则属于具有医疗建筑功能的场所。如无治疗的功能介绍，则应按商业服务类公共建筑进行审查。

Q5　航空障碍灯设置中的几个常见问题

1. 航空障碍灯设置的依据是什么？

规范要求：建筑物设置航空障碍灯依据《中华人民共和国民用航空法》（2021 年修订）第六十一条要求，具体执行应依据当地规划或航空管理部门要求。另外，当建筑物屋面设有直升机停机坪时，其四周应设置航空障碍灯。《民标》（GB 51348—2019）第 10.2.6 条规定：自机场跑道中点起、沿跑道延长线双向各 15km、两侧散开度各 15% 的区域内，顶部与跑道端点连线与水平面夹角大于 0.57° 的建筑物或构筑物应设置航空障碍标志灯，并应符合相关规范的要求。

逻辑分析：根据《中华人民共和国民用航空法》（2021 年修订）第六十一条要求：在民用机场及其按照国家规定划定的净空保护区域以外，对可能影响飞行安全的高大建筑物或者设施，应当按照国家有关规定设置飞行障碍灯和标志，并使其保持正常状态。而是否设置航空障碍灯应按照《民标》（GB 51348—2019）中第 10.2.6 条及当地规划或航空管理部门的要求确定，具体设置要求应按该规范第 10.2.7 条执行。除此以外，还有更高的专业标准《民用机场飞行区技术标准》（MH 5001—2021），是对《民标》（GB 51348—2019）进行的补充。按《民标》第 10.2.6 条审查时，以从新建建筑物处至机场跑道中间点水平距离作为底边，竖向为建筑物高度，用勾股定理核算，如在 0.57° 的范围之外，即需要设置航空障碍灯。

标志和灯光标示设置的主要依据为建筑物所在位置上方是否有航道，如果建筑物在机场净空保护区范围之外，又低于 150m，可以不设。可参见《民用机场飞行区技术标准》（MH 5001—2021）中第 12.1.1 条第 4 款：距离起飞爬升面内边 3000m 以内、凸出于该面之上的固定障碍物，应设标志。但当该障碍物超出周围地面高度不大于 150m 并设有在昼间运行的 A 型中光强障碍灯时，可略去标志。当需要设置航空障碍灯时，在航道左右 3km 的范围内，建筑物超过 45m 的情况，需要设置。又可见其第 12.2.3 条第 2 款第 1）项：面积不太大的高出周围地面不超过 45m 的物体，应用 A 型或 B 型低光强障碍灯予以灯光标示。另外注意在 45m 处，45～150m 间及 150m 以上设置的航空障碍灯的强度并不同，分别为低光、中光及高光型。四角设置航空障碍标志灯，中间的墙面设置航空闪光障碍灯。该条要求高于《民标》（GB 51348—2019）要求。

即便如此，还是不容易确定 3km 的范围，所以无论 3km 还是 15km，最终还是需要征询当地航空部门的意见。当规划部门对建筑物高度有航空限高要求时，设计应主动与规划部门沟通落实。另外，当建筑物屋面设有直升机停机坪时，依据《建规》（GB 50016—2014）（2018 年版）中第 7.4.2 条第 3 款规定，四周应设置航空障碍灯。

施工图审查时，当建筑物屋面未设置直升机停机坪，且项目所在地 15km 范围内无机场及航空限高要求时，满足《民标》（GB 51348—2019）要求即可，不应判定为违反规范。

2. 民用建筑的航空障碍灯电源是否应该引自消防电源？

规范要求：《民标》（GB 51348—2019）中第 10.6.2 条要求：航空障碍标志灯和高架直升

场灯光系统电源应按主体建筑中最高用电负荷等级要求供电。

逻辑分析：航空障碍灯应按照建筑物最高用电负荷等级配电，这是基于其在正常停电时，飞机仍然在飞行，故仍需要满足障碍灯的使用，所以必须按最高负荷等级设计。部分地标（如上海）要求按非消防重要负荷单独供电，也主要是基于消防专用的要求，如图1-15所示。

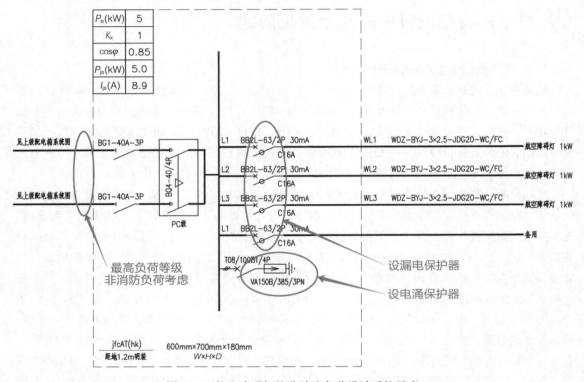

图1-15　航空障碍灯按非消防负荷设计系统示意

笔者建议由非消防专用线路供电，但若屋顶仅设有消防电源时，由消防电源箱供电也可。由于航空障碍灯设于消防箱内时也不会被切非，所以合用有其合理性。另考虑直升机停机坪灯光系统供电也如此，停机坪应设置引导灯光系统，可见《消防应急照明和疏散指示系统技术标准》（以下简称"《应急照明标》"）（GB 51309—2018）第3.2.5条中屋顶停机坪的疏散照明要求，也可以佐证航空障碍灯合用消防箱体是可行的。

3. 航空障碍灯是否属于室外工作场所的用电设备，是否应设置剩余电流保护器？

规范要求：《民标》（GB 51348—2019）中第7.5.5条第5款要求：室外工作场所的用电设备配电线路应设置额定剩余动作电流值不大于30mA的剩余电流保护器。

航空障碍灯设置于室外工作场所，但其是否应设置剩余电流保护器有一定争议。第一种观点认为建筑物屋面及外墙上安装的航空障碍灯不属于室外工作场所的电气设备，障碍灯和普通的户外泛光照明灯具不同，障碍灯作为特殊民用机场助航灯具中的一种，主要作用是通过发光来提供警示辅助飞行的作用，认为其独立密封封装，可不按户外照明灯具分类，所以可不装设剩余电流保护器。

另外一种观点则认为航空障碍灯的工作环境特殊，可能会出现各种意外情况，如灯具发生漏电、松动等导致电路短路等情况，因此，航空障碍灯回路断路器需要具有漏电保护功能，以保障使用者的人身安全。

审查中可以依据《民标》（GB 51348—2019）提出意见，因考虑建筑内部，为民用建筑设计范畴，建议以《民标》（GB 51348—2019）要求为审查要求。

4. 航空障碍灯配电箱是否应设电涌保护器？

规范要求：《建筑物防雷设计规范》（GB 50057—2010）第4.5.4条要求：固定在建筑物上的节日彩灯、航空障碍信号灯及其他用电设备和线路应根据建筑物的防雷类别采取相应的防止闪电电涌侵入的措施。其中第2款还要求：在配电箱内应在开关的电源侧装设 II 级试验的电涌保护器，其电压保护水平不应大于 2.5kV，标称放电电流值应根据具体情况确定。

逻辑分析：由规范可见，航空障碍灯配电箱需安装电涌保护器，配电箱安装在建筑的顶上，雷雨天气时，会经常受到雷电打击。如果不安装电涌保护器，就很容易对航空障碍灯造成严重的损害。电涌保护器可以抵御雷电对航空障碍灯造成的影响，将外界突然产生的高强电流或者电压在短时间内导通分流到地面，从而避免高强度的电压对整个设备瞬间造成巨大损害而烧毁。

Q6 消防稳压泵是否应按消防负荷考虑？是否应设置手动直接控制装置？

规范要求：《火规》（GB 50116—2013）中第4.1.4条：消防水泵、防烟和排烟风机的控制设备，除应采用联动控制方式外，还应在消防控制室设置手动直接控制装置。

逻辑分析：消防水泵设备主要指独立设置、具有单独消防水源，一般为消防水池，可直接用于消防用水的设备，如室外消防栓、消防水泵、湿式喷淋系统、干式喷淋系统等。但该规范并没有明确提及消防稳压泵。

消防稳压泵如是消防水泵，则需要在消防控制室设置手动直接控制装置。这主要取决于消防稳压泵算不算消防时使用的水泵。从原理上分析：消防稳压设备是用于维持消防给水系统压力稳定的消防给水设备，确保管网处于充水状态，维持消防给水系统的工作状态压力，满足灭火装置自启动要求。灭火装置启动后，工作流量大于稳压装置流量，消防水泵出水干管压力降低，连锁启动消防水泵。消防稳压给水设备的气压水罐，主要用于调节管网压力和稳压泵启动频率，也不需要考虑初期火灾消防用水量的要求，与消防使用无关。

根据《消防给水及消火栓系统技术规范》（GB 50974—2014）中第5.2.2条：当屋顶消防水箱最低有效水位不能满足最不利点静压要求时，应设消防稳压设备，如能够满足上述平时消防水压要求，消防稳压泵也可以不设置。

由此分析，消防稳压泵不属于《火规》（GB 50116—2013）第4.1.4条中所列的消防水泵，虽然稳压泵与消防设施设备有一定的联系，但它并不属于消防设施设备，消防稳压泵可不设置直接控制装置。

但目前设计中最常规的做法为：消防稳压泵由消防水泵房电源箱下支路配出，此时实际上是按消防设备进行了分类设计，则相应的消防设计要求需要满足，如图1-16和图1-17所示。

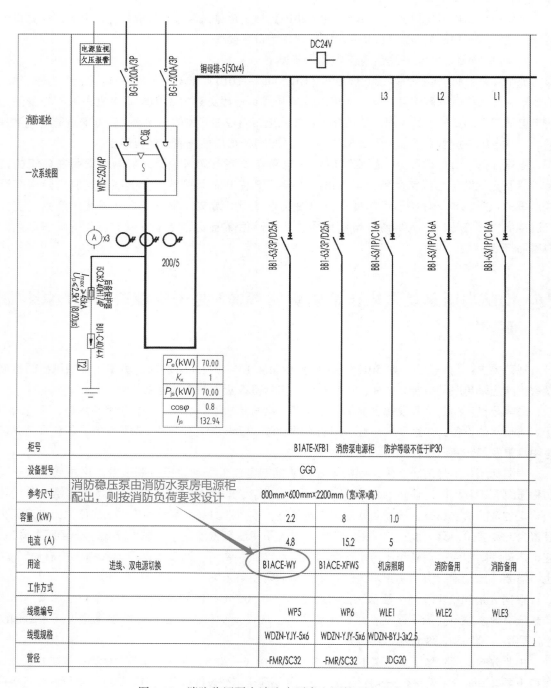

图 1-16 消防稳压泵由消防水泵房电源箱配出示意1

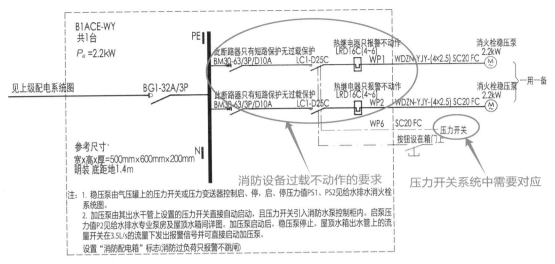

图 1-17　消防稳压泵由消防水泵房电源箱配出示意 2

Q7 应急电源设置中的几个常见问题

1. 应急电源和消防电源有什么关联?

规范要求:这是出自《供配电系统设计规范》(GB 50052—2009)第 3.0.3 条第 1 款:"严禁将其他负荷接入应急供电系统",及其第 3.0.9 条:"备用电源的负荷严禁接入应急供电系统"。

逻辑分析:两条均为黑体字(强制性条文)的要求。应急电源是指在事故和紧急情况下,为保证安全,为特别重要负荷单独供电的电源,其可靠性要求其实更高。由定义可知,应急供电系统可以为柴油发电机、UPS、EPS 等电源设备,以完成应急情况下的电力跟进投入。所以,这主要根据实际工程中对断电时间的要求进行选择,只与负荷的重要性有关系。所以对于一级负荷中的特别重要负荷需要设置应急电源,见该规范第 3.0.3 条。当然消防负荷也很重要,但应急电源与消防并无直接关联。

此外,如果不能提供真正的双重电源,则一级负荷也需要采用应急电源,见该规范第 3.0.2 条。其他负荷如果不能达到的一级负荷或更高,则可不接入应急供电系统,这里也自然包括不是一级负荷的消防负荷。

备用电源与应急电源的区别:在于是不是影响安全,不影响人员生命、家畜的生命安全系统的后备电源,称为备用电源。备用电源是指负荷双回路供电时,一主一备,互为投切的备用,在一路停电、检修时,另一路可以承担全部负荷。除了典型的双电源互投,另外生活中像是计算机的小 UPS 电源、手机的充电宝等,也属于备用电源,这些负荷本身的供电负荷性质还是普通的电源,重要性不高,也可不接入应急电源系统。

2. 备用电源与应急电源是否能共用柴油发电机?

逻辑分析:备用电源与应急电源可以共用柴油发电机。应急电源系统的划分,是从引出干线开始,不是从发电机开始分开的。如照明、电力自成系统,也是从干线开始的,并不是说照明、电力从变压器就分开。

Q8 若现行规范中出现了淘汰产品名称，说明中是否可以引用？

规范要求：京建发〔2024〕10号北京市住房和城乡建设委员会等4部门关于发布《北京市禁止使用建筑材料目录（2023年版）》的通知。电气部分禁止使用的建筑材料如图1-18所截表格示意。

82	照明材料及电气设备	含汞的荧光灯，含汞的开关、继电器等电气设备	工业与民用建筑工程	汞属于有毒物质、危害人体健康
83		含多氯联苯的变压器、荧光灯镇流器	工业与民用建筑工程	多氯联苯属于致癌物，危害人体健康
84		卤素灯	工业与民用建筑工程	能耗高，光效低，温度高，安全性差，寿命短
85		卤粉荧光灯	工业与民用建筑工程	光效低，显色性差，光衰严重
86		荧光灯类一般型电感镇流器	工业与民用建筑工程	能效和功率因数低、工作时温度高，有安全隐患
87		白炽灯	工业与民用建筑工程	能耗高，光效低，温度高，安全性差，寿命短

图1-18 《北京市禁止使用建筑材料目录（2023年版)》截图

又见《建规》（GB 50016—2014）（2018年版）第10.2.4条：开关、插座和照明灯具靠近可燃物时，应采取隔热、散热等防火措施。卤钨灯和额定功率不小于100W的白炽灯泡的吸顶灯、槽灯、嵌入式灯，其引入线应采用瓷管、矿棉等不燃材料作隔热保护。额定功率不小于60W的白炽灯、卤钨灯、高压钠灯、金属卤化物灯、荧光高压汞灯（包括电感镇流器）等，不应直接安装在可燃物体上或采取其他防火措施。

逻辑分析：这里将该条规范全文罗列出来，是说明不得使用淘汰产品是审查的重要内容，禁止使用的电气产品如图1-18所示，或可见《机械工业第一批至第十七批淘汰能耗高、落后机电产品项目》中相关内容。可知，常见的淘汰产品如白炽灯、一般型电感镇流器、卤粉荧光灯、S8以下级别变压器，DW10及以下级别的框架断路器，DZ10及以下级别塑壳断路器，CJO系列接触器等。

虽然在《建规》（GB 50016—2014）（2018年版）中仅提及了白炽灯、电感整流器可能出现的情况，但目前的国家及地区均有相应的禁止文件，该种电气产品实际并不会被使用。则其防火的条款中，白炽灯、电感整流器作为不节能电气设置，不可以继续使用，在设计中同样要删除相应摘抄规范的文字。

Q9 不得指定产品规格的实施原则是什么？

规范要求：《建设工程质量管理条例》（国务院令第279号2000年1月30日发布）第二十二

条："设计单位在设计文件中选用的建筑材料、建筑构配件和设备，应当注明规格、型号、性能等技术指标，其质量要求必须符合国家规定的标准。除有特殊要求的建筑材料、专用设备、工艺生产线等外，设计单位不得指定生产厂、供应商"。

逻辑分析：设计需要说明与该项工程的电气设备应符合国家相关检测标准、消防设备具有市消防局的准入规定，如本工程的电器产品应符合国家相关标准，需要有 CCC 认证（国家强制要求），消防电器产品应有入网许可证（地方消防部门要求）等。但以上诸条的要求仅限介绍产品的属性、规格，不可描述产品自身独有特性的型号、代号，设计单位是不可以指定供货商或厂家的。这一是为了杜绝产品设计中的灰色地带，二是为了保证产品本身的质量可靠，这两点均需要通过招标投标流程予以控制，设计指定则违反条例。故审查中需要鉴别哪些是产品属性、规格，哪些是产品隐含的独有型号。

实际情况以断路器及消防报警设备等居多，有的设计中会标注厂家自带的型号和表示方式，而非采用通用的开关标识，对此应予以提出，并修改为国际通用符号。常见缩写有："ACB"为空气断路器、框架断路器，"VCB"为真空断路器，"MCCB"为塑壳断路器，"MCB"为微型断路器，"DSL"为隔离开关，"ATSE"为双电源自动转换开关等。但已经在设计中有共识的一些代号，虽曾经为某厂家特有，但如今已经成为共识产品，则可以使用，如 3340 脱扣器等。消防报警系统中的代号，则可以直接以汉语名称予以区别，如联动模块、信号模块等。消防报警系统指定厂家案例如图 1-19 所示。应急照明指定厂家如图 1-20 所示。

序号	图例	名 称	型号及规格	单位	数量	安装方式	备 注
1		可燃气体报警控制器	JBF5060(段码)/JBF5061(液晶)			距地1.4m	
2		地址码点型感烟探测器	JTY-GD-JBF5100			吸顶	
3		地址码点型感温探测器	JTY-GD-JBF5110			吸顶	
4		可燃气体探测器	JTY-GD-JBF5110			吸顶	
5		地址码手动火灾报警按钮(带电话插孔)	JBF5121-P			距地1.3m	
6		消防专用电话分机	HY5716B			距地1.3m	
7		地址码火灾声光警报器(带语音提示功能)	JBF5172			距地2.2m	
8		地址码消火栓按钮	JBF5123			消火栓箱内	
9		输入/输出模块	JBF5142			消火栓箱内	

明显为厂家产品信息

图 1-19　消防报警系统指定厂家案例示意

序号	图例	名 称	型 号 及 规 格
1		应急吸顶灯(不兼用普通照明)	J-ZFJC-E10W/36V LED 光源
2		应急壁灯	J-ZFJC-E10W/36V LED 光源
3		疏散/安全出口标志灯(壁装)	J-BLJC-10EⅡ0.3W/36V LED 光源
4		单向疏散指示标志灯(壁装)	J-BLJC-10EⅡ0.3W/36V LED 光源
5		多信息复合标志灯(吊装)	J-BLJC-10EⅡ0.3W/36V LED 光源

应急照明指定厂家

图 1-20　应急照明指定厂家案例示意

Q10 应急照明说明中常见的几个疑难问题

1. 各规范疏散照明的水平最低照度要求不一致时如何处理？

规范要求：《应急照明标》（GB 51309—2018）中第3.2.5条，《建规》（GB 50016—2014）（2018年版）中第10.3.2条，《建通规》（GB 55037—2022）第10.1.10条，《民标》（GB 51348—2019）等均有介绍。

逻辑分析：上述规范中对场所疏散照明的地面水平最低照度要求并不完全一致，主要区别在如疏散走道、疏散通道等。《建规》（GB 50016—2014）（2018年版）、《应急照明标》（GB 51309—2018）对于疏散走道，水平最低照度要求为不应低于1.0lx；而《建通规》（GB 55037—2022）对于疏散走道，水平最低照度要求为不应低于3.0lx。原则为强制性条款需首先满足，则建筑内疏散照明的地面最低水平照度不应低于《建通规》（GB 55037—2022）第10.1.10条的规定，其他标准中低于本条规定的相关条文应为无效条文，相同的内容则均可以使用。在此前提下，设计依据中按哪本标准设计，照度介绍就满足该标准的要求即可。

2. 应急照明、消防应急照明、疏散照明、备用照明之间有何区别？

规范要求：《民标》（GB 51348—2019）第13.2.3条要求：消防应急照明系统包括疏散照明和备用照明。消防疏散通道应设置疏散照明，火灾时供消防作业及救援人员继续工作的场所，应设置备用照明。

逻辑分析：这四种照明多年来一直比较容易混淆。应急照明，如名字所述，是应急状态下需要保持点亮的照明。在应急状态中，能够想到的是消防、正常停电、灾害等状态。故又可以细分为疏散照明（消防疏散使用）、安全照明（正常停电后确保处于潜在危险中人群的照明，例如车间车工可能出现受伤，手术医生无法正常继续手术等，为了这些人员的安全而设置的照明）、备用照明（可细分为消防备用照明和非消防备用照明）。

而应急照明按消防与非消防进行区分更为常见，可以细分为消防应急照明（可细分为疏散照明和消防备用照明）和非消防应急照明（可细分为安全照明和非消防备用照明）。《民标》（GB 51348—2019）消防章节所述为消防备用照明，参见《民标》（GB 51348—2019）第13.2.3条第4款：下列部位应设置备用照明：消防控制室、消防水泵房、自备发电机房、变电所、总配电室、防排烟机房以及发生火灾时仍需正常工作的房间。

网络数据机房也需要设置备用照明，其为普通重要负荷备用照明，参见《数据中心设计规范》（GB 50174—2017）中第8.2.5条：主机房和辅助区应设置备用照明，备用照明可为一般照明的一部分。可见网络数据机房的备用照明属于重要普通负荷的备用照明，如图1-21所示。

有人值守机房的备用照明的照度不应低于正常照明的一半，需要注意的是"可以为一半的照度"，而其余的主要消防设备机房和变配电机房则是要求达到全部的照度。

因此，用于消防应急照明的灯具，可相应分为疏散照明类灯具（可细分为疏散照明灯、出口标志灯和方向标志灯）和消防备用照明灯具［即用于避难间（层）、变配电所、消防控制室、消防水泵房、自备发电机房等发生火灾时仍需工作、值守区域的备用照明灯具］。

3. 非火灾状态下断电，应急照明点亮时间应持续多久为合适？

规范要求：《应急照明标》（GB 51309—2018）第3.2.4条。

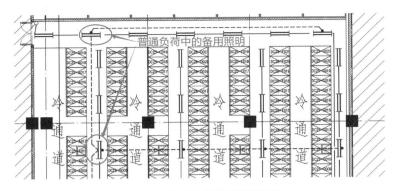

图 1-21 数据机房备用照明示意

逻辑分析：应急照明设计采用平时节电点亮，断电转应急点亮模式时，非火灾状态下断电，应急照明点亮时间其实是越短越合理，这主要是出自节材的考虑。应急照明备用电源连续工作时间有 0.5h、1.0h、1.5h，为硬性要求，非火灾状态下断电，应急照明点亮时间则只是"锦上添花"，为同一块蓄电池。实际上，即便该时间设置为零，只要设有市电检测功能，也不会发生正常停电时灯不点亮的故障。电池要求安装空间大，对于住宅等井道要求很高，综合考虑非火灾状态下断电应急照明点亮时间不超过 0.5h 即可，其为定值，考虑零分钟也未尝不可。

但非火灾状态下应急照明点亮时间仅针对集中控制型应急照明系统，对于非集中控制型应急照明系统，无"非火灾时蓄电池电源的持续工作时间"要求。

应急照明箱中市电检测是针对非火灾状态下断电的监测措施，其是在应急照明配电箱内安装的用于检测市电供电状态的设备。一般来说，市电检测设备可以检测市电的电压、电流、频率等参数，并且当市电供应出现故障时，能够及时识别并切换为应急照明系统供电。故如果不考虑非火灾状态下断电后，应急照明点亮，则市电检测功能图中可不设置。常规做法如图 1-22 所示。

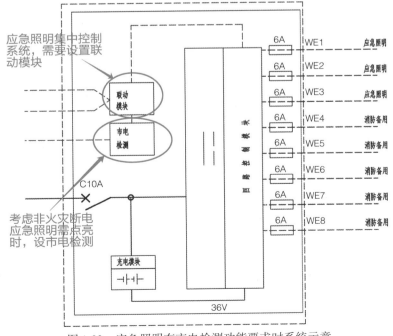

图 1-22 应急照明有市电检测功能要求时系统示意

4. 疏散照明火灾状态时间是指灯具持续应急点亮时间还是需增加非火灾状态下断电应急照明的持续时间？

规范要求：应急照明初始放电时间应该按疏散照明火灾状态时间的 3 倍进行配置，见《民标》（GB 51348—2019）中第 6.2.2 条第 4 款。

逻辑分析：《应急照明标》（GB 51309—2018）及《民标》（GB 51348—2019）两本规范所描述的不同之处并非是应急照明的供电时间，而是非火灾状态下的供电时间在《民标》（GB 51348—2019）里没有介绍，故换算 3 倍的初始放电时间时，不含非火灾状态下断电应急照明的持续时间。如应急照明供电时间不应少于 1.0h，加上非火灾状态下的 0.5h，则持续供电时间应为 1.5h，达到使用寿命周期的剩余容量保证的放电时间也同为 1.5h。而初始放电时间为应急照明供电时间 3 倍进行考虑，即 1h 的 3 倍，为 3h，而非 1.5h 的 3 倍，4.5h。常见应急照明火灾状态下放电时间的说明如图 1-23 所示。

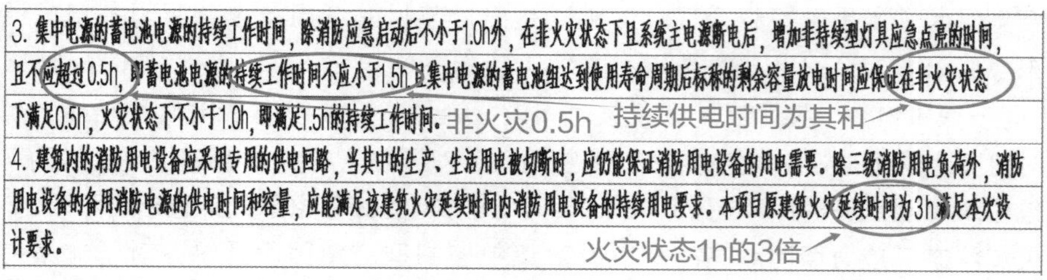

3. 集中电源的蓄电池电源的持续工作时间，除消防应急启动后不小于1.0h外，在非火灾状态下且系统主电源断电后，增加非持续型灯具应急点亮的时间，且不应超过0.5h，即蓄电池电源的持续工作时间不应小于1.5h且集中电源的蓄电池组达到使用寿命周期后标称的剩余容量放电时间应保证在非火灾状态下满足0.5h，火灾状态下不小于1.0h，即满足1.5h的持续工作时间。~~非火灾0.5h~~ 持续供电时间为其和

4. 建筑内的消防用电设备应采用专用的供电回路，当其中的生产、生活用电被切断时，应仍能保证消防用电设备的用电需要。除三级消防用电负荷外，消防用电设备的备用消防电源的供电时间和容量，应能满足该建筑火灾延续时间内消防用电设备的持续用电要求。本项目原建筑火灾延续时间为3h满足本次设计要求。 ~~火灾状态1h的3倍~~

图 1-23　常见应急照明火灾状态下放电时间的说明的案例示意

第2章

节能绿建常见审查问题及解析

Q11 照明节能设计中的常见问题

1. 公用照明区域应采取分区、分组及调节照度的节能控制措施,如何把握规范的编制要求?分区、分组及调节照度是指满足其中一种,还是三种都要?

规范要求:《建筑节能与可再生能源利用通用规范》(以下简称"《节能通规》")(GB 55015—2021)中第3.3.8条:建筑的走廊、楼梯间、门厅、电梯厅及停车库照明应能够根据照明需求进行节能控制;大型公共建筑的公用照明区域应采取分区、分组及调节照度的节能控制措施。

逻辑分析:依据上述第3.3.8条要求,建筑的走廊、楼梯间、门厅、电梯厅及停车库照明应能够根据照明需求进行节能控制,对此可采用就地感应控制,包括红外、雷达、声波等探测器的自动控制装置。

分区、分组及调节照度的节能控制措施,是指根据建筑空间形式和空间功能的不同,采用一种措施或多种措施结合起来使用,故满足其中一种及以上都可,核心逻辑是节能即可。也曾经遇到申诉,某工业建筑走廊采用了分区多联开关控制,设计单位则认为能够达标。所以对于节能理解,有争议,说明规范并未介绍得十分清晰。如果分区或分组同样满足节能的要求,则可认为其达标,这与建筑性质有关联,需要酌情考虑。

分区或分组控制可理解为:将同一场所中天然采光充足和不充足的区域分别设置开关;按空间的使用功能不同分别设置开关;大空间场所按人员的活动区域分区域设置开关;避免照明全开的状态等。都是通过分区控制、分组开关、调节降低照度来控制照度,利于节电,所以分区、分组及调节照度是指满足其中一种即可。

如图2-1所示案例一:厂房内采用了分组分区控制,也是节能控制措施。

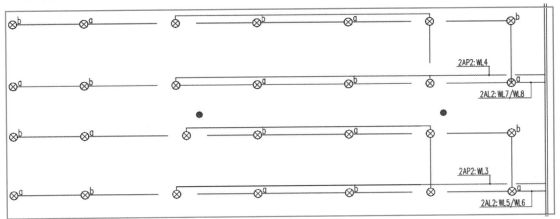

图2-1　厂房分组分区控制示意

如图 2-2 所示案例二：常规的地库照明设计，采用了智能照明模块控制，也是节能控制措施。

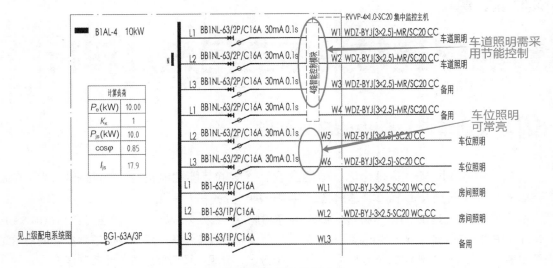

图 2-2　智能照明模块控制示意

如图 2-3 所示案例三：未采用节能控制的类型。本工程停车库照明平面未采用开关控制；灯具未设置感应开关；照明系统也未采用智能控制系统。因没有采取任何节能控制措施，造成车库照明为长明灯，则违反《建筑节能与可再生能源利用通用规范》（GB 55015—2021）中第 3.3.8 条的规定。

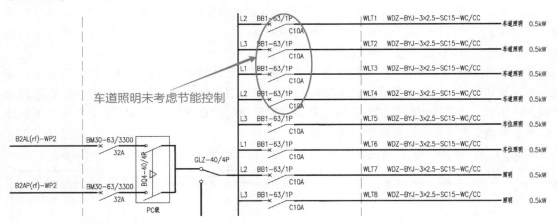

图 2-3　车库照明平面未采用节能控制措施案例示意

案例四：公共建筑的走廊、楼梯间照明未采取节能控制措施，仅设普通翘板开关（图 2-4），且没有分区、分组的控制，也违反《建筑节能与可再生能源利用通用规范》（GB 55015—2021）中第 3.3.8 条的规定。

2. 传统光源效率与 LED 光源效能有何区别？ LED 在照明节能审查中有硬性要求吗？

规范要求：满足《LED 室内照明应用技术要求》（GB/T 31831—2015）中有关限值的灯具。

逻辑分析：效率与效能并非同一种概念，仅 LED 光源会采用效能的概念，是因其本身有光源和灯具双重属性。

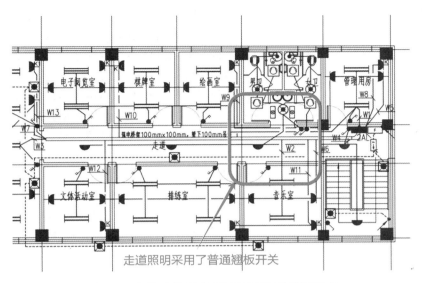

走道照明采用了普通翘板开关

图 2-4　走道照明采用了普通翘板开关案例示意

LED 灯具效能的定义是指在灯具的声称使用条件下，灯具发出的初始总光通量与其所消耗的功率之比，单位为 lm/W。灯具效能越高，同样的光通量所需的能量就越少，能源利用效率就越高。LED 灯泡比起传统的光源更为节能，但也是有功耗的，节能标的就是它的功耗，光效范围在 79～90lm/W 的 LED 灯将获得二级能效；90～105lm/W 的 LED 灯将获得三级能效。

灯具效率的说明则更需注意场合，是除 LED 以外的光源，如常见的灯具效率表示为："直管荧光灯透明保护罩或灯具效率不低于 70%，格栅灯具效率不应低于 65%"。灯具效率是指灯具的照度效果与所耗能量之间的比率，是一个灯具的光效性能的综合指标，即每消耗一定数量的电能，可发出的光通量大小。通常使用瓦每平方米（W/m²）来表示灯具的效率。同样，灯具效率越高，同样的照度所需的能量就越少，灯具对环境的影响就越小。

效率或效能要求见《建筑照明设计标准》（GB/T 50034—2024）中第 3.3.10 条，这里不做罗列，如图 2-5 所示。图 2-5 仅展示部分内容，以说明效率或效能在规范中的要求不同。审查时，如发现仅介绍效率，则需要予以提出，为审查中的常见漏项，不可在表示上仅表示一种，以偏概全。

表 3.3.10-3　小功率金属卤化物灯筒灯的灯具初始效率（%）

灯具出光口形式	开敞式	保护罩	格栅
灯具效率	60	55	50

4　高强度气体放电灯的灯具初始效率不应低于表 3.3.10-4 的规定。其他光源为效率要求

表 3.3.10-4　高强度气体放电灯的灯具初始效率（%）

灯具出光口形式	开敞式	格栅或透光罩
灯具效率	75	60

5　LED 筒灯的灯具初始效能不应低于表 3.3.10-5 的规定。

LED 为效能值要求

表 3.3.10-5　LED 筒灯的灯具初始效能值（lm/W）

额定相关色温		2700K/3000K		3500K/4000K/5000K	
灯具出光口形式		格栅	保护罩	格栅	保护罩
灯具功率	≤5W	75	80	80	85
	>5W	85	90	90	95

注：当灯具一般显色指数 R_a 不低于 90 时，灯具初始效能值可降低 10lm/W。

图 2-5　《建筑照明设计标准》（GB/T 50034—2024）
中第 3.3.10 条表 3.3.10-3～表 3.3.10-5 截图

此外当项目采用 LED 灯具时，电气设计说明、图例还应明确采用照明频闪满足《LED 室内照

明应用技术要求》（GB/T 31831—2015）的限值。该条为北京市绿色建筑审查要求，各地可参考。

3. "各房间或场所的照明功率密度值不得高于现行国家标准"的"各房间"是指哪些？

规范要求：《绿色建筑评价标准》（GB/T 50378—2019）（2024年版）中第5.1.5条要求：各场所的照度应符合《建筑照明设计标准》（GB/T 50034—2024）的规定。其第7.2.7条要求：主要功能房间的照明功率密度值达到《建筑照明设计标准》（GB/T 50034—2024）规定的目标值。

具体场合见《节能通规》（GB 55015—2021）中第3.3.7条之条文说明：居住建筑每户、居住建筑公共机动车库、办公建筑及具有办公用途的场所、商店建筑、医疗建筑、教育建筑、会展建筑、交通建筑、金融建筑、工业建筑及通用房间或场所。

逻辑分析：照明功率密度表是节能的审查重点，也是强制性条文。应标注主要功能房间照明照度值及功率密度值计算数据，并标明灯具效率等内容。在旧版《绿色建筑评价标准》（GB/T 50378—2019）中第7.1.4条曾提及：主要功能房间的照明功率密度值不应高于《建筑照明设计标准》（GB 50034—2024）中规定的现行值。其为控制项，而在《绿色建筑评价标准》（GB/T 50378—2019）（2024年版）中再无该项，也就不存在现行值的要求。但需注意《节能通规》（GB 55015—2021）中的"限值"要求与"现行值"意义相同，即同样默认现行值为需达到的最低标准。而在《绿色建筑评价标准》（GB/T 50378—2019）（2024年版）中"目标值"为绿建得分项，要求主要功能房间的照明功率密度值达到《建筑照明设计标准》（GB 50034—2024）规定的目标值时得5分。

《节能通规》（GB 55015—2021）条文解释中"房间或场所"的要求，如严格说，涵盖了几乎所有的民用建筑类型，其细化的功能性场所也没有绝对的标准，则填表时需要涵盖建筑的主要类型房间，且分别列入表格。容易漏标的公共场所有：走廊、控制室、主要机房、网络中心、车库、电梯厅等，而容易漏标的房间有：会客厅、卧室、卫生间等，如精装住宅，则仅需列功率密度值的要求。

填写功率密度判定表时，除当地绿色建筑审查中有目标值的得分要求外，可以标注为现行值（标准值），如图2-6所示。

主要功能性场所　　照明节能设计判定表　LPD采用现行值即可

场所	楼层	轴线	光源类型	面积/m²	灯具安装高度/m	参考平面高度/m	灯具类型		单套灯具光源参数		灯具数量/个	安装容量/W	标准照度/lx	计算照度/lx	室形指数RI		照明功率密度 LPD/(W/m²)			
							灯型	效率/(lm/W)	光源含镇流器耗电/W	光通量/lm					计算值	标准值	计算值	标准值	修正系数	折算值
活动室	一层	2-C-2-E/2-4-2-5	直管型荧光灯	67.66	3.00	地面	格栅	65	3×17=51	3×1350=4050	10	510	300	287	1.39	1.0	7.54	8.0	1.0	8.0
休息室	一层	2-C-2-E/2-3-2-4	直管型荧光灯	70.22	3.00	地面	格栅	65	3×17=51	3×1350=4050	4	204	100	91	1.44	1.0	2.91	3.5	1.0	3.5
盥洗室	一层	2-E-2-D/2-5-2-6	紧凑型荧光灯	28.08	3.00	地面	保护罩	50	1×22=22	1×1560=1560	4	88	100	93	0.88	1.0	3.13	3.5	1.2	4.2
衣帽间	一层	2-C-2-D/2-5-2-6	直管型荧光灯	15.57	3.00	地面	格栅	65	3×17=51	3×1350=4050	1	51	100	94	0.70	1.0	3.23	3.5	1.2	4.2
多功能活动厅	一层	2-A-2-D/2-1-1/2-2	直管型荧光灯	144.01	4.00	地面	格栅	65	3×17=51	3×1350=4050	20	1020	300	272	1.50	1.0	7.08	8.0	1.0	8.0
走廊	一层	2-A-2-E/1/2-2-/2-2-3	紧凑型荧光灯	39.78	3.00	地面	保护罩	50	1×35=35	1×2450=2450	4	140	100	99	0.64	1.0	3.52	3.5	1.2	4.2

图2-6　照明节能设计判定表案例示意

审图时也需要注意面积越小的房间照明功率密度值要达标越难，审图时要考虑其可实施性。以电井为例，实际设计中2m²的壁龛式电气井道并不少见，则30W以上的灯具其照明功率密度值超标，所以审图时依据《建筑照明设计标准》（GB/T 50034—2024）中第6.3.16条"当房间或场所的室形指数值等于或小于1时，其照明功率密度限值应进行修正"，需要放宽审核。

室形指数值 $K = 2 \times$ 面积/（周长 $\times$ 高度），例如房间高度为 2.7m，井道为正方形，采用室形指数值 K 的极限值 1 时，则带入公式，$1 = 2 \times a^2/(4a \times 2.7)$，其中 a 为等效正方形的边长，可得出临界房间的边长为 5.4m。故审图时实际使用面积转换为正方形房间边长 ≤5.4m 的情况下，室形指数值都比较接近或小于 1，审图时可以适当放宽标准，但不超过照明功率密度限值的 20%［根据《节能通规》（GB 55015—2021）中第 3.3.7 条的要求］。

Q12 哪些部位不建议采用节能自熄开关？

规范要求：见《公共建筑节能设计标准》（GB 50189—2015）中第 6.3.8 条第 4 款：走廊、楼梯间、门厅、电梯厅、卫生间、停车库等公共场所的照明，宜采用集中开关控制或就地感应控制。

逻辑分析：灯具节能控制的要求日渐严格，公共区域照明的节能控制如今已是主流，有感应开关、灯控系统、楼控系统等，不多叙述。但还有些公共场所不宜设置节能自熄开关，最常见的是电梯前室不建议采用节能自熄开关，灯具在电梯门打开的瞬间如不能点亮，电梯前室可能处于黑暗之中，如遇电梯平层有问题，则对乘客存有安全隐患。曾经有规范支持，现已作废，后来修订国标规范中无条文支持，不再对电梯前室再做特殊的要求。

但问题是存在的，需要注意如地区规范仍有要求时，以地区要求为准。如在上海等地区，可见上海地标《住宅设计标准》（DGJ 08-20—2019）中第 12.5.2 条明确提及门厅、电梯厅为例外的场所。

除此以外，可见《节能通规》（GB 55015—2021）中第 3.3.8 条之条文说明：对于医院病房楼、中小学校及其宿舍、幼儿园（未成年人使用场所）、老年公寓、旅馆等场所，因病人、儿童、老年人等人员在灯光明暗转换期间易发生踏空等安全事故，因此不宜采用就地感应控制。可见这些场所或建筑的电梯厅、门厅照明平面未采取节能控制措施，也是合理的设计，无须提出意见。但可采用集中控制或智能控制系统，以促进场所节能及确保安全。如图 2-7 所示为电梯厅采用普通翘板开关的案例。

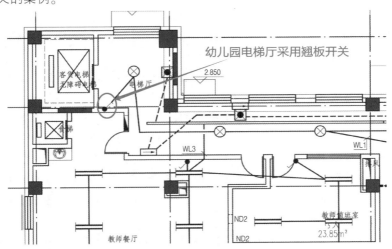

图 2-7　电梯厅采用普通翘板开关案例示意

同时，需要注意公共照明采用节能自熄开关时的消防要求，见《住宅设计规范》（GB 50096—2011）中第 8.7.5 条要求：共用部位应设置人工照明，应采用高效节能的照明装置和节能控制措施。当应急照明采用节能自熄开关时，必须采取消防时应急点亮的措施。但这已经不满足现行的《消防应急照明和疏散指示系统技术标准》GB 51309 等规范要求的做法，如公共照明合用时，需要采用集中电源控制器进行联动点亮。后文将详述有关内容。

Q13 光伏发电设计中的常见问题

1. 大于 300m² 的公共厕所也需要设置光伏发电吗？

规范要求：《节能通规》（GB 55015—2021）第 5.2.1 条：新建建筑应安装太阳能系统。

逻辑分析：规范字面理解为大型公建、大型小区自然必须设置，这里探讨两种比较少见的情况和处理方法。

第一种情况：新建民用建筑。在一个建筑群项目中，主要建筑物已设置太阳能系统，而建筑群（或小区）服务的门卫室、垃圾站等配套小单体新建建筑，如果面积小于等于 300m²，且其余专业没有设置太阳能热水系统时，可采取设置太阳能壁灯的方式。如果建筑面积大于 300m²，应按规范要求设置太阳能系统，也不能采用室外设置太阳能路灯的方式来替代建筑物的太阳能系统。小型独立项目如厕所、门卫、小商铺、小办公楼及政府投资的小型项目等，其余专业没有设置太阳能系统（主要指太阳能热水）时，应安装太阳能光伏系统。

用太阳能热水替代光伏发电并非适用所有建筑物，在北京地区住宅中，依据《居住建筑节能设计标准》（DB11/891—2020）中第 3.1.8 条要求：12 层以上新建居住建筑，应有不少于全部屋面水平投影面积 40% 的屋面设置太阳能光伏组件。

第二种情况：新建工业建筑。《节能通规》（GB 55015—2021）第 1.0.2 条之条文说明中对"新建建筑"有所规定，是指该规范适用范围内的新建建筑，不适用于未设置供暖、空调系统的工业建筑。则当设置采暖、空调系统的工业建筑，应设置太阳能系统（房间设置的独立分体空调，不属于集中空调系统，但多联机属集中空调系统）。仅在厂房中的辅助用房（办公室、休息室）设置有分体空调的工业建筑，可不设置太阳能系统。按国家法规和防火、防爆的相关规定不能设置太阳能系统的工业建筑，应在设计说明中说明清楚不能设置太阳能系统的相关原因。

2. 光伏发电的设计深度如何审查？

规范要求：《节能通规》（GB 55015—2021）第 5.2.4 条：太阳能建筑一体化应用系统的设计应与建筑设计同步完成。

逻辑分析：要求太阳能建筑一体化应用系统的设计应与建筑设计同步完成，并非是要求太阳能建筑一体化应用系统必须由主体工程设计单位完成，只要求电气平面图中表示出光伏阵列位置、面积。可以由专项设计单位进行专项设计，但应与主体结构同步设计、同步施工。

由专项设计单位进行太阳能建筑一体化应用系统设计时，主体工程设计单位应在设计文件中明确采用的可再生能源建筑应用系统及容量。如采用太阳能光伏发电系统，电气平面图中应表示出光伏阵列位置、面积。

图中需审查是否介绍了以下内容：《节能通规》（GB 55015—2021）中规定的太阳能光伏发电系统的发电量；太阳能系统的计量要求；结构、抗震、电气及防火安全等要求。除此之外，还需注意《电通规》（GB 55024—2022）中相应的并网保护及隔离功能，光伏发电系统在并网处应设置并网控制装置，人员可触及的可导电的光伏组件部位应采取电击安全防护措施并设警示标识，如图2-8所示。

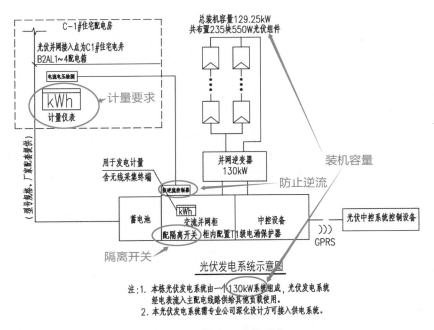

图2-8　光伏发电系统示意

Q14 分项计量中的常见问题

1. 哪些设备需要分项计量？

规范要求：可见《公共建筑节能设计标准》（GB 50189—2015）中第6.4.1条：主要次级用能单位用电量大于或等于10kW时或单台用电设备大于等于100kW时，应设置电能计量装置。同时，第6.4.3条规定：公共建筑应按照明插座、空调、电力、特殊用电分项进行电能监测与计量。

《绿色建筑评价标准》（GB/T 50378—2019）（2024年版）中第7.1.5条：冷热源、输配系统和照明等各部分能耗应进行独立分项计量。其条文说明中更加明确要求采用集中冷热源的公共建筑应分项计量，这主要包括空调系统、照明系统、其他动力系统等。而对非集中冷热源的公共建筑，在系统设计时必须考虑使建筑内根据面积或功能等实现分项计量。故公共建筑的低压配电系统设计方案应尽量满足分项计量的要求。而住宅建筑分户计量即可，其支路无要求。

逻辑分析：《公共建筑节能设计标准》（GB 50189—2015）第6.4.1条用于判定建筑物是否需要设置电能计量装置。"主要次级用能单位"这个概念可以参见《用能单位能源计量器具配备和管理通则》（GB 17167—2006）的相关说明，这里不做详述，可以指出对于电力专业来说就是指大于等于10kW的用电设备组，而当单台用电设备大于等于100kW时则被称为主要用能设备。

该部分要求对于设计而言，要求公共建筑配电系统的低压出线一般都要设置计量装置，因为低压侧的用电设备组负荷多≥10kW。而大型设备出现≥100kW的情况，则是指末端的设备，当末端设备达到100kW时，需要设置末端的计量装置，但如果前端已经设置有计量，则末端不必二次装设。

在满足《公共建筑节能设计标准》（GB 50189—2015）第6.4.1条规定之后，确定项目需要设置电能计量装置，则进一步来落实电能的分项计量，这一点不光是要写入说明，更要在系统中有所表现。北京地区依据《北京市绿色建筑专项审查要点》中第7.1.5条对其进行了解释：照明插座、空调、通风、电力、特殊用电设置独立分项计量。其系统实施分类参照《公共建筑节能设计标准》（DB11/T 687—2024）中第6.4.3条之条文说明：低压配电系统图、配电箱系统图中以下回路应设置分项计量表计：变压器低压侧出线回路；单独计量的外供电回路；特殊区供电回路；制冷机组主供电回路；单独供电的冷热源系统附泵回路；集中供电的分体空调回路；照明插座主回路；电梯回路；其他应单独计量的用电回路。对标准进一步进行了明确，各省可参考实施。

在具体的审查中，首先审查低压侧进线处需设的总表，其主要出线回路均设表计量（变压器低压侧出线回路），并着重注意各主要水泵（单独供电的冷热源系统附泵回路）、空调（制冷机组主供电回路、集中供电的分体空调回路）、景观照明（其他应单独计量的用电回路）、应急照明（照明插座主回路）等均不可遗漏，如图2-9所示。

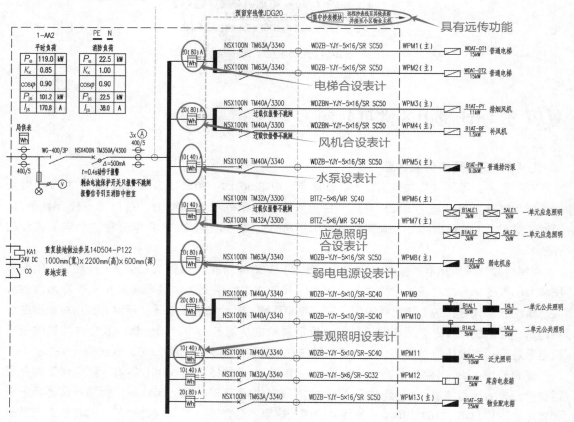

图2-9　住宅分项计量示意

有关单列与合并的说明：制冷站、热力站等大功率的末端设备，要增设末端的独立计量。如果为小型配电系统，低压进户则在总配电柜母线侧，将照明插座、电力、空调分别设表计量即可。分体式空调一般预留插座，也可列入照明的表计中；公共照明与套内照明分开表计；景观照明、航空障碍灯等功能位置接近的照明可合用一块表计。其他应单独计量的用电回路是指数据机房、厨房设备、消防监控设备等没有提及的主要用电点，也建议单独设置表计。另外，对于低压母线侧不能拆碎细分的设备用电点，则建议在末端设置表计。

2. 远传计量的要求及设计深度如何控制?

逻辑分析：说明中要有电能计量相关要求，如采用联网、远传控制时，建议采用智能表等要求，因为是用于能源管理的电能表，该表计的目的并不是为了计量，更多是作为能量的统计评估之用。设计深度上，与之对应的低压配电系统与说明均应有所涉及，才能形成联网的拓扑示意，如图 2-10 所示。

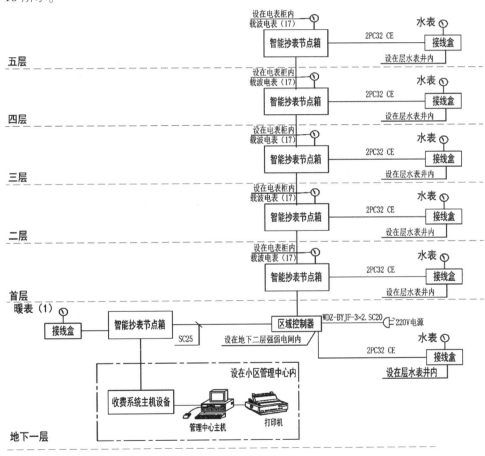

图 2-10 远传计量拓扑示意

同时，对照明、电梯、风机水泵等设备用电进行分项计，且电、热、气表应具有远传功能。以北京地标为例，其《绿色建筑专项检查要点》中第 6.2.6 条要求：对公共区域使用的冷、热、电等不同能源形式进行分类计量。检查智能化设计说明、系统图，要求设置电、热、气的能耗计量系统和能源管理系统。公共建筑电、热、气、表数据能经自动远传计量系统上传至能耗管理系统。相应的热计量等配电回路需要设置表计，如图2-11所示。

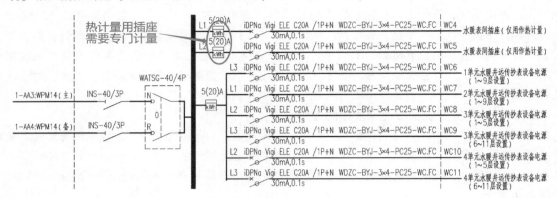

图2-11　水暖间插座需预留表计示意

典型户型设置数据采集装置，对供暖、供冷、照明、空调、插座的能耗进行分项计量。居住区设置能源监测系统，且能源监测数据宜对住户开放，满足掌上智能的需求。如项目建筑全部采用带热回收的新风机系统，对各区域分别送风，在卫生间、餐厅设置集中回风，则对典型户型的温湿度、CO_2浓度、PM2.5进行监测，传感器放置位置选取每户客厅及一个卧室。室内环境监测数据与分项计量数据一起传入能耗监测平台中。设备可通过室内空气质量传感器监测室内CO_2浓度，当CO_2浓度超标时，自动引入室外的新鲜空气。

3. 空调插座回路是否应按空调考虑分项计量？

逻辑分析：以北京地区为例，《公共建筑节能设计标准》（DB11/T 687—2024）中第7.4.4条及下表7.4.6（图2-12）中提及公共建筑的照明插座、空调、通风、电力、特殊用电设置独立分项计量。部分条目在工程设计上执行起来有一定的困难，如其插座、照明等用电应分项计量。则插座和照明只在回路出线侧区分。因普通办公室内的办公设备多为计算机用电，大多数使用专用支路供电，但办公室内的非办公设备，如台灯，理论上说不应接在上述的插座回路上，除非另外敷设不同用处的照明专线，否则其实难以避免接于插座回路的现状。

即便真是彻底分开，也只会徒增设计和施工的难度，并无实际意义。所以分类计量仍建议控制几大类即可，不可教条，按编制人的真实意图去操作，若太零碎实现起来有难度，也增加了系统的不稳定性，并不安全合理。

表7.4.6　分项计量项目和编码

项目		一级子项		二级子项	
名称	编码	名称	编码	名称	编码
照明插座等用电	A	房间内用电	1	照明	A
				插座	B
				空调通风末端	C
				其他	D
		走廊和应急照明	2		
		室外景观照明	3		
		其他	4		

（照明插座有分项计量的要求）

图2-12　《公共建筑节能设计标准》（DB11/T 687—2024）中表7.4.6截图

4. 多联机是否属于集中空调系统？

规范要求：《建筑节能与可再生能源利用通用规范》（GB 55015—2021）第 3.3.6 条规定：建筑面积不低于 20000m² 且采用集中空调的公共建筑，应设置建筑设备监控系统。

逻辑分析：容易产生异议的是 VRV 空调是否算中央空调，分体壁挂式机是针对中央空调而言，VRV 空调则是介于两者之间的一种形式，虽然同样分为室外机及室内机部分，但 VRV 空调机组包含有空调新风系统。

所以多联机需要分情况而定，多联机为单一房间独立设置的多联机空调时（与独联机空调类似，仅为功率大小的区别），则属于分散设置的空调装置，不属于集中空调系统。当多联机的一台或数台室外机连接数台室内机，且为一个或数个区域提供处理后的空气时，属于集中空调系统。这时中央空调系统包括 VRV 空调，则作为集中式的中央空调系统，多联机需设置单独计量，如图 2-13 所示。

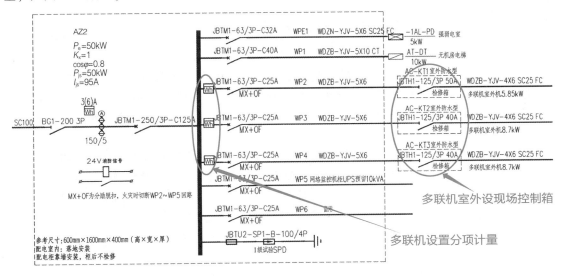

图 2-13　多联机设置单独计量示意

Q15 消防水泵、风机是否采取节能自动控制措施？ 如何审查电热水器是否采取了节能自动控制措施？

规范要求：《建筑节能与可再生能源利用通用规范》（GB 55015—2021）第 3.3.4 条规定：水泵、风机及电热设备应采取节能自动控制措施。该条的条文说明要求水泵、风机采用变频调速的节能控制措施，但《民标》（GB 51348—2019）第 13.7.6 条要求：消防水泵和防烟风机和排烟风机不得采用变频调速器控制。

逻辑分析：消防水泵和防、排烟风机不必执行（GB 55015—2021）第 3.3.4 条。建筑节能应以保证生活和生产所必需的室内环境参数和使用功能为前提，提高建筑用能系统的能源利用效率、降低建筑的能耗水平，主要针对的是正常生活和生产的能耗。消防水泵和防、排烟风机是火灾发生后才使用的用电设备，平时不使用，所以，这类设备首先应满足消防设计要求。

电热设备应采取节能自动控制措施，在民用建筑中主要是指电开水器，审查中多见两种情况：一种是说明为厂家深化，可行，审查也不予提出意见；但如设计在图中予以表达示意，其可以作为深化的前置条件，给深化单位提出相关的要求，更为合理，如图 2-14 所示。

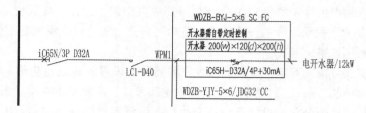

图 2-14 电热设备应采取节能措施示意

Q16 节能和绿建设计中的常见问题

1. 变压器、电动机是需要达到能效等级 2 级还是只要高于 3 级就可以？

规范要求：《建筑节能与可再生能源利用通用规范》（GB 55015—2021）第 3.3.1 条：电力变压器、电动机、交流接触器和照明产品的能效水平应高于能效限定值或能效等级 3 级的要求。

逻辑分析：电动机、交流接触器和照明产品的能效水平只要高于能效限定值或满足能效等级为 3 级的要求即可。各地要求类似，但一般更高，故以地区的要求作为最终审查依据，如对于三相配电变压器，江苏省的《绿色建筑设计标准》（DB32/3962—2020）第 10.4.1 条要求：配电变压器的空载损耗和负载损耗值均应不高于能效等级为 2 级的变压器的限值。又如北京《公共建筑节能设计标准》（DB11/T 687—2024）中第 7.1.2 条要求：建筑设备使用的电动机应采用能效等级达到 2 级及以上的节能型产品。可见，均高于国家标准。又见《绿色建筑评价标准》（GB/T 50378—2019）（2024 年版）中第 7.2.7 条第 3 款的规定：照明产品、电力变压器、水泵、风机等设备满足国家现行有关标准的能效等级 2 级要求，得 3 分。可见与功率密度值相似，但《节能通规》（GB 55015—2021）中的要求最低，必须满足。

2. 哪些建筑需要进行绿建审查？

逻辑分析：国家规范《绿色建筑评价标准》（GB/T 50378—2019）（2024 年版）为推荐性标准，对于面积没有明确要求，且各地多有不同，需依据地区要求执行。

以北京地区为例，《北京市建筑绿色发展条例》（2023 年版）中第十三条：新建民用建筑执行绿色建筑一星级以上标准；新建的大型公共建筑、政府性资金参与投资建设的民用建筑、城市副中心居住建筑执行绿色建筑二星级以上标准；新建的超高层建筑、首都功能核心区建筑、城市副中心公共建筑执行绿色建筑三星级标准。鼓励工业建筑执行，尚没有强制要求。可见新建建筑由以前 300m² 的绿建要求起步线，实际变为全部民用建筑均要达到绿建一星级的起步标准，并需增加绿色专篇审查。

其分为控制项或是一般项进行审查，控制项为必须满足规范的部分，这里的规范多指地标要求，多有强制性条文背景或节能共识；而一般项则是提升节能品质和新技术等内容，多为文字描述或是数字类要求，为建议项，也被称为评分项。

如北京地区,通过《北京市绿色建筑一星级施工图审查要点》中所附的审查要点逐条核对,填表打分。控制项不达标,按绿建未达承诺执行;如控制项达标,则审查各一般项的得分,合计总分,依据当地的评分标准,核查是否达到所申报的绿建星级标准。

3. "甲、乙类公共建筑"是如何界定的?

规范要求:《节能通规》(GB 55015—2021)第3.3.5条:甲类公共建筑应按功能区域设置电能计量。

逻辑分析:"甲类公共建筑"如何界定?甲类公共建筑是指单栋建筑面积大于300m²,或单栋建筑面积小于或等于300m²但总建筑面积大于1000m²的建筑群,单栋建筑面积包括地下部分的建筑面积。《节能通规》(GB 55015—2021)第3.3.5条和第B.0.1条之条文说明已作说明。

地方规定中甲乙类建筑对分项计量的要求又有区别,以北京为例,见北京市地方标准《公共建筑节能设计标准》(DB11/T 687—2024)第3.0.2条中,按照建筑面积以及围护结构能耗占全年建筑总能耗的比例特征,划分为以下三类建筑:单栋地上面积大于300m²的办公建筑、医院建筑、旅馆建筑、学校建筑为甲2类公共建筑。单栋地上面积小于或等于300m²的建筑(不含单栋建筑面积≤300m²,且总建筑面积大于1000m²的别墅型旅馆)为乙类公共建筑。除此以外为甲1类公共建筑。

与《节能通规》(GB 55015—2021)不同,甲类建筑面积有细分,对乙类建筑的介绍则相似,其侧重点在甲1、甲2类公共建筑低压配电系统均需要实施的分项计量上,如《公共建筑节能设计标准》(DB11/T 687—2024)中第7.4.4条所述,可见对于分类计量确实越加严格。对比国标与地标,会发现300m²以上的公建,均需要考虑分项计量的设计要求,其他地区可以参考。

4. 一氧化碳监测如何审查?

规范要求:《电通规》(GB 55024—2022)中第5.2.2条:设有建筑设备管理系统的地下机动车库应设置与排风设备联动的一氧化碳浓度监测装置。

逻辑分析:在地下机动车库设置与排风设备联动的一氧化碳监测装置,超过一定的量值时,即报警并启动排风系统,前提是设有建筑设备管理系统并设置有地下机动车库的建筑。这一条以前纳入电气绿建内容,但现在放入《电通规》(GB 55024—2022)中,则审查中需要注意,以电气质量问题审查可以,以绿建审查同样也可以,依据当地绿建审查的要求而定。

当项目设有楼宇设备自控系统时,应由该系统监测一氧化碳浓度,并联动相应的排风设备;如无楼宇设备自控系统,一氧化碳浓度监测装置应直接联动相应排风设备。一氧化碳浓度监测系统的相关设施应在系统及平面图中体现,如图2-15所示。

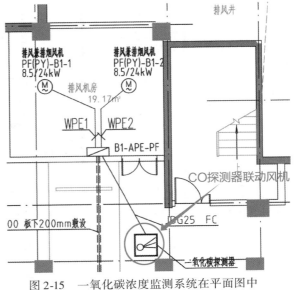

图2-15 一氧化碳浓度监测系统在平面图中表示深度示意

Q17 超低能耗有哪些审查要求？

规范要求：《超低能耗居住建筑设计标准》（DB11/T 1665—2019）第7.6.5条中规定超低能耗居住建筑应对公共区域和典型户型进行分类分项计量，并应符合下列规定：对公共区域使用的冷、热、电等不同能源形式进行分类计量，并对照明、电梯、风机、水泵等设备用电进行分项计量；对典型户型的供暖、供冷、照明、空调、插座的能耗进行分类分项计量。超低能耗居住建筑，应选择高效节能光源和灯具。电梯系统应采用节能控制及拖动系统，并应符合下列规定：当一个楼栋单元设有两台及以上电梯集中排列时，应具备群控功能；电梯无外部召唤，且电梯轿厢内一段时间无预设指令时，应自动关闭轿厢照明及风扇。

逻辑分析：各地参考执行，与普通居住建筑的节能不同之处，把规范用通俗的话"翻译"如下：

1）公共区域分项计量同前文公共建筑。

2）要对典型户型进行分类分项计量，也就是各户箱内照明、空调、插座的能耗要进行分类分项计量，如图2-16所示。

3）即便毛坯，户内也要选择高效节能光源和灯具，则在图纸中不可以出现非节能灯具。

4）电梯的节能要求同公建绿建或节能要求。

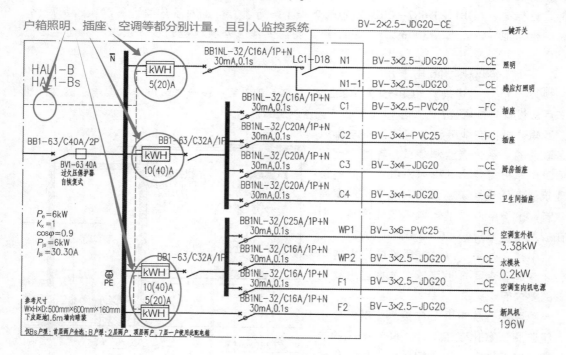

图2-16　超低能耗居住建筑应分项计量案例示意

第3章

电气系统常见审查问题及解析

Q18 共用柴油发电机时，消防负荷是否可以与非消防负荷合用备用母线段，然后设置专用供电回路？

规范要求：《电通规》（GB 55024—2022）第4.1.5条要求：当民用建筑的消防负荷和非消防负荷共用柴油发电机组时，消防负荷应设置专用的回路。

逻辑分析：民用建筑的消防负荷和非消防负荷共用柴油发电机组时，应按下列情况配置。

当非消防负荷为非重要安全设施（民用建筑内主要指直接影响人身安全的设施），消防负荷为非特级负荷时，此时该柴油发电机完全作为备用电源，可以共用母线段（备用母线段），但两者的配电回路应分开。

当非消防负荷中含有重要安全设施，消防负荷为非特级负荷时，此时该柴油发电机应为备用电源兼应急电源，应分设应急电源母线段及备用电源母线段，消防回路及非消防负荷中的非重要安全设施回路应从备用电源母线段引出，非消防负荷中的重要安全设施回路应从应急电源母线段引出。

当非消防负荷为非重要安全设施，消防负荷为特级负荷时，此时该柴油发电机应为备用电源兼应急电源，应分设应急电源母线段及备用电源母线段，消防回路应从应急电源母线段引出，非消防负荷回路应从备用电源母线段引出。

当非消防负荷中含有重要安全设施，消防负荷为特级负荷时，此时该柴油发电机应为备用电源兼应急电源，消防回路及非消防负荷中的重要安全设施回路应从应急电源母线段引出，非消防负荷回路中的非消防负荷为非重要安全设施应从备用电源母线段引出。

当非消防负荷为特级负荷，消防负荷也为特级负荷时，此时该柴油发电机完全用作应急电源，可以共用母线段（应急母线段）但消防、非消防配电回路应分开。

常见柴油发电机母线分段系统做法如图3-1所示。可见其为消防回路及非消防负荷中的非重要安全设施回路从备用电源母线

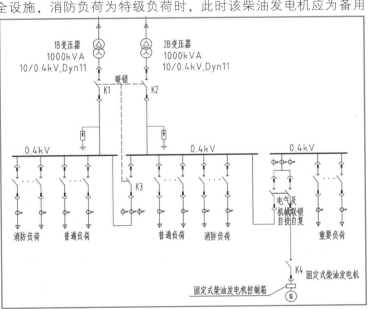

图3-1　常见柴油发电机母线分段系统做法示意

段引出，非消防负荷中的重要安全设施回路从应急电源母线段引出的案例。

Q19 门厅（大堂）、楼梯间、主要走道和通道的照明应按不低于二级负荷供电，具体如何实施？如果此时消防用水量不大于25L/s，消防负荷又该如何供电？

规范要求：《宿舍、旅馆建筑项目规范》（GB 55025—2022）第 2.0.11 条要求：门厅（大堂）、楼梯间、主要走道和通道的照明、安全防范系统应按不低于二级负荷供电。同时需要注意在《民标》（GB 51348—2019）的附录 A 中提及：二类高层的楼梯间、主要通道的照明也应按不低于二级负荷供电。另外《教育建筑电气设计规范》（JGJ 310—2013）第 4.2.2 条规定：教学楼、实验楼、学生宿舍等场所的主要通道照明为二级负荷。

逻辑分析：《宿舍、旅馆建筑项目规范》（GB 55025—2022）第 2.0.11 条规定明确，其实是整体提高了设计的等级，规范引文部分介绍了：少于 15 间（套）出租客房的旅馆项目除外，而宿舍没有床位要求，所以 15 间客房是重要的审查临界点，宿舍则无例外条件。执行该规范的宿舍、旅馆类项目，建筑的门厅（大堂）、楼梯间、主要走道和通道的照明、安全防范系统应按不低于二级负荷供电执行，教学楼、实验楼、学生宿舍等亦同。因《民标》（GB 51348—2019）中要求为非强制性条文，但适用范围更广。故审查中应先区别建筑类型，是否适用，再区别问题类别，是否违反强制性条文，还是仅为一般条款。

具备双电源供电的某二类高层建筑公共照明的二级负荷采用上级双电源互投做法，如图 3-2 所示。某学校的公共照明二级负荷采用末端互投，如图 3-3 所示。两种设计思路均可。

非消防负荷可采用照明备用电源，如

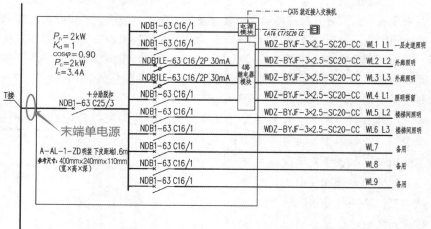

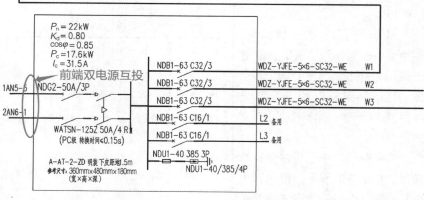

图 3-2　走道照明二级负荷上级双电源互投做法示意

灯具（B型）自带蓄电池来解决二级负荷的供电，即为最佳，因为多数小项目本身供电系统可能并不需要按二级负荷供电。

但问题也就出来了：小项目现场不具备做二级负荷的市政条件，就是只有一路市电，如果出现消防用水量不大于25L/s的情况，设计可采用灯具自带蓄电池来解决二级负荷的规范要求。消防负荷按三级供电也可以，即单电源就可以，此时负荷出现倒挂，消防负荷反而不如非消防供电要求高。

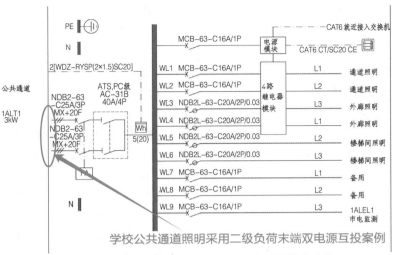

图3-3 走道照明二级负荷末端双电源互投做法示意

所以实际项目中消防负荷如不仅有消防水泵，也有消防风机等，这样供电并不合理，建议消防负荷同按二级负荷考虑，增设柴油发电机等。规范编制的逻辑是在设定建筑类型时，这种消防用水量不大于25L/s的情况，一般来说，消防水泵、消防风机都不存在，相对简单，才降低了消防供电的要求，是因为没有"因"，才设计出没有"果"，如果上述设备都存在，且复杂，则建议消防设备按建筑中最高级的负荷等级设计。

虽然甲方常不同意，认为造价增多较多，就按相对要求偏低的规范来设计。但从实际设计的逻辑关系理解，既然整体需要提高设计等级，则消防的等级应该同步，更为合理。

Q20 过负荷报警不动作的几个常见问题

1. 过负荷报警不动作的原因是什么？

规范要求：《电通规》（GB 55024—2022）第4.3.7条：对于因过负荷引起断电而造成更大损失的供电回路，过负荷保护应作用于信号报警，不应切断电源。《民标》（GB 51348—2019）第7.6.3条：对于突然断电比过负荷造成损失更大的线路，不应设置过负荷保护。《低压配电设计规范》（GB 50054—2011）第6.3.6条：过负荷断电将引起严重后果的线路，其过负荷保护不应切断线路。

逻辑分析：需要先分析配电线路过负荷产生的原因，是因为用电设备过载还是因设备增加，造成了配电线路负荷容量增加，从而导致线路过载，发热引发过负荷脱扣器动作。

对于民用建筑来讲，主要指消防动力设备如消防水泵、防排烟风机等的配电线路，这些设备安装在水泵房、地下室防排烟机房等潮湿场所，又经常不运行。如果发生电动机轴封锈蚀，启动时间过长，启动电流过大，断路器的过负荷保护可能跳闸，火灾时就不能灭火，会造成更大损失，故该线路不应设置过负荷保护。

2. 因过负荷引起断电而造成更大损失的供电回路仅是指消防设备吗？

逻辑分析：对于因过负荷引起断电而造成更大损失的供电回路，过负荷保护就不应切断电源，而是发出报警信号。这里首先要区分哪些是《电通规》（GB 55024—2022）第4.3.7条中所指的设备。我们审图中常面对的确实是消防负荷，提出的审图问题也多针对消防设备，但并非仅是消防设备。其主要包括消防灭火装置、安全设施（防盗报警器、瓦斯报警器等），以及停电可能造成人员伤亡或重大经济损失的工业生产设备等的供电回路。防盗报警器在具体审查中可理解为安防总电源，而瓦斯报警器在民用建筑电气中并不多见。

3. 疏散照明和疏散标志、备用照明、防火卷帘、电动防火门窗、电动排烟窗、电动挡烟垂壁、阀门等小负荷消防用电设备也要满足过负荷保护应作用于信号报警的要求吗？

消防负荷主要分为以下三类：第一类消防负荷是疏散照明和疏散标志、备用照明、防火卷帘、电动防火门窗、电动排烟窗、电动挡烟垂壁、阀门等消防用电设备，功率很小。其断路器长延时脱扣器整定电流不应小于计算电流的1.25倍，并应按此整定值选择导线截面。设计中如某消防单相设备功率为1kW，其计算电流为5A，则选择2.5mm²的电线配16A的开关。长延时脱扣器大于计算电流的两倍以上，可以保证小功率单相消防设备断路器不发生过负荷跳闸，电缆也不会过载，故该类配电回路可不按此条执行。

第二类消防负荷是消防水泵（应由变电所单独供电）、火灾自动报警系统、防排烟风机、消防电梯等电动机类设备，因过负荷断电，会影响灭火、救援和人员安全疏散。

第三类消防负荷指的是消防灭火装置，主要包括自动喷水灭火系统、水喷雾灭火系统、细水雾灭火系统、气体灭火系统、泡沫灭火系统、干粉灭火系统、自动跟踪定位射流灭火系统、固定消防炮灭火系统、厨房自动灭火设施等。

综上所述，第二类及第三类的消防灭火装置、消防水泵、火灾自动报警及灭火系统、防排烟风机、消防电梯的配电线路过负荷应报警，不应切断电源。

4. 消防动力设备设置过负荷不动作的原则是什么？

规范要求：《民标》（GB 51348—2019）第9.2.13条第7～9款要求：对于消防排烟风机、消防补风机、正压送风机等无备用风机的消防设备，不宜装设过负荷保护，当装设过负荷保护时应仅动作于信号，且声光警示信号送至消防控制室。

对于设有固定备用泵的消防泵类等设备，其工作泵的过负荷保护应动作于跳闸，备用泵过负荷保护时应仅动作于信号。且声光警示信号送至消防控制室。此时固定备用泵也可不装设过负荷保护。

对于消防与平时兼用的单速风机，按消防负荷设置保护；对于消防与平时兼用的双速风机，平时按普通风机设置保护，消防时按消防类风机设置保护，如图3-4所示。为了让消防与非消防设备分开使用，甚至有地方规定，要求不可采用双速风机，可见消防专用在未来会被越加严格区分。

逻辑分析：消防水泵（应由变电所单独供电）、火灾自动报警系统、防排烟风机、消防电梯等电动机类设备，因过负荷断电，会影响灭火、救援和人员安全疏散。配电干线上的断路器设长延时保护是为了防止遇到低于瞬时脱扣值的大电流时，断路器过热影响其性能，甚至损坏，进而会影响整个配电系统的可靠性和安全性，但应保证长延时动作整定值应躲过消防状态时可能出现的最大过负荷电流。其长延时保护按以下分类分别执行：

第一类：与规范对应，消防设备控制箱内断路器不宜设长延时过负荷保护。对于一用一备的消防水泵，工作泵过载，热继电器动作报警，同时切断主回路接触器，并启动备用泵，备用泵过载，热继电器只报警不动作（因为已没有备泵，需要持续运行下去，但该点有争议，部分地区要求设计按均报警不动作考虑）；对于仅消防时使用的防排烟风机或消防与平时兼用的单速风机

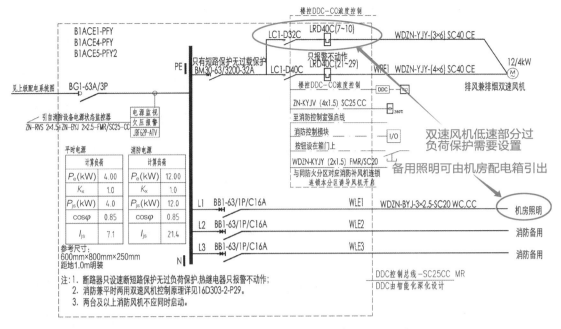

图 3-4　双速风机普通风机需设置过保护案例示意

等无备用的消防设备，消防设备控制箱热继电器只报警不动作（考虑消防时使用）；对于消防与平时兼用的双速风机，低速（平时）控制回路中的热继电器动作时应切断主回路接触器并报警，高速（消防）控制回路中的热继电器只报警不动作（考虑平时回路不参与消防运行）。

第二类：当配电干线所接的消防设备组，即多台消防设备，仅消防状态下使用时，各级保护电器可按照躲过最大过负荷电流来设置长延时保护。躲过消防状态时可能出现的最大过负荷电流的计算方法参考如下：消防水泵配电干线按消防时最大功率电动机的 3 倍额定电流加上其他同时运行负荷的正常计算电流；消防风机配电干线按消防时 1 或 2 台最大功率电动机的 2.5 倍额定电流加上其他同时运行负荷计算电流；消防电梯、消防应急照明、火灾自动报警系统等消防设备的配电干线按不小于该回路正常计算电流的 1.25 倍值；当配电干线包括以上两种情况时，取各种情况下的最大值。另外，消防线路导体不考虑载流量与配电干线断路器长延时整定值之间的关系，但导体载流量不应小于该线路正常计算电流的 1.25 倍（注：如果不细分，也可统一按 1.5 ~ 2 倍估算，见表3-1），并应考虑火灾环境温度对电压降增大的影响。

第三类：当配电干线所接消防设备组中，存在兼作平时使用的消防设备或消防与非消防设备合用配电线路的情况时，各级保护电器应设置长延时保护，但其动作值应按平时计算电流及躲过消防状态时可能出现的最大过负荷电流中的较大者进行整定。

注：参考《民标》（GB 51348—2019）国家标准编制组对此问题的回复中，明确了消防配电干线长延时保护的要求，仅供参考。由于《电通规》（GB 55024—2022）的出现，使本条规范和逻辑分析更加转向设置过负荷保护并报警的设计理念。

5. 应从哪一级开始实施过负荷报警？

规范要求：在《电通规》（GB 55024—2022）中第 4.3.7 条之条文说明已明确：本条所指供电回路指的是从低压第一级配电至终端用电设备的供电回路。

逻辑分析：根据《电通规》（GB 55024—2022）第 4.3.7 条规定，消防灭火装置、安全设施供电回路从第一级配电至终端用电设备供电回路，需要将过负荷信号发送至运维管理人员，如图3-5所示。当供电回路发生过负荷时，应将过负荷信号发送至运维管理人员，运维管理人员应根据现场情况采取相应的措施，供电回路发生短路时应立即断电。

对于体量较大项目，过负荷报警信号数量较多，建议采用消防设备电源监控系统的过电流监测功能实现过负荷报警及配电线路仅设置短路保护的做法。可在用电设备末端配电出线回路，或终端配电箱进线处，以及可能产生过电流的配电线路分支处设置监控点，由消防设备电源监控系统将消防用电设备的过负荷报警信号送至有人值班的场所。

此外，过负荷报警也可通过采用过负荷报警断路器、电力监控系统等实现，信号应传输至运维管理人员，但相对于消防电源监控而言更加复杂，不便于实施。

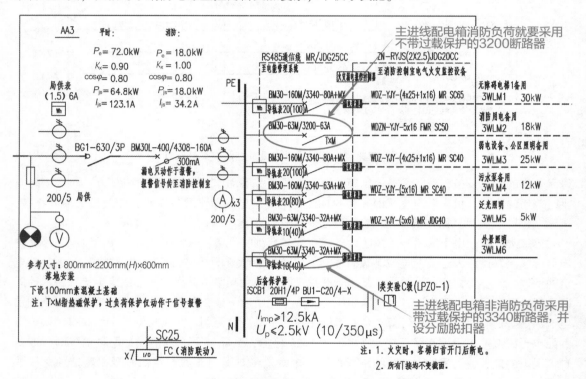

图3-5　第一级配电箱过负荷报警不动作系统示意

6. 对于消防设备供电回路是应取消过负荷保护装置还是应采用过负荷报警断路器？

逻辑分析：因《电通规》（GB 55024—2022）的出现，使报警不动作的理解在2023年之后有了新的变化。《电通规》（GB 55024—2022）明确了过负荷保护应作用于信号报警，不应切断电源，与《民标》（GB 51348—2019）第7.6.3条不应设置过负荷保护的内容冲突（前文已述）。经过《民标》（GB 51348—2019）第9.2.13条详细解释之后，其实并无区别。且《电通规》（GB 55024—2022）在后，现行要求多以《电通规》（GB 55024—2022）为准。

消防设备供电回路断路器可采用过负荷报警断路器，即带有过负荷脱扣器的开关，其发热超值后并不会跳闸，过负荷时不切断电源，而是报警，作用于信号。

消防设备供电回路断路器也可采用单磁脱扣的做法，所谓单磁开关就是不带没有过负荷脱扣器的断路器，发热超值后并不跳闸，但同样可报警，作用于信号，只在短路时才会动作。由于没有热脱扣器，也就不存在超过额定电流后持续发热动作的跳闸情况，故可以按躲过消防状态时可能出现的最大过负荷电流进行选择。选用电动机保护特性曲线其单磁脱扣整定值≥电机额定计算电流即可，导线截面也不需放大。两种做法实质性的结果相同，均为报警不动作。

案例演示：如图3-6所示，某项目消防风机配电箱，对于因过负荷引起断电而造成更大损失的供电回路，过负荷保护应作用于信号报警，不应切断电源，但消防风机未注明断路器热保护不动作，不符合《电通规》（GB 55024—2022）中第4.3.7条的要求。

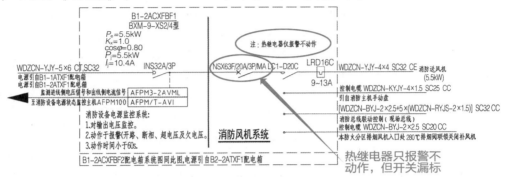

图3-6 末端消防箱体过负荷保护动作的错误案例示意

需要注意如设有二次图，则要对应审查。如图3-7所示，二次图中热继电器动作于断开主回路，热继电器只报警不动作的要求显然图中未能实现，不符合《电通规》（GB 55024—2022）中第4.3.7条的要求。

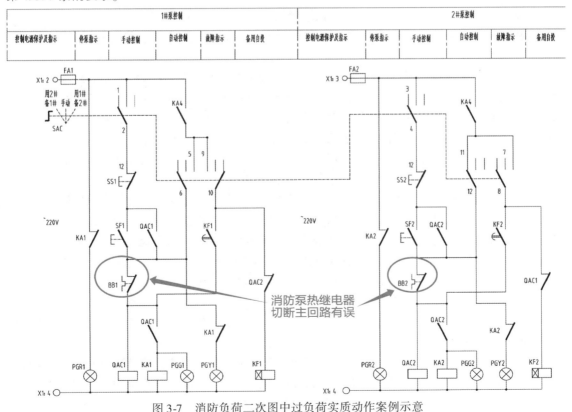

图3-7 消防负荷二次图中过负荷实质动作案例示意

Q21 事故风机设计中的常见问题

1. 事故风机是否为消防负荷?

规范要求:首先需明白事故通风的定义,在《供暖通风与空气调节术语标准》(GB/T 50155—2015)中第 4.1.12 条对"事故通风"的定义为:用于排除或稀释整个房间或厂房内发生事故时突然散发的大量有害物质、有爆炸危险的气体或蒸气的通风方式。

逻辑分析:在《民用建筑供暖通风与空气调节设计规范》(GB 50736—2012)第 6.3.9 条之条文说明:对在生活中可能突然放散有害气体的建筑,在设计中均应设置事故排风系统。条文说明中还介绍:事故排风系统是防止设备、管道大量逸出有害气体,这些有害气体主要包括燃气、冷冻机房的冷冻剂(氟利昂)等会造成人身事故的有毒气体。

但需要指出的是,这类型事故通风并不包括火灾通风,事故通风是在发生火情结束后才运行的,目的是为排出灭火后的灭火气体,由上所述,应该可不视为消防负荷。

又见《建规》(GB 50016—2014)(2018 年版)第 10.1.1 条之条文说明中对"消防用电"的定义为:消防控制室照明、消防水泵、消防电梯、防烟排烟设施、火灾探测与报警系统、自动灭火系统或装置、疏散照明、疏散指示标志和电动的防火门窗、卷帘、阀门等设施、设备在正常和应急情况下的用电。该条文说明中所列消防设备也不含事故通风机,故事故风机电源不应按消防负荷进行分类,也不应列入消防供电的配电系统中。

根据上述两条条文可见,《民用建筑供暖通风与空气调节设计规范》(GB 50736—2012)中明确事故通风不包括火灾通风,而《建规》(GB 50016—2014)(2018 年版)所列消防设备也不含事故通风机。

但在《光伏压延玻璃工厂设计规范》(GB 51113—2015)中第 14.2.8 条之条文说明:本条对事故通风设计做了规定,事故通风指发生紧急状况时的排风,包含火灾排风、有毒有害气体泄漏排风等,当场所位于地下或无外门外窗时还包含为之补风用的送风。此时,事故排风机是用于排除或稀释整个房间内发生事故时突然散发的大量有害物质、有爆炸危险的气体或蒸气,是防止爆炸或火灾发生的必要设备,而不是爆炸或火灾发生后的消防救灾设备,成为火灾监控、发生周期内使用的设备。

所以,事故风机大致有两种适用场所:一种是用于可燃气体场所稀释用的事故风机,另一种是火灾时排风、补风用的事故风机。严格说这两种情况下的负荷都不是灭火时使用的负荷,但可燃气体的泄漏可能会引起火灾,所以当事故风机用于燃气场所时,列为消防类负荷较为合理,同时设置消防电源监控。而用于气体灭火的事故风机则彻底为火灾后使用,列为双路供电的普通负荷较为合理,同时设置电气火灾监控系统。如图 3-8 和图 3-9 所示,上口均为双电源互投,气体灭火事故排风电气火灾监控设于上口。

因此,对于"事故通风机是否属于消防负荷,而其供电负荷等级如何确定"的问题很难给出一个全面、完整的解答。但针对民用建筑还是可以得出结论的,仅就《民用建筑供暖通风与空气调节设计规范》(GB 50736—2012)第 6.3.9 条涉及"事故通风"内容中的事故通风机,在民用建筑中通常是指燃气锅炉房、冷冻机房内的事故排风机。为气体灭火装置动作灭火后的防护区通风换气而设置的机械排风装置,或类似功能的风机,名称为事故风机,功能上可不属于事故排风。

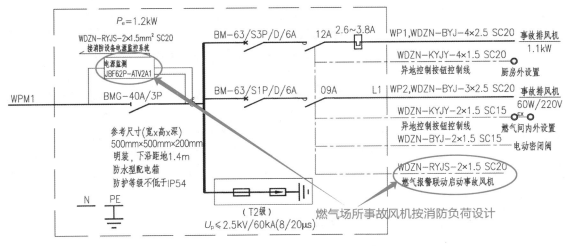

图 3-8　燃气场所事故排风系统示意

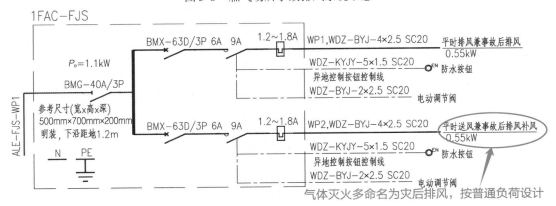

图 3-9　气体灭火事故后排风系统示意

2. 事故风机负荷等级如何定义?

规范要求:对于事故风机的供电负荷等级如何确定,没有统一的技术要求或专用标准,只能是根据所适用的建筑不同,提出不同的技术要求。如在已废止的《冷库设计规范》(GB 50072—2010)第7.2.5条规定"事故排风机应按二级负荷供电",而其替代规范《冷库设计标准》(GB 50072—2021)中第7.2.4条:"制冷机房事故排风机应采用专用的供电回路"。可见对其负荷等级已无特殊要求。

逻辑分析:但按消防参与或防灾的重要性因素,考虑到这类事故排风机的重要性,以及保护人身安全及防灾作用,归类为重要的负荷较为合理。以北京地区的习惯性要求为例,灾后排风的事故风机,如冷库等,为排出氟利昂等制冷剂,并不是消防负荷,不建议与消防设备共用配电干线,建议事故排风机的负荷等级与所在建筑物最高负荷等级一致。如当事故排风机用于燃气场所,且事故排风机被定义为消防类负荷时,则使其负荷等级与所在建筑物消防用电设备的负荷等级一致较为合理。另考虑火灾报警后不应立即切断事故排风机电源,故应在关闭燃气阀门后,手动切断事故排风机电源。

3. 事故风机为什么不直接切非?

逻辑分析:事故风机为什么不直接切非?在国家标准图集《常用风机控制电路图》

（16D303—2）中，事故风机的二次控制原理图设置了切断电源的过负荷保护，另外在《电通规》（GB 55024—2022）第4.3.7条规定：对于因过负荷引起断电而造成更大损失的供电回路，过负荷保护应作用于信号报警。这其中并未明确事故排风机是否适用于本条。

民用建筑中"可能突然放散大量有害气体或有爆炸危险气体的场所应设置事故通风"[《民用建筑供暖通风与空气调节设计规范》（GB 50736—2012）中第6.3.9条]，一般是指使用燃气的场所、冷冻机房当可燃气体或有害气体泄漏后应报警，事故排风机立即起动，并关断燃气气源，疏散人员。对于可燃气体泄漏，一般要求可燃气体浓度达到该可燃气体爆炸下限的25%时即报警。在切断燃气气源、人员已疏散的情况下，即使事故排风机因过负荷切断电源，出现爆炸或人员伤亡事故的可能也极小，因此，民用建筑中事故排风机过负荷，可以动作于切断电源，如图3-10所示。

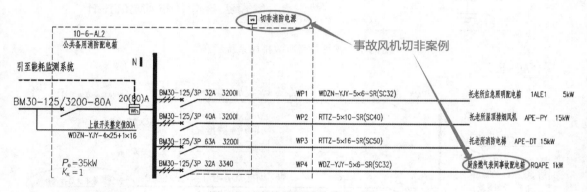

图3-10 事故排风系统切非示意

而在工业建筑中"放散有爆炸危险的可燃气体、粉尘或气溶胶等物质时，应设置防爆通风系统或诱导式事故排风系统"[《工业建筑供暖通风与空气调节设计规范》（GB 50019—2015）中第6.4.2条]，而涉及爆炸危险环境可能造成更大损失，因此应根据生产工艺要求和相关标准规定，确定事故排风机过负荷，是否可以动作于切断电源。又如《冷库设计标准》（GB 50072—2021）、《牛羊屠宰与分割车间设计规范》（GB 51225—2017）均要求事故排风机的过载保护应作用于信号报警而不是直接停止排风机，同样并不建议切断电源。

所以对于事故排风机是否属于消防负荷、供电负荷等级如何确定的问题，不能简单地按消防用电设备的要求来采取供电方案，而应根据具体的工程情况和相关的技术标准要求，采取相应的供电方案。因此，民用建筑中燃气锅炉房、冷冻机房内的事故排风机，不属于消防用电设备；为气体灭火装置动作灭火后的防护区通风换气而设置的机械排风装置，不属于事故排风机。

Q22 电气系统设计中的常见问题

1. 高压系统设计中有何常见的审查遗漏点？

规范要求：《电通规》（GB 55024—2022）中第4.2.3条及第4.2.4条要求：进户断路器应具有过负荷和短路电流延时速断保护功能；配电断路器应具有过负荷和短路电流速断保护功能。《民标》（GB 51348—2019）中第4.4.5条要求：电压为35kV、20kV或10kV的配出回路开关的出线侧，应装设与该回路开关有机械联锁的接地开关电器和带电指示灯或电压监视器。

逻辑分析：可见高压系统中，核心审查原则是进出的断路器应具有过负荷和短路电流速断保护功能，另外在出线侧需审查接地开关的示意及介绍，如图 3-11 所示。

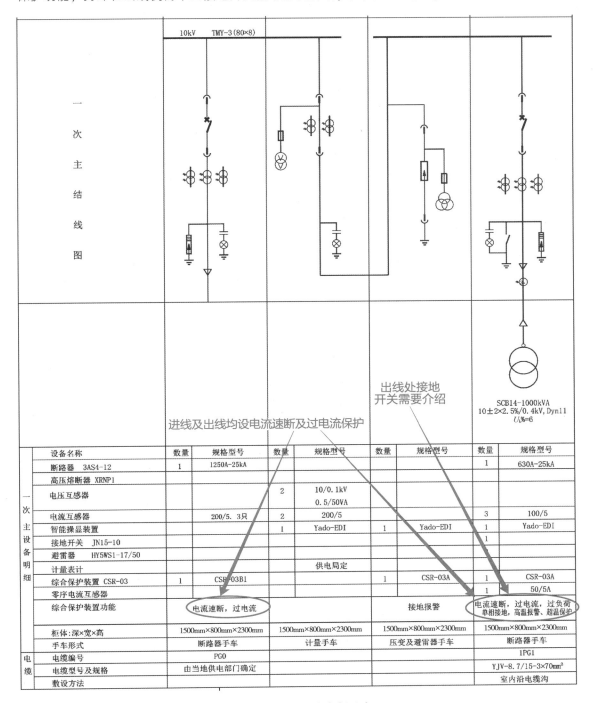

图 3-11　高压系统案例示意

2. 高压系统分合闸操作电源是如何审查的？

规范要求：《20kV及以下变电所设计规范》（GB 50053—2013）中第3.5.2条要求：配电所、变电所采用弹簧储能操动机构的断路器时，宜采用110V蓄电池组作为合、分闸操作电源；当采用永磁操动机构或电磁操动机构时，宜采用220V蓄电池组作为合、分闸操作电源。《民标》（GB 51348—2019）中第4.9.2条也有类似描述。

逻辑分析：操作电源有直流和交流两种。除一些小型变配电所采用交流操作电源外，一般变电所均采用直流操作电源。因交流操作电源受电压互感器容量的限制，不能长期承担较大容量的负载，多用于箱式变电站等小型变配电所，其更多采用UPS来作为弹簧储能机构的备用电源，采用交流220V电源作为操作电源。

而供一级负荷的配电所或大型配电所，当装有电磁操动机构的断路器时，应采用220V或110V蓄电池组作为合、分闸直流操作电源。而明确装有弹簧储能操动机构的断路器时，依据规范宜采用110V蓄电池组作为合、分闸操作电源。采用永磁操动机构或电磁操动机构时，宜采用220V蓄电池组作为合、分闸操作电源。

直流操作电源错误案例如图3-12所示，违反《民标》（GB 51348—2019）中第4.9.2条第2款要求：当断路器（采用弹簧储能）操动机构的储能与合、分闸需要的电源小于10A时，直流操作电源宜采用110V。

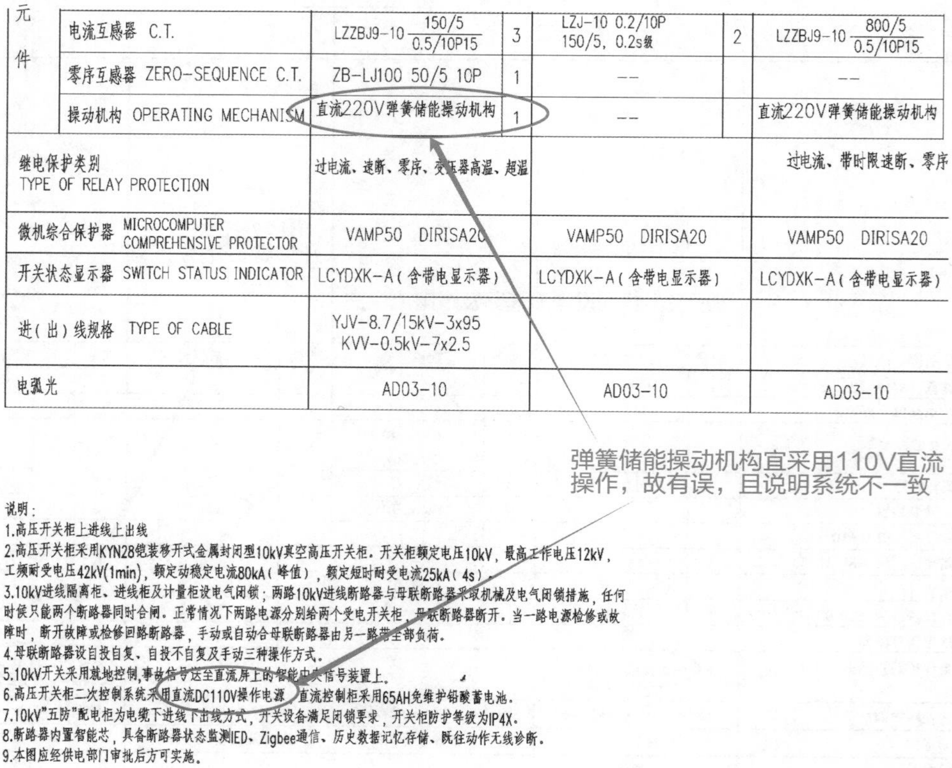

元件						
电流互感器 C.T.	LZZBJ9-10 $\frac{150/5}{0.5/10P15}$	3	LZJ-10 0.2/10P 150/5, 0.2s级	2	LZZBJ9-10 $\frac{800/5}{0.5/10P15}$	
零序互感器 ZERO-SEQUENCE C.T.	ZB-LJ100 50/5 10P	1	--		--	
操动机构 OPERATING MECHANISM	直流220V弹簧储能操动机构	1	--		直流220V弹簧储能操动机构	
继电保护类别 TYPE OF RELAY PROTECTION	过电流、速断、零序、变压器高温、超温				过电流、带时限速断、零序	
微机综合保护器 MICROCOMPUTER COMPREHENSIVE PROTECTOR	VAMP50 DIRISA20		VAMP50 DIRISA20		VAMP50 DIRISA20	
开关状态显示器 SWITCH STATUS INDICATOR	LCYDXK-A（含带电显示器）		LCYDXK-A（含带电显示器）		LCYDXK-A（含带电显示器）	
进（出）线规格 TYPE OF CABLE	YJV-8.7/15kV-3x95 KVV-0.5kV-7x2.5					
电弧光	AD03-10		AD03-10		AD03-10	

弹簧储能操动机构宜采用110V直流操作，故有误，且说明系统不一致

说明：
1.高压开关柜上进线上出线。
2.高压开关柜采用KYN28铠装移开式金属封闭型10kV真空高压开关柜。开关柜额定电压10kV，最高工作电压12kV，工频耐受电压42kV(1min)，额定短时耐受电流80kA（峰值），额定峰值耐受电流25kA（4s）。
3.10kV进线隔离柜、进线柜及计量柜设电气闭锁；两路10kV进线断路器与母联断路器采取机械及电气闭锁措施，任何时候只能两个断路器同时合闸。正常情况下两路电源分别给两个受电开关柜，母联断路器断开。当一路电源检修或故障时，断开故障或检修回路断路器，手动或自动合母联断路器由另一路源供电给全部负荷。
4.母联断路器设自投自复、自投不自复及手动三种操作方式。
5.10kV开关采用就地控制，事故信号远至直流屏上的智能中央信号装置上。
6.高压开关柜二次控制系统采用直流DC110V操作电源，直流控制柜采用65AH免维护铅酸蓄电池。
7.10kV"五防"配电柜电缆下进出线方式，开关设备满足闭锁要求，开关柜防护等级为IP4X。
8.断路器内置智能芯，具备断路器状态监测IED、Zigbee通信、历史数据记忆存储、既检诊断无线诊断。
9.本图应经供电部门审批后方可实施。

图3-12 直流操作电源错误案例示意

3. 各类消防水泵、消防风机及消防电梯是否应装设接地故障保护？动作于断电吗？

规范要求：《电通规》（GB 55024—2022）第4.3.8条及《通用用电设备配电设计规范》

（GB 50055—2011）第2.3.1条均有要求：交流电动机装设接地故障保护。

逻辑分析：各类消防水泵、消防风机及消防电梯的电动机，应设接地故障保护，发生接地故障时应自动切断电源；消防用电设备的交流电动机不应采用剩余电流保护器（RCD）作为附加防护措施，当自动切断电源的保护开关灵敏度不足时，应加大配电导线截面面积、降低故障回路阻抗以保证开关动作灵敏度，或者采用辅助等电位联结作为附加措施。

对于普通电机负荷，可见《通用用电设备配电设计规范》（GB 50055—2011）第2.3.1条要求："交流电动机应装设短路保护和接地故障的保护"。根据《低压配电设计规范》（CB 50054—2011）第5.2.1条之条文说明，"接地故障保护"就是"间接接触防护中自动切断电源的防护措施"，是低压电击故障防护措施之一。当未采用《低压配电设计规范》（GB 50054—2011）第5.2.1条第1~5款的间接接触防护措施时，应在故障情况下自动切断电源。短路保护器件满足接地故障的保护要求时，应采用短路保护器件兼作接地故障保护。在TN系统中的末端线路，通常采用一套短路和接地故障保护电器完成这两种功能。

但当切断故障回路时间不满足：固定式电气设备≤5s，手持式电气设备和移动式电气设备用电的末端线路或插座回路≤0.4s时，可装设剩余动作电流为30mA的RCD作为附加防护措施切断电源，RCD此时作为TN系统故障防护的保护电器。也可采用电动机综合保护器，详见下文内容。

而对于消防用电设备，《低压电气装置 第5-56部分：电气设备的选择和安装 安全设施》（GB/T 16895.33—2021）第560.7.13条要求："安全设施电路不应采用剩余电流保护器实施保护"，这种情况下可以采用加大配电导线截面面积、降低故障回路阻抗以增大故障电流、缩短切断电源时间。或者采用辅助等电位联结，将2.5m伸臂范围内的导电物体做等电位联结，以作为自动切断电源故障防护失效时的附加防护。导电物体较多时，可在局部场所内设等电位联结端子板，用联结线将局部场所内的PE线和其他导电物体相互联结，在局部场所的小范围内形成局部等电位联结。

4. 装设"短路保护"和"接地故障的保护"是否要求两者应同时满足？

逻辑分析：短路故障和接地故障的保护是低压交流电动机必须设置的保护，两者应同时满足，否则违反有关强制性条文。

短路保护是指在发生严重短路时，经过的电流超过额定电流的14倍以上，必须瞬时切断电源。这个任务是依靠断路器中电磁脱扣线圈来完成的，动作时间在0.05s以内。但也有例外，根据《低压配电设计规范》（GB 50054—2011）第6.2.7条规定：发电机、变压器、整流器、蓄电池与配电控制屏之间的连接线；断电比短路导致的线路烧毁更危险的旋转电机励磁回路、起重电磁铁的供电回路、电流互感器的二次回路、测量回路等，可不装设短路保护器。

我国标准GB 16895系列是参照IEC 60364系列标准转化而来的，没有"接地故障保护"这一术语，故统一标准说法，改为"间接接触防护中自动切断电源的防护措施"。关于TN、TT和IT系统中间接接触防护的具体要求，已列入现行国家标准《低压配电设计规范》（GB 50054—2011）中，可参看其第5.2条、第5.3条。

这些措施针对的是相导体因绝缘损坏对地或与地有联系的导电体之间的短路，包括相导体与大地、保护导体、保护接地中性导体、配电和用电设备的金属外壳、敷线金属管槽、建筑物金属构件、给水排水和采暖、通风等金属管道，以及金属屋面、水面等之间的短路，这种短路均与接地有关。当发生接地故障并在故障持续的时间内，与它有电气联系的电气设备外露可导电部分对大地和装置外可导电部分间存在电位差，此电位差可能使人身遭受电击。除此之外，间接接触保护措施因接地系统类别不同而不同，请注意分别。

需要强调的是，切断故障电路是间接接触保护的措施之一，但不是唯一的措施。也可采用其他措施，如规范《低压配电设计规范》（GB 50054—2011）第 5.2.1 条中所列的防护措施。需要说明的是常用的总等电位联结、局部等电位和辅助等电位联结可以有效降低接触电压值至安全电压并限制 50V 以下，而不是缩短保护电器动作时间。其条文说明可见：为使接触电压不超过50V，应使 $I_dR≤50V$（式中，I_d 为故障电流，R 为故障电流产生电压降引起接触电压的一段线路的电阻）。

综上所述，可以看出短路保护可保护电机，而接地保护可使人身免遭电击，作用不同，故应同时满足该规范的两种要求，缺一不可。

故除了短路保护也需要设置接地故障保护，实际设计和审图中需要表述当电动机的短路保护器件满足接地故障保护要求时，应采用短路保护兼作接地故障保护。或有人说兼用的断路器，在验算接地故障灵敏度时，可能会出现无法保护的情况，其实多虑，在《工业与民用供配电设计手册》（第 3 版）中表 4-32 中，可以清晰地看到末端设备单相接地故障电流（8.83kA）远小于三相短路电流（18.91kA），故其实仅需说明即可。而需要满足保护电器动作时间时，见上节内容可选用电动机综合保护器或漏电断路器。

如采用电动机综合保护器，可实现多种保护功能，其内部的微处理器能用复杂的算法编制程序，精确地描述实际电动机对正常和不正常情况的相应曲线，能保护多种起因引起的电动机故障，并有许多监控功能，能同时满足短路保护（电流速断保护）和接地保护。可参见《数字式电动机综合保护装置通用技术条件》（GB/T 14598.303—2011），在具体选用时要根据工程需要和厂家设备性能进行选用。

如采用漏电断路器，其是在空气开关的基础上，在内部加了漏电保护的脱扣器，当产生漏电、过流、短路时空气开关就可跳闸。

5. 设置在电梯机房内为电梯供电的双电源箱，其总开关是不是不能切断井道照明、基坑插座等用电?

规范要求：《民标》（GB 51348—2019）中第 9.3.5 条第 1 款：电梯机房总电源开关不应切断下列供电回路：①轿厢、机房和滑轮间的照明和通风；②轿顶、机房、坑底的电源插座；③井道照明、电梯楼层指示；④报警装置。

逻辑分析：关于电梯电源箱与电梯控制箱的歧义理解需注意，为电梯供电的双电源箱设置在电梯机房内，除此以外尚有电梯的自带控制箱，这里的电梯机房总电源开关是指电梯自带控制箱的总电源开关，上述供电回路可以接至电梯机房的双电源切换箱，并不存在切除上述负荷的情况，如图 3-13 所示。

6. 三相负荷不平衡以何为标准?

规范要求：《民标》（GB 51348—2019）第 3.5.6 条规定：当单相负荷的总计算容量超过计算范围内三相对称负荷总计算容量的 15% 时，宜将单相负荷换算为等效三相负荷，再与三相负荷相加。另外见《公共建筑节能设计标准》（GB 50189—2015）中第 6.2.5 条：配电系统三相负荷的不平衡度不宜大于 15%。

逻辑分析：该处审核点为：当单相负荷太大，设计人员进行负荷计算时，简单对所有负荷进行了加减。三相负荷多不能完全平衡，当三相负荷不平衡度不超过 15% 时，设备容量（设备容量是指设备安装容量的总和，计算容量为需要系数或需要系数乘以设备容量的值）的取值则是

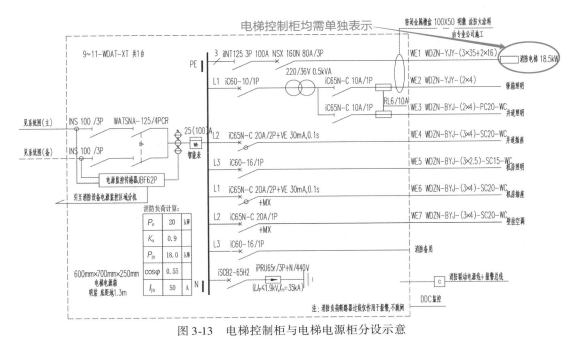

图 3-13　电梯控制柜与电梯电源柜分设示意

三相负荷相加即可，计算容量等于需要系数乘以累加的设备容量；当三相负荷不平衡度超过15%时，计算容量为需要系数乘以最大一相设备容量的三倍。故在系统设计时就要尽量限制负荷的不平衡，这也是节能的要求。

Q23 应急照明箱能否为火灾报警系统联动的防火卷帘门等供电？

规范要求：《民标》（GB 51348—2019）中第 13.7.11 条：除消防水泵、消防电梯、消防控制室的消防设备外，各防火分区的消防用电设备，应由末端配电箱配出引至相应设备或其控制箱，宜采用放射式供电。对于作用相同、性质相同且容量较小的消防设备，可视为一组设备并采用一个分支回路供电。

逻辑分析：电动排烟窗、防火卷帘、消防阀门等负荷较小、启动电流不大，可与应急照明共用同楼层（防火分区）的消防双电源切换箱。

在车库电气设计中，防火卷帘的负荷普遍较小，且分散；电动排烟窗则常见大型展厅的顶部，负荷也较小，同样分散。单独设置消防动力配电箱自然可以，但如果配电箱附近仅有防火卷帘或是电动排烟窗一种消防动力负荷时，在台数不多、负荷不大的情况下，则采用应急照明箱为其供电，不失为更好的设计方案，能节约材料，方便控制。

同理，也可将这个设计理念推广，小功率的单台消防动力设备可就近配出于应急照明箱，因为虽然动力设备启动会影响部分应急照明质量，但上述几种设备平时并不开启，且容量较小，对于日常的照明影响并不明显，故可行。但如果数量众多，则需要单独设置配电箱。如图 3-14 所示为设于应急照明箱的电动排烟窗及电动挡烟垂壁系统示意。

除防火卷帘、消防排水泵、电动挡烟垂壁、常开防火门、消防排烟窗等的控制箱外，消防用电设备的配电箱和控制箱应安装在机房或配电小间内（见后文）。

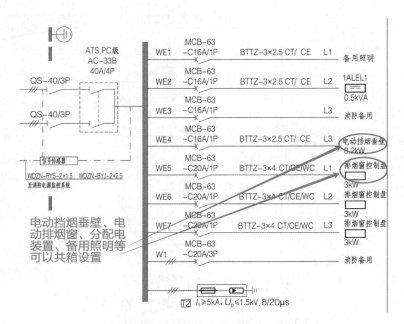

图3-14　小型消防设备由应急照明箱配出示意

Q24 剩余电流保护器的常见问题

1. 消防潜水泵是否应设置剩余电流保护器?

规范要求：消防电梯排水泵的负荷等级可参见《消防给水及消火栓系统技术规范》（GB 50974—2014）中第9.2.1条第2款：设有消防给水系统的地下室应采取消防排水措施。

逻辑分析：消防排水的潜水泵应设置剩余电流保护器，消防排水的潜水泵可按照消防设备供电，出于安全考虑，可设置剩余电流保护器，并采取相应的信号报警。

依据《剩余电流动作保护装置安装和运行》（GB/T 13955—2017）第4.4.1条：安装在水中的供电线路和设备应安装末端保护。依据该条文，应在消防电梯排水泵配电回路上设置30mA末端保护RCD，建议同时设置剩余电流动作于报警，便于管理人员及时发现故障、进行维修。

依据《消防给水及消火栓系统技术规范》（GB 50974—2014）中第9.2.1条第2款，消防电梯排水泵定义为消防负荷。灭火时会产生大量的水，水会在最下层积存，如地库或电梯坑底等场所。地下室排水泵（污水泵）则运行在灭火初期，及时排出积水，防止产生的水淹没其他设备或是重要设备房间，这其中理念的核心并非消防灭火，而是消防灭火中积水对于其他场所的物理破坏。

故避免造成非火灾的二次损坏，需要保障排水泵的正常运行，尤其是电梯基坑下的排水泵，应按消防设备供电，但并非属于消防灭火的供电体系，如图3-15所示。

2. 消防泵房如设置电暖气，电暖气是否应采用漏电开关?

规范要求：《民用建筑供暖通风与空气调节设计规范》（GB 50736—2012）第5.5.8条要求：安装于距地面高度180cm以下的电供暖元器件，必须采取接地及剩余电流保护措施。

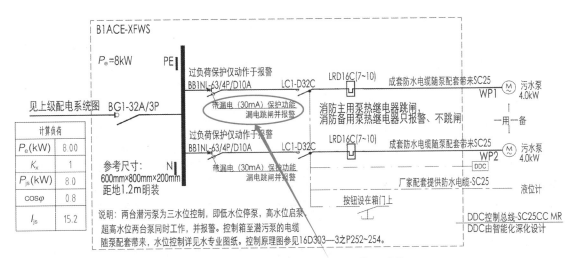

图 3-15　消防排水泵系统示意

逻辑分析：采暖专业如果明确设置电暖气，则电气专业漏电开关及接地均需要设计。接地与消防无关，本条一带而过。漏电保护需要设置，但未必一定动作，与消防用电伴热的处理方式类似，不动作，进行报警，也只有如此，才能满足《民用建筑供暖通风与空气调节设计规范》（GB 50736—2012）和《低压电气装置　第 5-56 部分：电气设备的选择和安装　安全设施》（GB/T 16895.33—2021）第 560.7.13 条的要求，如图 3-16 所示。

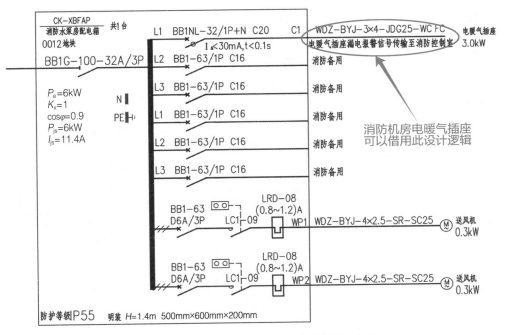

图 3-16　消防泵房电暖气设置剩余电流保护案例示意

3. 电动汽车为充电防触电是否应设置剩余电流保护器？

规范要求：《电动汽车充电站设计规范》（GB 50966—2014）第 5.2.4 条：交流充电桩电源

进线应安装具有漏电保护功能的空气开关。

规范要求：目前加大充电基础设施建设力度，已经是一种潮流，从地下建筑到地上建筑皆是，故对于充电桩的防护要求，其实一直在提高，上述规范之后相关的国家规范、地方规范相继出现，本书不一一罗列。

各设计院一般在小区的地下车库中，设有电动汽车的交流充电桩，由电源线至交流充电桩的配出回路需要设置剩余电流保护。目前国内外主流电动汽车厂商所生产的车载充电机交流供电电源主要为单相220V（慢充）、功率为7kW（单枪），额定电流不大于32A［见《民标》（GB 51348—2019）中第9.7.2条要求］，配电设计注意三相平衡。非车载充电机交流供电电源为三相380V（快充），功率一般为30kW、40kW（单枪）。

此处需要注意，当有功率限制时，如不可超过功率为7kW（单枪），额定电流不大于32A的情况，则意味着不能采用快充。

该条条文解释中提到交流充电桩是高压大功率设备，故要设置剩余电流保护，其实尤其在室外的电气设备无另外防护时，设置剩余电流保护也有助于操作人员的安全。

故为保障安全，其供配电回路应具备过负荷保护、短路保护和漏电保护功能，具备自检和故障报警功能，设于户外的还应有防雨、防尘措施，保护接地端子应可靠接地，如图3-17所示。

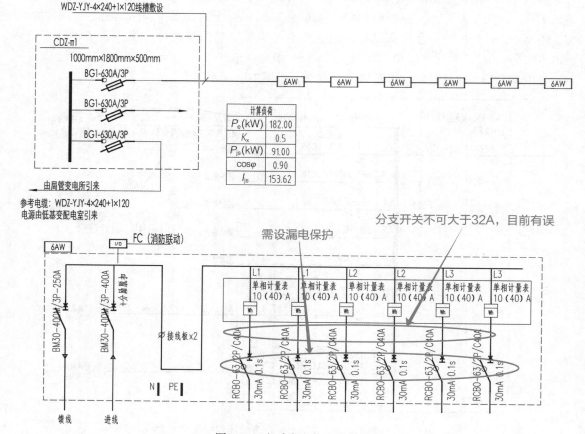

图 3-17 电动充电桩系统示意

4. 雨篷灯是否应设置剩余电流动作保护电器作为附加防护？

规范要求：《电通规》（GB 55024—2022）中第4.5.1条：室外照明配电终端回路还应设置

剩余电流动作保护电器作为附加防护。

逻辑分析：低压配电设计一般要求配电干线回路设置短路保护和过负荷保护，接地故障保护并不一定要采用剩余电流动作保护电器，断路器在其接地故障允许保护线路最大长度内是可以将短路保护、过负荷保护和接地故障保护功能兼用的。在实际工程中，终端回路过长，容易忽视因发生接地故障未切断电源而引起的火灾事故。

又见《低压电气装置　第7-714部分：特殊装置或场所的要求　户外照明装置》（GB/T 16895.28—2017），要求应加强防电击防护措施，如物理隔离、采用安全特低电压（SELV）供电、采用剩余电流动作保护电器做附加保护措施等。所以本条款规定照明配电终端回路除应设短路保护和过负荷保护外，还应设置接地故障保护。当剩余电流动作保护器动作速度还不能满足切断时间时，还应采用就地设置接地极的措施。读者可根据以上两种故障防护措施来满足要求，如图3-18所示。

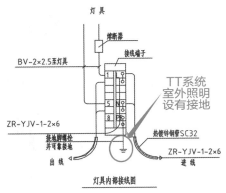

图3-18　室外灯具接地示意

室外照明配电终端回路还应设置剩余电流动作保护电器作为附加防护，主要针对人员可触及的安装高度在2.5m及以下且采用交流低压供电的I类室外照明灯具。这部分室外照明灯具处于无等电位场所，受风吹、日晒、腐蚀等影响较大，加大了电击危险性，特别是对于人员可触及的室外照明装置，如安装在护栏上的灯具，在人行道等人员来往密集场所安装的落地式景观照明灯，人可以触摸到的灯具，人身电击危险更大，采用剩余电流保护作为附加防护措施，是十分必要的，如图3-19所示。

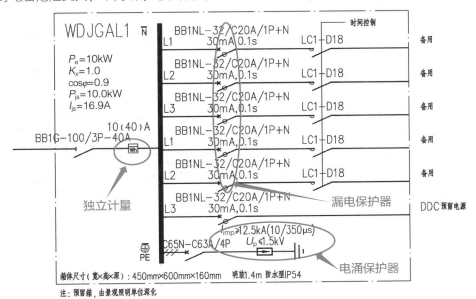

图3-19　室外灯具系统设置剩余电流保护器示意

但建筑物一层或屋顶层设置的雨篷灯，为室外照明回路，当安装高度大于2.5m时，一般人员难以接触，人身电击危险很小故雨篷灯安装高度大于2.5m时，可不设置30mA的剩余电流动作保护电器作为附加防护，如图3-20和图3-21所示。

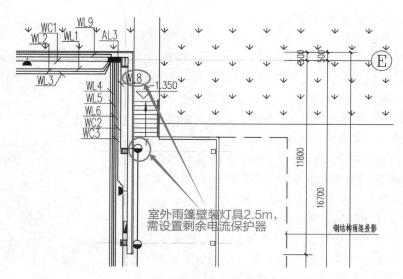

图 3-20 低于 2.5m 雨篷灯设置剩余电流保护器案例平面示意

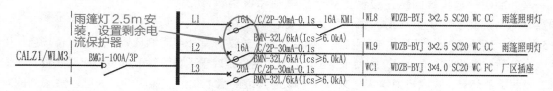

图 3-21 低于 2.5m 雨篷灯设置剩余电流保护器案例系统示意

5. 室外灯具的防水有何要求?

规范要求:灯具的防水要求见《电通规》(GB 55024—2022)中第 4.5.3 条:室外灯具防护等级不应低于 IP54。

逻辑分析:核心审查各种室外灯具(如露天阳台、通道等的灯具)是否注明防护等级。如图 3-22 所示,IP67 的要求更高,满足规范要求,超低电压的应急照明亦同。开关也宜采用防潮型,因为是半露天的环境,相关配电回路应设置漏电保护及电涌保护,此容易忽视,但如果确定为非露天阳台,也无此要求。

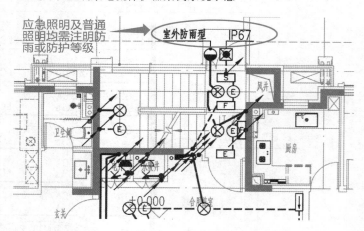

图 3-22 室外灯具防护等级标注案例示意

6. 照明支路未设置剩余电流动作保护电器是否可以?

规范要求:《电通规》(GB 55024—2022)第 4.5.4 条:当正常照明灯具安装高度在 2.5m 及以下,且灯具采用交流低压供电时,应设置剩余电流动作保护电器作为附加防护。疏散照明和疏散指示标志灯安装高度在 2.5m 及以下时,应采用安全特低电压供电。

逻辑分析:这是该规范一处重大的修改,虽然字数少,但是影响巨大,各种有壁灯的场所,在审查案例中几乎难以避免,甚至部分吸顶的灯具安装高度也不能满足要求。

也有因为层高的不足，被动违反规范的情况。如某案例，住宅户内卫生间区域结构降板后，住宅层高为 2.8m，各住宅户内卫生间区域结构降板 0.2m，板厚 0.13m，净高为 2.47m，低于 2.5m，因此该区域照明灯具安装高度在 2.5m 以下。户箱 AL1 中照明支路 WL1（照明供电回路）应设置剩余电流动作保护电器作为附加防护，如图 3-23 所示。

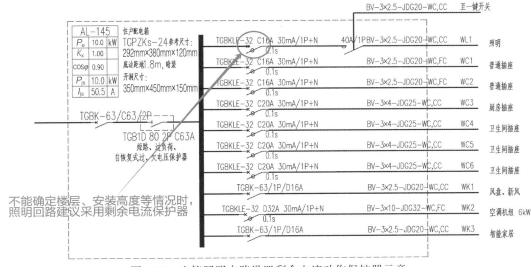

图 3-23　户箱照明支路设置剩余电流动作保护器示意

还有一种极端情况，就是室外或室外灯具的安装高度低于 2.5m 时，但供电箱体为消防电源箱时的处理？考虑到消防电源箱不可设置漏电动作保护开关，但照明灯具又必须设置漏电动作保护开关，遇到这种矛盾的情况时，设计逻辑可按先消防后安全，先安全后节能，先节能后省钱的思路进行选择。所以，依据这种逻辑分析可以判断，需要先满足消防使用的要求，即不可设置漏电保护，如果能够调节灯具安装高度，那是最佳的选择，如图 3-24 所示。

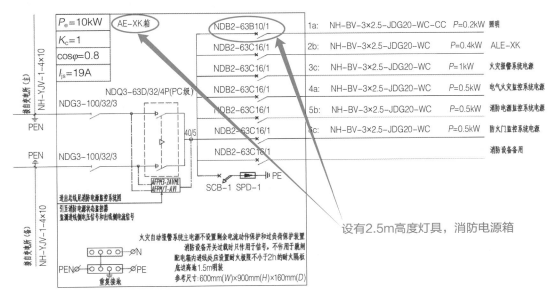

图 3-24　消防箱体照明回路不设剩余电流保护器案例示意

7. 泳池周边是否可以设置超低压应急照明？

逻辑分析：需要注意游泳池周边 2m 范围之内，均为 1 区，依据《电通规》（GB 55024—2022）第 4.6.7 条第 1 款要求：游泳池、戏水池的电击防护措施应符合下列规定：0 区和 1 区内电气设备应采用额定电压不超过交流 12V 或直流 30V 的安全特低电压（SELV）供电，供电电源装置应安装在 0 区和 1 区之外。因为泳池周边的疏散照明，供电等级多为直流 36V，且安装高度低于 1m，极大可能设于 2m 以内的 1 区，此为规范条文交错的点，也是审查常遗漏的问题，如图 3-25 所示。

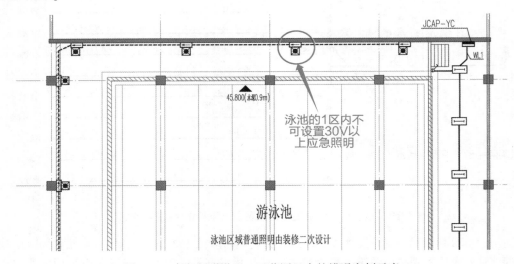

图 3-25　应急照明设于 1 区范围以内的错误案例示意

8. 剩余电流保护器的动作时间有什么要求？

规范要求：《民标》（GB 51348—2019）中第 7.7.6 条：对于相导体对地标称电压为 220V 的 TN 系统配电线路的接地故障保护，其切断故障回路的时间对于供电给手持式电气设备和移动式电气设备末端线路或插座回路，不应大于 0.4s。

逻辑分析：上述条文其实转述了旧版的《民用建筑电气设计规范》（JGJ 16—2008）中第 7.7.5 条的要求，文字上有所变化，审查内容并没有变化，剩余电流保护器的动作时间需要表示在系统图中，或在说明中描述配电线路在接地故障保护时其切断故障回路的保护时间。

也可见《剩余电流动作保护电器（RCD）的一般要求》（GB/T 6829—2017）中第 5.4.12 条第 1 款之表 1 所述：直接接触保护用的剩余电流保护器要求漏电电流为小于等于 30mA（$I_{\Delta n}$）时，最大分断时间为 0.3s。综上所述，插座回路的漏电开关的动作时间应该取上述的较小值 0.3s，审图时要求剩余电流保护开关应标明允许漏电流值及动作时间，常见表示为 30mA 及 0.1s。因为产品设计多为 0.1s，并非 0.3s 不可行，但确实 0.1s 可靠性更高，出现的机会也更多，如图 3-23 所示。

9. 如何设置太阳能热水设备系统的剩余电流保护？

规范要求：太阳能热水设备系统的剩余电流保护见《民用建筑太阳能热水系统应用技术标准》（GB 50364—2018）中第 5.7.2 条：太阳能热水系统中所使用的电气设备应有剩余电流保护、接地和断电等安全措施。另有第 5.7.3 条规定：内置加热系统回路应设置剩余电流动作保护器，保护动作电流值不得超过 30mA。

逻辑分析：太阳能热水器的电气系统图的设计其实在施工图阶段并不常见，多来自由厂家完成深化的系统设计，预留系统的供电前端也不需要在总开关处设置漏电保护，因为漏电动作的断电面太大。但卫生间如果留有太阳能辅助电加热回路的插座，则需要设置漏电保护。要求与卫生间插座的要求一样，比较常见，且需要在说明中予以介绍。

如果施工图有该部分的系统设计，则需要明确内置的加热系统需要设置 30mA 剩余电流动作保护装置，这是考虑为了保障长期在水中工作的检修人员的生命安全，而要求设计的。

集中式太阳能热水系统则较为复杂，还有循环泵、补水阀、电锅炉等。但正常均不在水中工作，就像生活水泵、消防泵一样，造成水中带电的概率相对极少，故未强调设置 30mA 剩余电流动作保护装置。但为了提高人身安全的可靠性，如设置了保护动作电流值不超过 30mA 的剩余电流保护也不判为是错误。此外保温水箱的内胆、电加热、水泵及控制柜外壳必须有接地保护。

10. 室外电气设备是否需要装设剩余电流保护？

规范要求：《电通规》（GB 55024—2022）中第 4.6.5 条第 2 款：当采用剩余电流动作保护电器作为电击防护附加防护措施时，适用场所包括人员可触及的室外电气设备。另见《剩余电流动作保护装置安装和运行》（GB/T 13955—2017）中第 4.4.1 条的要求：安装在室外工作场所的用电设备的配电线路应设置剩余电流保护。

逻辑分析：核心逻辑是人员安全保护，按规范字面可理解为室外电气设备的配电箱无论在室内还是室外，均需要装设剩余电流保护。室外的用电设备很多，如屋面的空调室外主机、冷却塔及屋顶风机、水泵等，是否其配电回路均需设置剩余电流动作保护装置？首先来说这些设备与水下设备工作环境还是不同的。

对于泵站、游泳池、水池等水下固定安装设备的剩余电流保护装置应按《剩余电流动作保护装置安装和运行》（GB/T 13955—2017）中第 4.4.1 条的要求，在其末端出线回路装设防触电的终端剩余电流保护装置。容易被遗漏的水下固定安装设备的场所有：游泳池（针对游泳池的设备配出回路）、喷水池（针对喷水池的设备配出回路）、浴池的电气设备（浴室的插座配出回路），以及安装在水中的供电线路和设备（针对如排水泵、雨水泵、污水泵等配出至设备的回路）等，以排水泵为例，水下设备长期设在水中，容易出现漏电，人员接触到故障设备后容易直接受到伤害。以上情况可作为潮湿场所，相关要求可见《剩余电流动作保护装置安装和运行》（GB/T 13955—2017）中第 5.8 条。

而室外屋面的空调室外主机、冷却塔及屋顶风机、水泵等动力设备则不需人员直接用手操作，多为远程控制或是现场按钮控制，也不会选择雨天的环境进行维修。另外最重要一点是装有设备的屋顶多设有金属围栏，设有金属围栏杜绝了漏电伤人的可能。如果不设置金属围栏或多是不上人屋面，非专业人员是不允许上去的。所以 TN-S 接地系统中，对应规范要求，如设有围栏，一般操作人员无法触及的环境及非上人的屋面设备，则不建议设置剩余电流动作保护装置[《电通规》（GB 55024—2022）是强制性规范，优先执行]。作为人员间接接触防护使用的 30mA 动作电流剩余电流保护器，在室外阴雨潮湿环境中极容易造成剩余电流动作保护装置误动作，适得其反，会影响设备工作的稳定性，故屋顶设备的防电击还是补充辅助等电位联结较好，也是对人员安全的保护。如图 3-26 所示，室外空调机组有围栏或防护。

反之，人员可触及的室外电气设备，或可上人屋面的电气设备，则需要设置剩余电流动作保护装置。

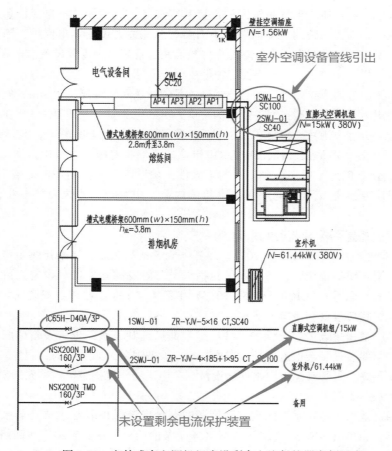

图 3-26　室外成套空调机组未设剩余电流保护器案例示意

11. 消防管道电伴热是否应设置漏电保护？漏电是否仅报警？

规范要求：《民标》（GB 51348—2019）第 9.8.2 条第 1 款：电伴热的电气设计应符合下列规定：电伴热设备的每个发热电缆配电线路，应分别装设过负荷保护、短路保护及剩余电流动作保护，并验算全线启动电流；电伴热带的电气保护应与温度保护装置配合。

逻辑分析：电伴热用于室外或是室内低温环境下给水排水管道采暖，保证管道不结冰。由上述规范条文可见，电伴热系统末端配电回路的保护开关应有漏电保护功能，漏电动作电流为 30mA。但其是否属于消防负荷，是否需要报警，确实存在争议。

一种观点认为车库内给水排水专业设置的消防管道电伴热，是给消防设施配套的设备，用于消防给水或排水，则应按消防用电的负荷等级设计，按消防负荷配电，可由末端消防电源箱供电。

另外一种观点，以山西地区为例，认为供给消火栓、喷淋管道防止冻裂的电伴热用电，不参与消防灭火，不属于消防负荷，但其供电负荷等级不应低于二级负荷，还是要求双路电源供电。

故其负荷等级取决于是否用于消防水系统，应由给水排水专业及当地具体做法确定。同理，如消防管道电伴热按消防负荷考虑，则剩余电流保护器可动作，但需报警，可兼用消防电源监控功能来实现，如图 3-27 所示；如果按普通二级负荷考虑，则可用上级剩余电流保护来实现监控，无报警功能一说。

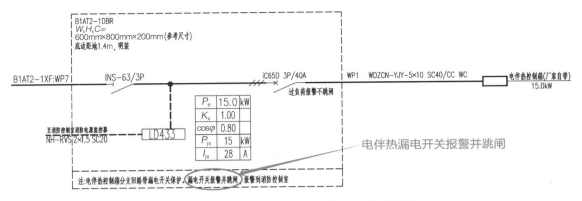

图 3-27　消防电伴热按消防负荷考虑时案例示意

12. 壁挂空调插座回路是否应设置剩余电流动作保护电器？

规范要求：《电通规》（GB 55024—2022）中第 4.6.5 条第 2 款：当采用剩余电流动作保护电器作为电击防护附加防护措施时，额定电流不超过 32A 的供一般人员使用的电源插座回路应装设剩余电流动作保护电器。

逻辑分析：多数错误为沿用新规之前的传统做法所致，以前的规范对于壁挂空调一直区别对待，是基于插座安装高度较高，人员不宜触及而考虑。但新规确实从字面理解上有了差别，考虑到户箱内空调插座属于额定电流不超过 32A 的供一般人员使用的电源插座回路，而"一般人员"是标准术语，是指既不是熟练技术人员，也不是受过培训人员，因此，住宅内居民属于非电气专业人士，符合规范的适用条件，因此，壁挂空调需要设置剩余电流动作保护电器，如未设，可以提出意见。如图 3-28 所示即为错误案例。

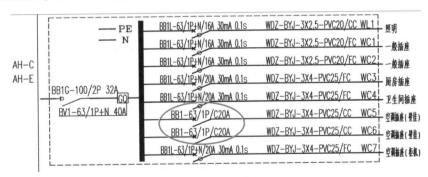

图 3-28　空调回路漏设剩余电流动作保护器错误案例示意

Q25　开关级数的几个常见问题

1. 开关级数如何选择？

规范要求：开关级数选择的核心还是根据 TN-C 系统中 PEN 线严禁接入开关设备的要求，见《低压配电设计规范》（GB 50054—2011）第 3.1.4 条规定。

逻辑分析：违规该"条文"的情况多发生在 TN-C-S 系统的电源进户处，即变压器出线侧为

TN-C-S 系统，室内配电系统为 TN-S 系统时。这需要根据从变压器低压出线一直到终端的整个情况来阐述。

逻辑分析：首先，变压器下低压主进开关和联络柜的开关是采用 3P 还是 4P？有人认为是因为工作中性线与保护地线共用，所以 PEN 线不可以断开，故此处的进线开关要选用 3P。而在《全国民用建筑工程设计技术措施（电气）》中第 91 页注 1 中也有明确的说法，其建议采用 4P 开关，但确实存有一定争议。

从供电单位的角度考虑则建议采用 3P 开关，这是为了防止出现断零故障。断零故障是指 4P 开关如果长期使用，触头表面会被氧化，逐步形成绝缘层，由于相线的开合会产生拉弧，高温可以消除触头上氧化的产物，但 N 线上没有大电流，开合时自然也没有变压器低压主进开关的电弧，时间长了就会出现 N 线接触不良。如 N 线触头被氧化层阻断，后果会是单相设备电流变大，以致烧毁，此为常见的一种电气故障。故 4P 开关在供电系统的前端慎用，断零故障破坏面会比较大，因此供电单位比较常用 3P 开关。

综上所述，变压器下低压主进开关最好采用 3P 型开关，但仅限于此处使用，而联络柜的开关则认为 3P 和 4P 均可，与一点接地有关，见后详述。如图 3-29 所示为 3P 案例。

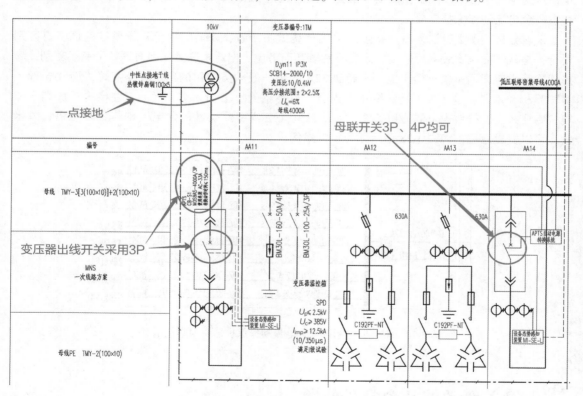

图 3-29　低压主进开关和联络柜开关采用 3P 的案例示意

再说低压总箱的进线开关，见《民标》（GB 51348—2019）第 7.5.2 条［同《低压配电设计规范》（GB 50054—2011）第 3.1.4 条］和第 7.5.3 条，对三相四线制中四极开关的选用已有明确规定。由于三相负荷的不平衡，或是在单相接地时，电源中性点偏移，低压侧中性线都有可能带有近 100 V 电压，危及人身安全，因此是选用三级开关还是四极开关对整个供电系统和人身安全至关重要。

虽采用四极开关可隔离中性线能保证建筑内电气检修安全，在民用建筑中常见的接地系统是 TN-C-S 系统，电源用 PEN 线，进入建筑物后，分开为 PE 线和 N 线。由于中性线和 PE 线电位基本相同，而 PE 线在进入楼梯时又和总等电位相连接，即使中性线上出现危险电压，由于系统不存在电位差，故不会出现电击事故，此时不必为电气检修安全而担心。

但选用了四极开关，其弊端是多了连接点，这不符合有关电气安全规范中规定的中性线上连接点尽量减少的要求。而且中性线上的连接点一旦因故不导电，线路将处于断 N 线状态。而供电线路发生断 N 线故障后设备仍能照常运行，有近 100V 的压差存在，直至设备损坏前，都很难发现异常。而对单相设备而言，此时如三相电压出现严重不平衡，单相设备会因为工作电压突然升高而被烧坏。

总之，有总等电位联结的 TN-S 系统和 TN-C-S 系统每幢建筑物电气总进线开关，规范中无装设四极开关的要求，目的是在保证检修人员安全的条件下尽可能少用四极开关，以避免出现"断零"状态，从而使单相设备少有受损风险，如图 3-30 所示。

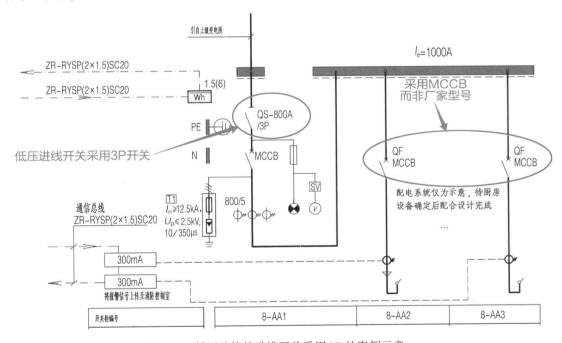

图 3-30 低压总箱的进线开关采用 3P 的案例示意

2. 住宅总箱并未要求设四极开关，但户箱却要求设双极开关，这是什么原因？

规范要求：《住宅设计规范》（GB 50096—2011）中第 8.7.3 条：每套住宅应设置户配电箱，其电源总开关装置应采用可同时断开相线和中性的开关电器。而在该规范的中第 8.7.2 条第 6款：每幢住宅的总电源进线应设剩余电流动作保护或剩余电流动作报警。可见，此并未要求设四极开关。

逻辑分析：在三相进线的每套住宅的户配电箱总开关处按《住宅设计规范》（GB 50096—2011）中第 8.7.3 条规定选用四极开关，是把住宅总柜作为建筑物的始端进行考虑，基于供电单位与物业的分界点在此，且住宅单元供电多为 TN-S 系统，则如此设置也为合理。同理，户配电箱要求双极开关，也是出于安全考虑，为一般人员使用时，尽量断开 N 线，以避免触电，此时单相 220V 侧出现"断零"状态时，与三相供电不同，供电回路断开，单相设备无受损风险，故设置于户配电箱的始端处同样合理。如图 3-31 所示为总进线为 3P 开关，干线开关为 4P 的示意，可满足规范要求。

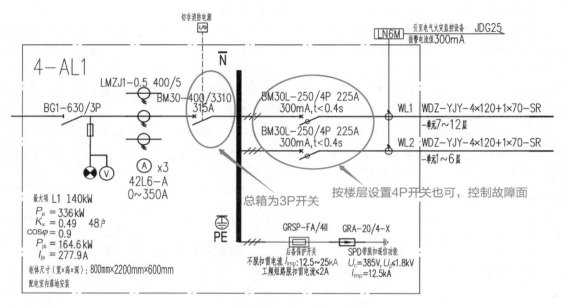

图 3-31　住宅总配电箱开关级数示意

3. 何为"一点接地"？两台变压器的母联柜必须采用四极开关是否正确？

规范要求：仍为《低规》（GB 50054—2011）中第 3.1.4 条及《民标》（GB 51348—2019）中第 7.5.2 条中要求：不得装设断开 PEN 导体的任何电器。

逻辑分析：有一种观点认为低压母联开关应采用四极开关，其是根据《民标》（GB 51348—2019）中第 7.5.3 条第 1 款电源转换的功能开关应采用四极开关的规定，认为母联开关也是一种电源转换开关，要求两台变压器的母联柜必须采用四极开关，但其实这种理解并不正确。

上述规范条文中的电源转换的功能开关指两路电源的转换开关（TSE），应符合《低压开关设备和控制设备　第 6-1 部分：多功能电器　转换开关电器》（GB/T 14048.11—2016）中的要求。而母联开关为两路电源之间的联络开关，且母联更多时为手动操作，而非自动转换装置。则从原理角度，变配电系统中低压母联开关不适用于《民标》（GB 51348—2019）中第 7.5.3 条第 1 款规定的电源转换功能开关。母联柜的开关极数应根据多电源变配电系统接地型式等综合确定。

这里就涉及何为"一点接地"？变配电室内变压器中性点接地与外壳接地、低压柜接地等接地线应分别有规格标注，不可采用同一个接地系统，也就是要求变压器中性点设置专用的接地线。外壳接地的要求参见《建筑电气工程施工质量验收规范》（GB 50303—2015）中的第 4.1.3 条：变压器箱体、干式变压器的支架、基础型钢及外壳应分别于保护导体可靠连接。变压器中性点接地，可见《交流电气装置的接地设计规范》（GB/T 50065—2011）中第 4.3.7 条第 1 款：变电站的电气装置中，如直接接地的变压器中性点，应采用专用敷设的接地导体接地。由于变压器中性点接地为工作接地，故建议与外壳接地等保护接地尽量分开，以避免可能通过 MEB 引入雷电流，进而 N 线带电影响变压器的运行。但如果是建筑内附属的变配电室，基于独立设置接地网有难度，也可采用公共接地网，则变压器中性点单独接地后也要连接至公共接地网，但仍需要独立于其余外壳或导轨接地等，独立引出，以使其尽量分开一段距离。

如果仅为一台变压器或是一路电源，则不存在一点接地的要求。当采用多电源时，设有多台变压器运行的情况，则要采用一点接地，见《交流电气装置的接地设计规范》（GB/T 50065—2011）中第7.1.2条第2款第3)项：对于具有多电源的 TN 系统，应避免工作电流流过不期望的路径，电源中性点间相互连接的导体与 PE 之间，应只一点连接，并应设置在总配电屏内。如《交流电气装置的接地设计规范》（GB/T 50065—2011）中图7.1.2-8的截图（见图3-32）。

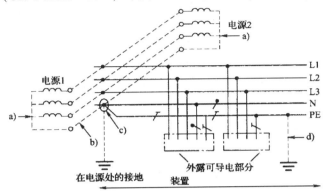

图 7.1.2-8　对用电设备采用单独的 PE 和 N 的多电源 TN-C-S 系统

图3-32　《交流电气装置的接地设计规范》（GB/T 50065—2011）中图7.1.2-8的截图

不同变压器 N 线分别接地后产生的回流电流，会相互叠加或是消减，容易引起回流电流的变化，以及引起磁场变化，产生电磁干扰，故多台变压器的接地要汇于一点。各变压器中性点电流回流至统一的接地点，从地电位角度来说是相同的，可尽量避免杂散电流及电磁干扰的产生。而如果母联开关采用4P断路器可以断开 N 线，则回流被断开，也不会产生杂散电流，同样可以防止杂散电流影响测量仪表的精度或保护动作的灵敏度。

故当多电源变配电系统采用一点接地方式，两台变压器中性点连接至低压柜 PEN 母排时，母联开关建议采用四极开关。当多电源变配电系统采用多点接地（各变压器单独接地）时，因为有多处接地，杂散电流回流无法形成，则母联开关建议采用三极开关。

但其实也并非没有弊端，考虑上小节内容，由于母联开关平时是开断的状态，则 N 线触头同样容易被氧化，可能出现接触不良的情况。因此，确实是互有利弊。实际设计中独立变电室为室外接地，依据规范，必须满足一点接地；如仅是设于建筑内的变电室，实际采用综合接地，则做到离开一段距离即可。

Q26 安防控制室配电箱与弱电机房配电箱是否可以采用树干式配电？

规范要求：《电通规》（GB 55024—2022）第5.3.4条：安防监控中心应采用专用回路供电。

逻辑分析：安防监控中心负荷级别本就要求高，又为末端互投，又是第一次提出安防监控中心要采用专线供电，则不仅要将消防负荷与普通负荷单独分列设计，且弱电系统的安防监控与其他重要负荷也要分列设计。如图 3-33 和图 3-34 所示均为安防控制室配电箱与弱电机房配电箱为树干式供电上的两组设备，未采用专用回路供电，均不满足《电通规》（GB 55024—2022）第 5.3.4 条"安防监控中心应采用专用回路供电"的要求。

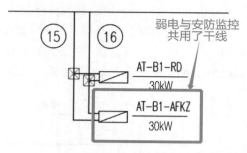

图 3-33　弱电与安防共用干线竖向图示意

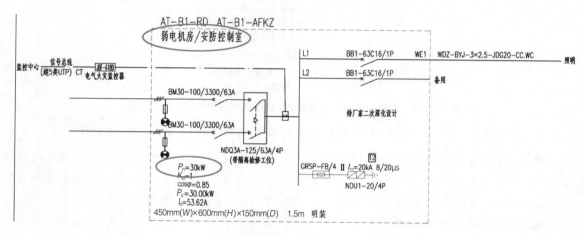

图 3-34　弱电与安防共用干线系统图示意

Q27 消防水泵设置中的几个常见问题

1. 消防用水量不大于 25L/s 时，消防水泵如何供电？

规范要求：《建规》（GB 50016—2014）（2018 年版）中第 10.1.2 和第 10.1.3 条：室外消防用水量不大于 25L/s 的其他公共建筑消防用电可按三级负荷供电。《建通规》（GB 55037—2022）中第 10.1.6 条要求：除按照三级负荷供电的消防用电设备外，消防控制室、消防水泵房的消防用电设备及消防电梯等的供电，应在其配电线路的最末一级配电箱内设置自动切换装置。

逻辑分析：由上述规范可知，该负荷为三级负荷，又由《建通规》（GB 55037—2022）中第 10.1.6 条要求，三级负荷供电的消防用电设备，未明确提出必须设置双电源互投，故分以下两种情况处理。

第一种情况，当本厂区、建筑仅能取得一路市政低压电源，或一路市政高压电源且用户变电所仅设置一台变压器时，属于三级负荷的消火栓泵、喷淋泵、消防稳压泵可以采用专用回路、单回路供电，在配电线路的最末一级配电箱处无须设置自动切换装置。

第二种情况，当本厂区有多路市政电源引入，或设有多台变压器时，应从不同市政电源或不同变压器取得电源，采用专用回路、双回路供电，在配电线路的最末一级配电箱处设置自动切换装置。其余消防电梯、消控室配电等亦同。

2. 消防水池、消防水箱液位显示装置是否需要设置备用电源？

逻辑分析：消防水池、消防水箱液位显示装置等很少见有配电示意，但如果需要供电，应予以表达，依据《电通规》（GB 55024—2022）中第10.1.6条要求，在其配电线路的最末一级配电箱内设置自动切换装置。则可见消防水池、消防水箱液位显示装置需要设置备用电源，电源应引自符合其消防供电条件、供电电压的消防供电回路。其余参与消防灭火的电气设备亦同。

3. 柴油机消防水泵是否可采用单路电源供电，不设双回路末端切换？

逻辑分析：无论是何种负荷等级，柴油机消防水泵均已自带备用电源，可采用单回路专线供电，不设双回路末端切换。

4. 消防水箱和消防水池的液位仪审查要求是否相同？

规范要求：《消防设施通用规范》（GB 55036—2022）中第3.0.8条第4款：消防水池的水位应能就地和在消防控制室显示，消防水池应设置高低水位报警装置。

逻辑分析：审查的核心逻辑是上述条文中，消防水箱液位装置同样有报警要求，但不为强制性规定。消防水箱的要求见《消防给水及消火栓系统技术规范》（GB 50974—2014）中第11.0.7条第3款：消防控制柜或控制盘应能显示消防水池、高位消防水箱等水源的高水位、低水位报警信号。其均为普通条款，故消防水池与消防水箱在审查中的要求，应该区别对待。

消防水池与消防高位水箱功能类似，液位仪监控水位，其报警信号上传至消控主机。水位发生变化时，流量会发生变化，自动喷水灭火系统通过流量的变化进行识别，核实是否需要补水，进而打开流量

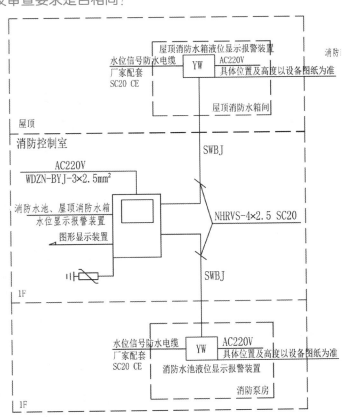

图3-35 消防水池与消防水箱液位仪拓扑示意

开关或压力开关，启动补水装置，使自动喷水灭火系统的运转维持下去，如图3-35所示。

5. 压力开关和流量开关、报警阀组审查中有何要求？

规范要求：《消防给水及消火栓系统技术规范》（GB 50974—2014）中第11.0.4条要求：消

防水泵出水干管上设置的压力开关、高位消防水箱出水管上的流量开关或报警阀压力开关等开关信号应能直接自动启动消防水泵。

逻辑分析：流量开关是通过检测水流量来控制消防水泵的启停的，而压力开关则是通过监测管道压力来判断水源是否充足，进而控制消防水泵的启停。流量开关通常设于高位水箱间，与液位仪配套使用；压力开关则通常适用于喷淋管道等消防设备的压力监测，且更多设于消防水泵房处。故需审查平面及系统的流量开关或压力开关，其控制信号需送至消防泵房，同时也需反馈水位信号。

此外湿式报警阀组、预作用报警阀组也可直启消防水泵。当发生火灾高温造成管网爆破，系统侧水压下降时，供水侧和系统侧产生的压差会将阀瓣打开，即报警阀组的压力开关打开，向打开的喷头连续供水灭火，同时直接启动。可见压力开关、流量开关及报警阀组均需要在消防报警系统图及平面图上表示，如图3-36～图3-39所示。

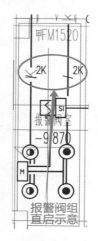

图3-36　报警阀组直启示意

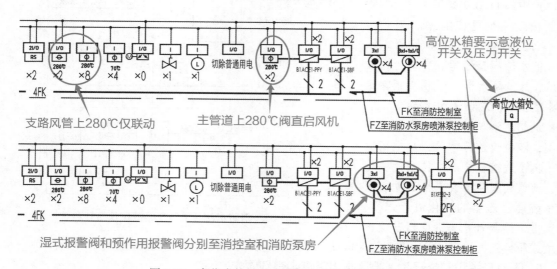

图3-37　高位水箱及压力开关在消防报警系统中示意

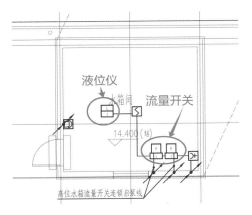

图 3-38　消防水池在消防报警系统中示意　　图 3-39　高位水箱在消防报警平面中示意

6.《电通规》（GB 55024—2022）和《消通规》（GB 55036—2022）实施后，消防水泵还需要消防控制室硬线启动吗？

规范要求：《电通规》（GB 55024—2022）中第 5.3.1 条规定："消防水泵、防烟和排烟风机应采用联动/连锁控制方式，还应在消防控制室设置手动控制消防水泵启动装置"。

逻辑分析：包括上述规范，目前所有规范对于消防水泵的直启要求并没有改变。从灭火的时效性来讲，消防水泵及时应急启动，对于扑救火灾初期控制火灾的发展蔓延至关重要，因此，在消防控制室需要设置手动直接（硬线）控制消防水泵启动装置。该点没有规范之间的矛盾，无异议。消防水泵直启线在消防配电系统中如图 3-40 所示，消防水泵直启线在消防配电平面中如图 3-41 所示。

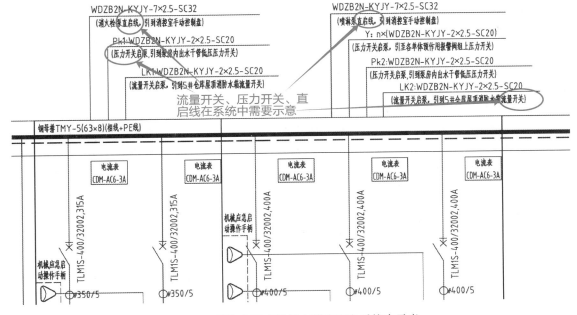

图 3-40　消防水泵直启线在消防配电系统中示意

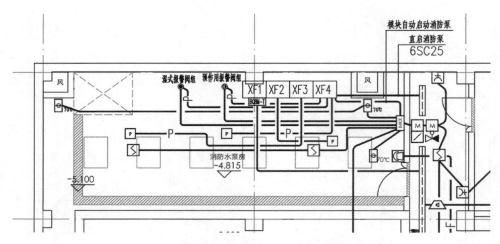

图 3-41　消防水泵直启线在消防配电平面中示意

Q28 关于导体保护的几个常见问题

1. 电缆 3m 之内变径分支是否需要设置开关?

规范要求:《低规》(GB 50054—2011)中第 6.2.5 条:短路保护电器应装设在回路首端和回路导体载流量减小的地方。当不能设置在回路导体载流量减小的地方时,短路保护电器至回路导体载流量减小处的这段线路长度,不应超过 3m。

逻辑分析:电缆分支会使导体载流量减小,如 T 接电缆,当采用等截面 T 接电缆时,则不存在分支电缆无法保护的问题,但如果设计将电缆截面减小,其按负荷侧的计算电流选择了相对截面较小的电缆,则仅 3m 之内可以变径,超过 3m,则必须设置保护开关或是采用等截面电缆。

案例分析:分支箱设于电气竖井,层电表箱同设置在竖井内,支线距离不足 3m,则电缆截面由 95mm² 减小为 70mm² 时,可不考虑分支线缆的保护,如图 3-42 所示。

其核心逻辑是考虑分支电缆距离很短,支线可以近似看作如配电盘上的母线排一样,出现故障的点很少,距离很短,视为出现故障的可能性很小。且多为箱体内的线缆进行分支,故障容易发现,易被维修,则可不装保护开关。

故采用树干式配电,如从干线 T 接至下级箱体距离大于 3m 时,尽量采用同截面 T 接。当不采用同截面电缆 T 接时,下级箱体与干线又不在同一井道内,则配电箱系统电源进线处就不建议选用隔离开关,需要选择可以保护该段分支线路的断路器,以避免工程中实际距离大于 3m。

2. 中性导体上是否需设置过电流保护?

规范要求:《民标》(GB 51348—2019)中第 7.4.5 条第 2 款第 2)项要求:中性导体截面面积小于相导体截面面积时,要求中性导体上装设过电流保护,且要求中性导体上设置的过电流保护,只切断相导体而不切断中性导体。

逻辑分析:这是多被忽视的问题,因为我们更关心市面上产品是否能满足需求。在《民标》(GB 51348—2019)第 7.4.5 条第 2 款中的两个条件,分别针对中性导体的过负荷保护和短路保护。

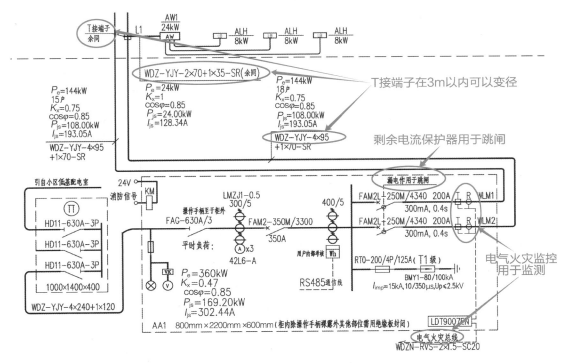

图 3-42 北京地区光柜（照明总柜）系统示意

第一个条件，谐波电流（包括三次谐波和三次谐波的奇数倍）在正常工作时，负荷分配较均衡，且谐波电流不超过相电流的 15%，说明相导体的过负荷保护可以满足对中性导体的过负荷保护。谐波电流出现在计算机、通信设备中的 UPS 电源，景观照明中的开关电源，照明系统中电子镇流器，以及电机中的变频器等中，这也可从侧面佐证普通电动机类设备谐波满足要求。而消防电动机配电回路中性导体即使截面面积小于相导体时也不应设过负荷保护，更不在考虑范围之内。

第二个条件，对 TT 或 TN 系统，在中性导体截面面积小于相导体截面面积的地方，中性导体上应装设过电流保护，该保护应使相导体断电但不必断开中性导体，以达到对中性导体实现短路保护的目的。依据该规范对应的条文解释：中性导体的短路保护可以利用相导体中的过电流保护电器来实现，在这种情况下，中性导体不需要过电流保护或分断中性导体的电器，而实际中，中性线上过电流多为相线的 0.5 倍左右，说明中性导体在满足热稳定要求的条件下，可以不在中性导体上设置保护电器。

综上所述，只要满足《民标》（GB 51348—2019）第 7.4.5 条第 2 款的第一个条件就可以采用"3 + 2"芯的电力线路，不需要在中性导体上设置保护电器，如图 3-43 所示。

3. 对"过负荷保护电器的动作特性，应符合 $I_B \leqslant I_n \leqslant I_z$ 及 $I_2 \leqslant 1.45 I_z$"的规定如何实施审查？消防设备总配电箱的干线的断路器如何选择？各脱扣值如何整定？

规范要求：《低压配电设计规范》（GB 50054—2011）中第 6.3.3 条要求：过负荷保护电器的动作特性，应符合下列公式的要求：$I_B \leqslant I_n \leqslant I_z$ 及 $I_2 \leqslant 1.45 I_z$。其中，I_B 为回路计算电流（单位为 A），I_n 为熔断器熔体额定电流或断路器额定电流或整定电流（单位为 A），I_Z 为导体允许持续载流量（单位为 A）；I_2 为保证保护电器可靠动作的电流（单位为 A）。

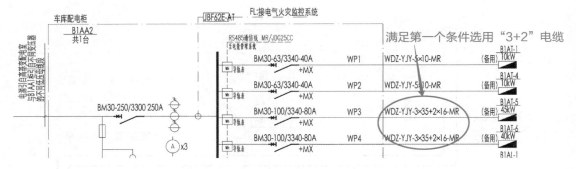

图 3-43 动力设备采用 "3+2" 电缆案例示意

逻辑分析：当保护电器为断路器时，I_n 为其额定电流，I_{dz1} 为其长延时整定电流，需满足 $I_n \geq I_{dz1}$，低压侧选型时两项要求都要标注，而选型中实际采用 I_{dz1}，即 $I_B \leq I_{dz1} \leq I_Z$ 更为实用，断路器的长延时整定电流需要大于计算电流并且小于电缆的载流量。

I_2 为约定时间内的约定动作电流，需满足 $I_2 \leq 1.45 I_Z$，其实与 $I_{dz1} \geq 1.1 I_B$ 意义相仿，因断路器 I_2 为约定动作电流，约定脱扣电流 $I_2 = 1.3 I_{dz1}$（约定动作的电流 I_2 要求为长延时脱扣器整定电流的 1.3 倍），即 $I_2 = 1.3 I_{dz1} \leq 1.45 I_Z$，这就是 $I_{dz1} \leq 1.1 I_Z$ 的原因。根据 $I_B \leq I_n \leq I_Z$ 及 $I_2 \leq 1.45 I_Z$ 的要求，实际执行为 $I_B \leq 1.1 I_n \leq I_{dz1} \leq I_Z \leq 1.1 I_Z$ 的要求，去除重复部分，实际设计和审图中按 $1.1 I_B \leq I_{dz1} \leq I_Z$ 进行选择，以达到规范的要求。

消防设备断路器的类型、额定电流、各种脱扣的整定值可按表 3-1 选择，干线电缆载流量 I_Z 应大于断路器额定电流 I_n。消防水泵、消防电梯、防排烟风机等设备末端配电回路断路器不应设置过负荷保护（过负荷保护或为报警，或选择单磁断路器），上级断路器过负荷保护脱扣电流不应小于上述设备额定电流的 1.5 倍，也不建议大于 2 倍，瞬时断路器予以保留，建议采用 10 倍 I_n，线路选择应与断路器整定电流匹配，参照普通负荷。

表 3-1 消防设备断路器各种脱扣的整定值

断路器类型	脱扣整定值		
	长延时	短延时	瞬时
单磁断路器（瞬时）	—	—	$>10 I_n$
热磁断路器（长延时+瞬时脱扣）（长延时报警）	$I_{dz1} > (1.5 \sim 2) I_n$	—	$>10 I_n$
三段式断路器（长延时+短延时+瞬时）	$I_{dz1} > (1.5 \sim 2) I_n$	下一级最大一个断路器额定电流的 13 倍以上	$>10 I_n$

Q29 双电源互投能否满足启动时间不大于 5s 的要求？

规范要求：《火规》（GB 50116—2013）中第 4.9.2 条：系统全部投入应急状态的启动时间不应大于 5s。《应急照明标》（GB 51309—2018）中第 3.2.3 条，同样有描述。

逻辑分析：应急状态的启动时间各厂家产品性能多有不同，但 CB 级（断路器）虽然较 PC 级（隔离开关）双电源互投装置动作稍慢，但都可以做到 5s 内完成自动切换，所以应急照明的双电源互投无论 PC 级还是 CB 级均不存在启动时间大于 5s 问题。

如果不使用双电源互投，而是采用单电源加 EPS，由于 EPS 的转化时间一般为 0.1 ~ 0.25s，也是可以达到启动时间的要求。但是需要注意如果采用单电源加柴油发电机电源的方式，则要落实柴油发电机的启动时间，由于柴油发电机要求是 30s 内启动，产品差别也较大多在 5 ~ 30s 之内，所以如果选择柴油发电机的供电模式，则需要审核柴油发电机的启动时间是否可以满足规范要求。

Q30 应急照明控制系统中的几个常见问题

1. 应如何理解"不得切断消防电源直接强启疏散照明灯"？

规范要求：《民标》（GB 51348—2019）第 13.4.6 条：疏散照明应在消防控制室集中手动、自动控制，不得利用切断消防电源的方式直接强启疏散照明灯。《应急照明标》（GB 51309—2018）中第 3.7.4 条第 2 款：灯具采用自带蓄电池供电时，应能手动操作切断应急照明配电箱的主电源输出，同时控制其配接的所有非持续型照明灯的光源应急点亮、持续型灯具的光源由节电点亮模式转入应急点亮模式。

逻辑分析：非集中控制型消防应急照明和疏散指示系统的控制应按《应急照明标》（GB 51309—2018）执行。《民标》（GB 51348—2019）国家标准编制组在《建筑电气》2021 第 7 期中已对此进行了回复：《民标》（GB 51348—2019）中第 13.4.6 条与《应急照明标》（GB 51309—2018）中第 3.7.4 条及第 3.7.5 条中自带电源非集中控制型系统的应急照明灯具的应急启动并不矛盾。《民标》（GB 51348—2019）中第 13.4.6 条的条文说明中提到在设有火灾自动报警系统及消防控制室的情况下，不得利用切断消防电源的方式直接强启疏散照明灯，此处的疏散照明灯主要是指消防自带蓄电池的双头灯。当按《应急照明标》（GB 51309—2018）设置消防控制室时，就不可能采用非集中控制型系统。非集中控制集中电源型系统如图 3-44 所示。

2. 非集中控制型应急照明与非集中报警系统的内在关系是什么？

规范要求：《应急照明标》（GB 51309—2018）第 3.3.7 条第 3 款第 2）项：非集中控制型系统中，应急照明配电箱应由正常照明配电箱供电。《建规》（GB 50016—2014）（2018 年版）中第 10.1.6 条：消防用电设备应采用专用的供电回路。

图 3-44　非集中控制集中电源型系统示意

逻辑分析：上述两项规定，若仅从字面理解似乎存有矛盾，但其实不然，非集中控制系统通常对应无须设置火灾自动报警系统的建筑，原则上，建筑物内有消防电源时，非集中控制型应急照明系统就用消防电源，无消防电源时，非集中控制型应急照明系统应由正常照明配电箱供电。实际上两项规定并无本质区别，只是《建规》（GB 50016—2014）（2018 年版）深化了《应急照明标》（GB 51309—2018）的相应规定。

这种建设规模小的类型，消防负荷等级多为三级负荷，并不需要双路电源。建筑物设置区域报警控制器，但未设置消防控制室，此时设置应急照明控制器的意义不大，因应急照明控制器不宜安装在火灾现场，现场温度达到 60 ~ 70℃ 控制器就不正常工作。火灾时，即便疏散照明灯由区域报警器的外控接点应急点亮，区域报警控制器用消防单电源供电，而疏散照明系统却采用非消防单电源供电，相同的负荷等级，供电类别却不同，并不合理。

此外，按照《应急照明标》（GB 51309—2018）第 3.2.1 条之条文说明："采用自带电源型灯具的非集中控制型系统中，在发生火灾时，需要切断自带电源型灯具的主电源，灯具自动转入自带蓄电池供电，而灯具自带蓄电池的工作电压均低于 DC36V，属于安全电压范畴，不会对人体产生电击危险"。因此，此时无需强调"消防电源的专用回路"，设计可直接执行《应急照明标》（GB 51309—2018）第 3.3.7 条第 3 款。

可见在未设置火灾自动报警系统的建筑内，消防应急照明系统可采用非集中控制型，非集中电源型可采用自带蓄电池的灯具，采用断电自动启动应急照明的方式，且此种方式的应急照明控制箱电源可接入同一防火分区的楼层正常照明配电箱。消防应急照明系统设计需满足：火灾确认后，应能手动操作切断消防应急照明配电箱的主电源输出，同时控制其配接的所有非持续型照明灯的光源应急点亮；持续型灯具的光源由节电点亮模式转入应急点亮模式。非集中控制型系统采用自带蓄电池类型，如图 3-45 所示。

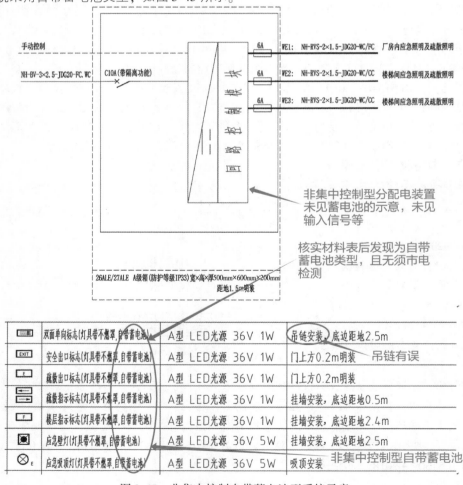

图 3-45　非集中控制自带蓄电池型系统示意

3. 应急照明配电箱或集中电源的输出回路严禁接入系统以外的开关装置、插座及其他负载，对此，照明灯具开关包含在内吗？

规范要求：《应急照明标》（GB 51309—2018）中第3.3.2条要求：应急照明配电箱或集中电源的输入及输出回路中不应装设剩余电流动作保护器，输出回路严禁接入系统以外的开关装置、插座及其他负载。

逻辑分析：严格来说此处的开关为系统中的断路器，并非是指灯具的翘板类开关，应将开关装置理解为某种负载，因为条文中它与插座和其他负载并列。换言之，即便是没有明显开关的平时消防兼用雷达灯，也只是接通灯具的开关内置而已，并非不存在。

但如图3-46中，为平时照明和应急照明兼用的类型，此时平时照明则为"其他负载"。考虑到通过开关，接入"其他负载"会影响系统组成和功能的完整性，"其他负载"的质量问题也会影响系统运行的稳定性和可靠性。同时由于负载的类型和载荷不确定，会直接影响系统的应急启动和持续应急工作时间，基于这点，该种做法仍然有误，所以才建议两种照明不要兼用。

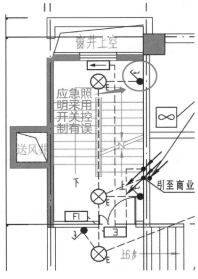

图 3-46 楼梯间应急照明错误采用开关控制案例示意

Q31 民用建筑内的消防水泵是否该设置自动巡检装置？

规范要求：《消防给水及消火栓系统技术规范》（GB 50974—2014）第11.0.18条要求：消防水泵控制柜应具有自动巡检可调、显示巡检状态和信号等功能。又见（GA30.2—2002）中第5.4.4条中也是"应该设置"。但《民标》（GB 51348—2019）第13.7.7条要求：民用建筑内的消防水泵不宜设置自动巡检装置。

逻辑分析：部分审图专家会依据《消防给水及消火栓系统技术规范》（GB 50974—2014）第11.0.18条规定要求设置自动巡检，认为如不设自动巡检装置不易及时发现消防水泵的故障，有可能会造成严重后果。但设了巡检，部分审图专家会按《民标》（GB 51348—2019）要求提审图意见不设巡检，对此，我们需要从原理上进行分析。

国内推出的消防泵自动巡检装置，其主控制设备也是变频调速器，作用是防止消防水泵轴封锈蚀，但其实只有在重度潮湿场所中，消防泵终年无人管理或维护时，轴封才可能生锈。如果按照《建筑消防设施的维护管理》（GB 25201—2010）的规定按时维护管理，消防泵轴封不可能生锈。所以这种用设备代替管理的理念是有其弊端的，参考《民标》（GB 51348—2019）第13.7.7条之条文说明理解，其可能会增加无谓的投资，包括初投资、运行、维修和管理费用等。且这样也不节能，巡检装置终日运行会浪费电能。

并且，消防泵巡检装置不能保证一定安全，反而可能增加隐患，因其工作原理是平时低速巡检，火灾时消防泵控制箱接到启动信号，并在启泵前将巡检装置的输出端与消防泵的主回路断开，否则消防泵将不能启动。巡检装置是电子设备，寿命有限，如故障不能使其安全地从消防泵的主回路分离，消防泵将不能启动，后果不堪设想。核心还是管理问题，如用设备来替代解决，确实也不妥。

故在加强人员管理的前提下，民用建筑可不设置自动巡检装置，同时，消防水泵增设了机械应急启动装置，是从另外一种角度来完善消防泵火灾状况下的启动保证，也再无巡检并行设置的必要。

当然某些特殊工程（如电业项目）有其行业规定，当需要设置自动巡检装置时，可根据其行业规定来设置；当厂区很大、人工巡检困难时也可以设置自动巡检装置。当选用时，建议设计专用的消防巡检柜，但仅限巡检消防泵、喷淋泵等直接参与消防灭火的水泵，如稳压泵之类的则可以不用列入巡检范围之内，因为其是对平时消防管道起的稳压作用，不参与消防灭火。故设计人员若做了巡检，则没有必要提出去除的意见；没有做巡检，也没有必要提出增设的意见。

Q32 关于切非的几个常见问题

1. 切非分励脱扣器从哪里开始设置？

规范要求：《火规》（GB 50116—2013）第4.10.1条和《民标》（GB 51348—2019）第13.4.8条要求：火灾确认后，应能在消防控制室的消防联动控制器上切断火灾区域及相关区域的非消防电源。

逻辑分析：如图3-47所示配电设备无消防合用的情况，则消防切非建议由始端开始，从本建筑物内总配电室低压母线上单独引出的非消防回路上设置切非分励脱扣器。

常见错误为在下一级配电设备中，仍有消防负荷，而前端进行了切非。如图3-47中车库普通动力，其下口车库动力总箱所带负荷设有电动排烟窗及火灾区域报警控制器等电源，均属消防负荷，而低压侧的消防负荷断路器脱扣器设置了分励脱扣附件，造成实质错误，违反《建规》（GB 50016—2014）（2018年版）第10.1.6条之"保证消防供电"的要求。

MNS IP31						MNS IP31							
600						600							
16E	8E	8E	16E	8E	8E	8E	8E	8E	16E	16E	8E	8E	8E
315			315						315	315			T*M 315
	100	63		100	63	T*M 125	80	63			125	63	
T*M 350	100	100	350	100	100	150	100	100	350	350	150	100	350
B1AA2 车库普通动力	B1AT-GS 给水泵房(备用)	B1AT-ZS 中水泵房(备用)	备用	备用	备用	B1AT-AF 安防控制室(备用)	B1AT-RD 弱电总箱(主用)	备用	备用	备用	备用		B1RFAA2 人防车库消防
AN3-W1	AN3-W2	AN3-W3	AN3-W4	AN3-W5	AN3-W6	AN5-W1	AN5-W2	AN5-W3	AN4-W4	AN4-W5	AN4-W6	AN4-W7	AN6-W1
4x185+1x95	4x35+1x16	5x16				4x50+1x25	4x25+1x16			消防负荷不切非			
下一级切非			备用也要切非										4x185+1x95
		总出线处切非				安防弱电总箱不切非							
1	1	1	1	1	1		1	1	1	1	1	1	
加消防脱扣	加消防脱扣	加消防脱扣	加消防脱扣	加消防脱扣		加消防脱扣	加消防脱扣	加消防脱扣	加消防脱扣	加消防脱扣	加消防脱扣		

图3-47　低压侧切非案例示意

配电系统设计中，如总柜的消防负荷断路器脱扣器均设置3340火灾分励脱扣附件，即可以演证（演绎证明），其为消防切非的回路。

消防切非系统应在消防报警系统中予以表示，如存有多处切非，模块设置数量众多时，建议采用切非模块箱，如图3-48所示。

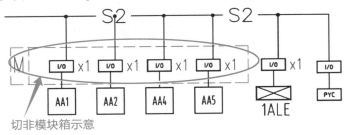

图3-48　火灾自动报警系统图消防联动总柜切电示意

相应的平面中，需要示意模块箱的位置及其与配电柜的管路关系，如图3-49所示。

2. 弱电机房、生活泵房等重要生活电源是否应在火灾时切除？

规范要求：《电通规》（GB 55024—2022）中第4.3.7条：对于因过负荷引起断电而造成更大损失的供电回路，过负荷保护应作用于信号报警，不应切断电源。

逻辑分析：根据《火规》（GB 50116—2013）第4.10.1条和《民标》（GB 51348—2019）第13.4.8条，火灾确认后，应能在消防控制室的消防联动控制器上切断火灾区域及相关区域的非消防电源。弱电机房电源、生活水泵电源属于非消防电源，在火灾时应能在消防控制室的消防联动控制器上切除。而依据《电通规》（GB 55024—2022）的条文说明可知，其不应切断因安全设施停电可能造成人员伤亡或重大经济损失的工业生产设备等的供电回路。可见弱电机房、生活泵房等重要生活电源不含其内，需要切电。如图3-50所示，对应低压侧未设切非，末端设置了切非，但显然为区别对待，即可以不立即切电。

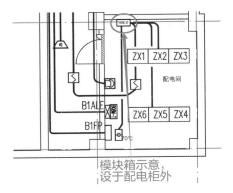

图3-49　火灾自动报警平面图消防联动总柜切电示意

又见《火规》（GB 50116—2013）中第4.10.1条之条文说明：只要能确认不是供电线路发生的火灾，都可以先不切断电源。正常照明、生活水泵供电等非消防电源只要在消防水系统动作前切断，就不会引起触电事故及二次灾害。此处列出了火灾时不应立即切断的非消防电源用电设备，如正常照明、生活给水泵、安全防范系统设施、地下室排水泵、客梯和一类与二类汽车库中作为车辆疏散口的提升机等。可见只要能确认不是供电线路发生的火灾，都可以先不切断电源。因此，生活水泵及包含安全防范系统设施的弱电机房电源为不应立即切断的非消防电源，应在消防水系统动作前手动或自动切断。

由此可见，生活水泵生活泵房等重要生活电源，其供电回路应设置非消防电源切除模块，但不应与需要立即切断的非消防设备共用，并在消防控制室总线制手动控制盘上设手动切除按钮，在消防水系统动作前手动或自动切断。设计、审查时需区分火灾时应立即切断和不应立即切断

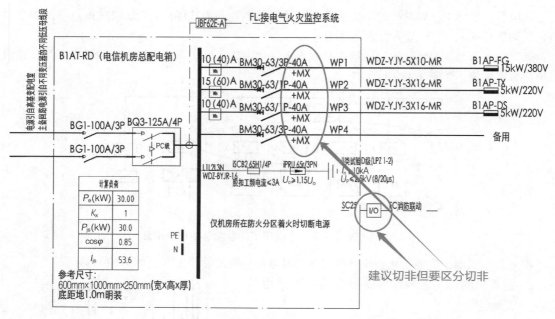

图 3-50　弱电机房火灾时切非案例示意

的非消防设备，两种设备的非消防电源不应共用切除模块，不应立即切断的非消防电源，应说明具体切断条件。

另外实现不同时切断，依靠自动直接切断容易误操作，需要在上述配电箱中设置强切的模块，在消控室进行人工的选择性切断。当消控室不能完成上述任务时，需要给予后进入的消防队员便利的手动切除条件，因此无论设置多少出线模块，均应在低压出线侧统一切断，故非消防电源的切断如可以设置在前端，尽量不设置在末端，如图 3-51 所示。

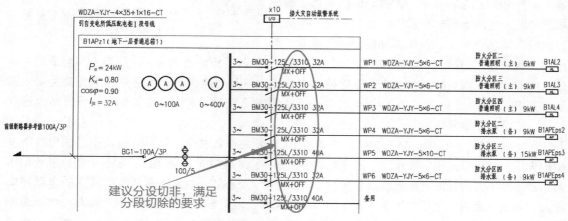

图 3-51　低压总箱处切非案例示意

3. 当民用建筑本身无须设置火警装置，且建筑内设置柴油发电机房，消防负荷和非消防负荷共用柴油发电机组时，是否应切非？

规范要求：《火规》（GB 50116—2013）第 3.2.2 条的条文说明中，明确区域报警系统不具有消防联动功能。且《电通规》（GB 55024—2022）第 4.1.5 条要求：当民用建筑的消防负荷和非消防负荷共用柴油发电机组时，应具备火灾时切除非消防负荷的功能。

逻辑分析：当民用建筑本身无须设置火警装置，且建筑内设置柴油发电机房，消防负荷和非消防负荷共用柴油发电机组时，无须采用集中报警系统，也无须设置消防控制室。见《建筑设计防火规范》（GB 50016—2014）（2018 年版）第 5.4.13 条第 5 款要求：布置在民用建筑内的柴油发电机房应设置火灾报警装置。当民用建筑本身无须设置火灾报警装置时，布置在民用建筑内的柴油发电机房可采用区域火灾自动报警系统。又依据《火规》（GB 50116—2013）第 3.2.2 条之条文说明可知，区域报警系统不具有消防联动功能，也就不存在切非的基础条件。

对于问题中的情况，仅需在柴油发电机房设置火灾报警装置，当除发电机房之外的区域发生火灾时，只能在配电室由人工手动切除非消防负荷。这是因为，柴油发电机房发生火灾时，已无启用柴油发电机发电的可能，再按《电通规》（GB 55024—2022）第 4.1.5 条规定来讨论通过火灾自动报警系统切除非消防负荷已无意义。图 3-52 为设置火警系统时柴油发电机房切电示意。

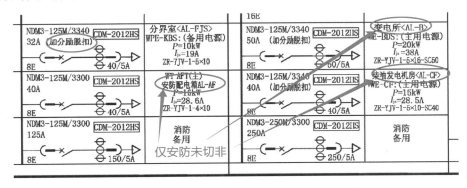

图 3-52　设置火警系统时柴油发电机房切电示意

但如果作为人防内部电源使用的柴油发电机，则考虑平时并不投入使用，则切非无意义，可不做设置切非的分励脱扣器，如图 3-53 所示。

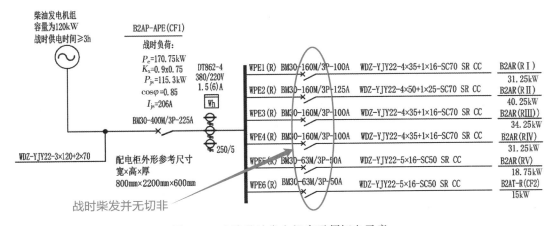

图 3-53　人防柴油发电机房无须切电示意

4. 变配电室等是否需要切非？

逻辑分析：如果变电室按消防设备考虑，则不可切非，或是变电室分为消防和非消防两个配电盘，则消防配电盘不可切非，非消防配电盘切非。

另外，室外的用电设备在火灾状态下对建筑内的人员安全影响较小，可不考虑设置分励脱扣器，不进行切非操作，室外电气设备如图3-54所示。

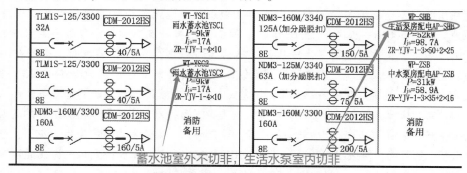

图3-54 室外电气设备无须切非示意

若系统中有切非的设计，且大部分回路均进行了切非，仅是部分回路未设置分励脱扣器。则说明设计人员有切非的意识，则应该按错漏碰缺的审查要求提出，而不应该以违反强制性条文提出，如图3-55所示。

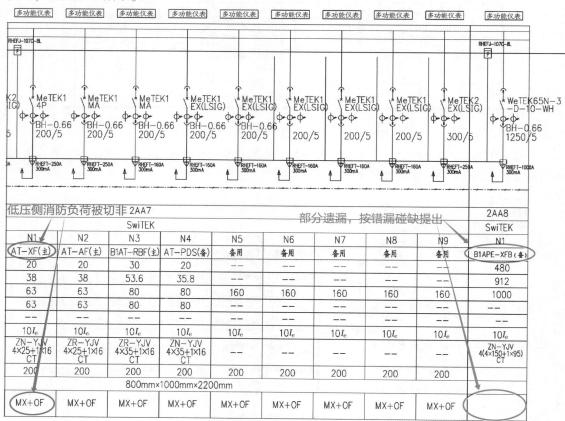

图3-55 常见切非问题示意

5. 三级负荷下有消防负荷时是否需要切非？

规范要求：《建通规》（GB 55037—2022）中第10.1.5条要求：建筑内的消防用电设备应采用专用的供电回路，当其中的生产、生活用电被切断时，应仍能保证消防用电设备的用电需要。

逻辑分析：该条文并未提及三级负荷除外，则三级负荷的消防负荷仍然不可切非，或实质无法切非。如图3-56所示案例，三级负荷后端有区域报警控制器电源，总进线开关处，如果切非，则无法保证区域报警控制器供电。这里常会有误区，认为区域报警控制器无联动功能，本质就无法切非，故该种画法逻辑错误。

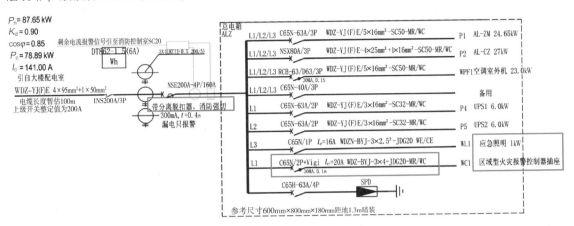

图3-56 三级负荷切非错误案例示意

如园区或建筑群有三级及以上的负荷，且园区或建筑群设有消防报警及联动系统时，则作为单体三级负荷已具备切非的条件，总开关应该不用做切非处理，分别切除干线各普通负荷，保留消防负荷即可，如图3-57所示。

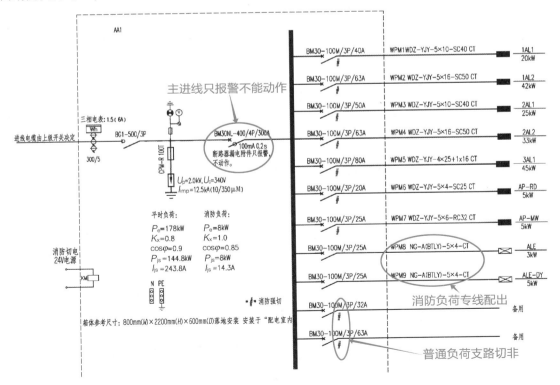

图3-57 三级负荷切非正确案例示意

6. 应急照明是否还可以启动强切？

规范要求：《民标》（GB 51348—2019）中第13.4.6条要求：疏散照明应在消防控制室集中手动、自动控制。不得利用切断消防电源的方式直接强启疏散照明灯。

逻辑分析：该处核心逻辑是应急照明强切是否还能使用？在《火规》（GB 50116—2013）中第4.9.1条第3款要求：自带电源非集中控制型消防应急照明和疏散指示系统，应由消防联动控制器联动消防应急照明配电箱实现。这其中提到自带电源的应急照明需要通过应急照明箱联动启动，从字面理解即为强启，但如何实现及目的和结果并未提及。

而在《消防应急照明和疏散指示系统》（GB 17945—2024）中第5.2.1条要求：应急启动功能应能采用手动和自动方式控制系统的应急启动。修改了原《消防应急照明和疏散指示系统》（GB 17945—2010）中第6.3.5条第2款的要求：应急照明配电箱应能接收应急转换联动控制信号，切断供电电源，使连接的灯具转入应急状态。可见，新的规范删除了强切的要求。

另《应急照明标》（GB 51309—2018）中第3.3.1条第2款要求：当灯具采用自带蓄电池供电时，应急照明配电箱的主电源输出断开后，灯具应自动转入自带蓄电池供电。而不得利用切断消防电源的方式直接强启疏散照明灯，是针对的是曾经的双头灯类型，其在双电源供电时，无法切除电源，进而无法点亮双头灯。故上述的各规范条文逻辑重点并不是切非，而是有关转入应急状态的表达。

当仅为三级消防负荷或为非集中控制型系统时，未设置火灾自动报警系统的场所，此时灯具自带电源时，无联动，应急灯具应具备在正常照明中断后转入应急工作状态的功能，即是为双头灯唯一适用的场所。

采用非集中控制型系统，且设置火灾自动报警系统的场所，自带电源非集中控制型系统应由火灾自动报警系统联动各应急照明配电箱实现工作状态的转换，如图3-45所示。

采用非集中控制型系统，且设置火灾自动报警系统的场所，集中电源非集中控制型系统应由火灾自动报警系统联动各应急照明集中电源或应急照明分配电装置实现工作状态的转换，如图3-44所示。

采用集中控制型系统的应急控制系统，都设有火灾自动报警系统，则自带电源集中控制型系统，应由应急照明控制器控制系统内的应急照明配电箱实现工作状态转换。

采用集中控制型系统的应急控制系统，都设有火灾自动报警系统，集中电源集中控制型系统，由应急照明集中电源或应急照明分配电装置实现工作状态转换，如图3-58所示。

在上述几种方式中均能完成接通电源点亮疏散照明灯的操作。消防时通过正常照明中断的切除，蓄电池才可以实现转换切入，进而给应急照明光源进行供电，则双头灯这种灯具的适用场所有限，而现在已经不存在利用切断消防电源的方式直接强启疏散

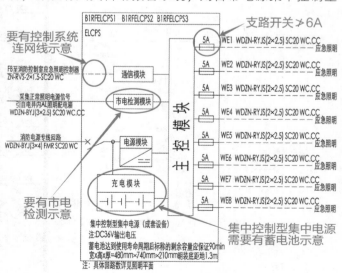

图3-58　集中电源集中控制型系统示意

照明灯的情况了。

Q33 关于备用照明设计中的几个常见问题

1. 应急照明双电源互投，末端灯具是否还有必要自带蓄电池？

规范要求：《民标》（GB 51348—2019）第 13.6.4 条：在机房或消防控制中心等场所设置的备用照明，当电源满足负荷分级要求时，不应采用蓄电池组供电。

逻辑分析：当消防负荷等级为一级或二级时，实际设计双回路电源至应急照明箱体即可满足规范要求，且依据规范，末端灯具没有必要再自带蓄电池。

这里并无异议，只是介绍一下规范的变化逻辑，在没有《应急照明标》（GB 51309—2018）中第 3.8.1 条要求时，并未明确提及疏散照明与备用照明需要分开，且均须设置，这时的备用照明，兼作几种用途。

虽然从供电可靠性上讲，双路电源可以在故障情况下保障应急照明所需的连续供电，可认为能够实现大于 180min 的供电时间，见《民标》（GB 51348—2019）第 13.6.6 条之备用照明及疏散照明的最少持续供电时间之要求，则应急照明灯具从规范讲是可不自带蓄电池的。但从实际的灭火环境的人身安全考虑，末端的蓄电池电源却是有意义的，消防队员灭火时由于火场内有大量的水，备用照明供电的电压等级是 AC220V，消防队员从人身安全（防止通过水触电）考虑，实际操作中会切除两路应急照明的电源，并非我们认为的可继续保证双路供电的情况，故在《应急照明标》（GB 51309—2018）及《民标》（GB 51348—2019）之前，应急疏散照明及安全出口、疏散标志灯更多采用自带蓄电池的灯具，这种操作在那时有一定的合理性。

但《民标》（GB 51348—2019）执行后，其第 13.6.4 条明确了备用照明不应采用蓄电池组供电，则是基于疏散照明与备用照明已分开且均设置的现状，且疏散照明采用了 A 型灯具，即便灭火时备用照明失去供电电源，其备用照明与其余消防设备的供电时间实质相同，此时均转为由消防员控制，均会被切除。而增设的疏散照明能够解决疏散的时间及照度要求，且是特低压的直流供电，也并不会再存有触电危险的隐患，同时可满足消防队员灭火时对基本照度的要求，所以现在的机房备用照明没有必要采用应急照明灯自带蓄电池的方式，且现有作法能够节约成本，减少不必要的浪费。

2. 排烟机房是否需要设置备用照明？

规范要求：《应急照明标》（GB 51309—2018）中第 3.8.1 条规定：避难间（层）及配电室、消防控制室、消防水泵房、自备发电机房等发生火灾时仍需工作、值守的区域应同时设置备用照明、疏散照明和疏散指示标志。

逻辑分析：规范中"火灾时仍需工作、值守的区域"应该由设计单位与使用单位根据日常管理和消防救援需求情况确定。其一般是指设在建筑首层或有直通室外地面楼梯的地下一层，且火灾时必须有人工作或值守的场所。显然排烟机房无人值守，需设置备用照明，但无须设置疏散照明和疏散指示标志，这是根据《建规》（GB 50016—2014）（2018 年版）第 10.3.3 条要求，如图 3-59 所示。

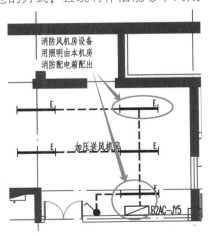

图 3-59 排烟机房应急照明示意

3. 什么规模的配电室需要设置备用照明？

逻辑分析：《应急照明标》（GB 51309—2018）中第3.8.2条明确规定了备用照明的设计要求，即备用照明灯具可采用正常照明灯具，并由正常照明电源和消防电源专用应急回路互投后供电。不需要采用A型消防应急灯具，也不能用蓄电池（组）供电，《民标》（GB 51348—2019）中也有类似介绍。

而《应急照明标》（GB 51309—2018）第3.8.1条中提及的配电室应同时设置备用照明、疏散照明和疏散指示标志，此条文中的"配电室"多指变配电室，而除变配电室的其余配电间的设置要求需要结合面积与功能来确定。如住宅底部配电间等各种分配电的电气房间可依据以下要求判定：电气竖井 $1 \sim 3m^2$、配电小间 $5 \sim 6m^2$、配电间 $8 \sim 15m^2$、配电室 $50 \sim 200m^2$，则可按建筑面积大于 $15m^2$ 的配电间设置备用照明、疏散照明及疏散指示标志。

此外住宅中派接室、光力柜室、分界室机房等均应设备用照明。派接室、光力柜室、分界室等住宅电气用房，各地叫法并不统一，但都属配电室类型，依据可见《民标》（GB 51348—2019）第13.2.3条第4款：民用建筑的自备发电机房、变电所、总配电室等部位应设置备用照明。住宅配电机房备用照明如图3-60所示。

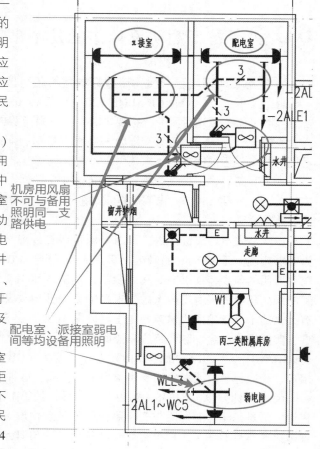

机房用风扇不可与备用照明同一支路供电

配电室、派接室弱电间等均设备用照明

图3-60　住宅配电机房备用照明示意

Q34 消防设备不建议采用变频装置，那么软启动器是否可以使用呢？

规范要求：《民标》（GB 51348—2019）第13.7.6条要求：消防水泵、防烟风机和排烟风机不得采用变频调速器控制。

逻辑分析：消防设备不允许使用变频设备的核心逻辑是保障消防设备启动的稳定性。变频器在低频情况下启动，频率低则转速低，相应启动电流就小，而其带动的主要消防设备多为消防水泵，转速下降以后会影响流量和扬程。所以消防泵需要大流量、高扬程，才能满足消防需要，故不可使用变频器，

虽然软启动器与变频装置的原理不一样，软启动器是通过调整电压进而调整电流，使启动实现坡型控制，其更为平稳，也常用在大功率电机的启动中。但《消防给水及消火栓系统技术

规范》（GB 50974—2014）中第 11.0.14 条规定：火灾时消防水泵应工频运行，消防水泵应工频直接启泵；当功率较大时，宜采用星三角和自耦降压变压器启动，不宜采用有源器件启动。规范如此提出，说明不建议消防水泵采用软动器，这确实也不意外。虽不是最优秀的启动方式，但星三角启动稳定，星形接线的启动电流小，运行后切换为三角形接线转速高，可满足消防水泵大流量、高扬程的需求。

笔者设计消防水泵时，曾使用软启动器，那时还没受该条文所限，至于软启动器是否运行不够可靠，目前并没有足够案例可以明确说明。当系统存有消防和平时设备兼用的情况时，则变频或软启会采用旁路开关的设计，确保在软启动器发生故障时的退出，不影响消防设备继续安全运行及启动，如图 3-61 所示。

目前除了消防水泵的明确要求，消防风机尚没有提出不允许使用软启动器的明确规范，但基于编撰规范的意图，就是已经要彻底去除有源设备，简化启动的不可控因素，用最简单和直接的手段启动消防设备，故软启动器也不能再出现在的设计中。但变频设备依然建议采用在非消防动力设备的供电中。

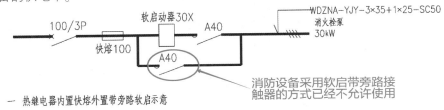

图 3-61　消防设备采用软启动器错误的案例示意

Q35 消防配电箱是否可以设置备用回路？

规范要求：《建规》（GB 50016—2014）（2018 年版）中第 10.1.6 条：备用消防电源的供电时间和容量，应满足该建筑火灾延续时间内各消防用电设备的要求。

逻辑分析：可见消防负荷的备用可以存在，即消防箱体内也可以设置备用回路，为了方便维护和检修消防设备，可预留备用回路。具体后期使用的情况，就设计而言，并不得而知，但需要标明该备用为消防负荷备用，以满足规范的要求，如图 3-62 所示。

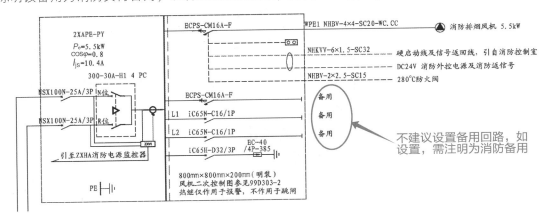

图 3-62　消防系统备用回路标注错误的案例示意

消防配电箱同时不应设置插座回路，因为插座多为检修使用，且漏电动作会影响消防设备的稳定性。北京地区可参见京施审专家委房建〔2015〕水字第 1 号《北京市建设工程施工图设计文件审查 电气专业相关问题研讨会纪要》中的内容。如图 3-63 所示的案例，其又有备用照明配出，严格而言可归类于应急照明配电箱，则输出回路中不应装设剩余电流动作保护器，这是依据《应急照明标》（GB 51309—2018）中第 3.3.2 条所述的内容。

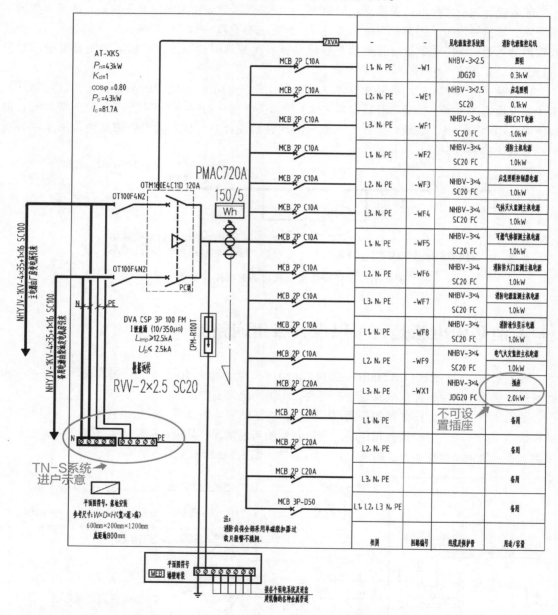

图 3-63 消防系统设置检修插座错误的案例示意

第4章

电气平面常见审查问题及解析

Q36 关于电磁干扰的几个常见问题

1. 电磁干扰较强房间是指哪些房间?

规范要求:《建规》(GB 50016—2014)(2018 年版)第 8.1.7 条:消防控制室不应设置在电磁场干扰较强及其他可能影响消防控制设备正常工作的房间附近。《建筑电气工程电磁兼容技术规范》(GB 51204—2016)中第 7.1.2 条要求:当电磁骚扰强度超过 3V/m 时,宜对敏感电子信息设备或其机房采取电磁屏蔽措施。

逻辑分析:电磁场干扰较强的电气类机房多指变压器室、高低压配电房、柴油发电机房等(消控室还要避开其他可能影响消防控制设备正常工作的房间如锅炉房、空调主机房、水泵房等大型机房)。如变配电室设置在需要躲避电磁场干扰较强的房间正下方时,如幼儿园,因为电磁干扰对孩子的生长会有一定的影响。

故选址时尽量注意避让,如果实在没有办法避开,需要设计屏蔽处理,未做屏蔽的需审核提出。除了电磁的影响,设于其上方的房间更直接明显的影响是变压器的振动,这同样需要避开。典型案例为柴油发电机房与消控室贴邻时,需做双墙处理,如图 4-1 所示。

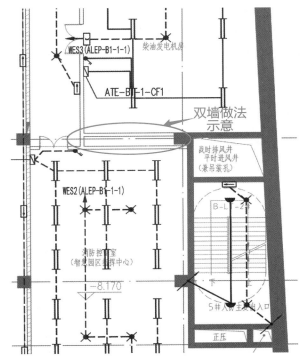

图 4-1 柴油发电机房与消控室贴邻时的双墙处理示意

2. 哪些房间需要躲避电磁场干扰较强的房间?变压器上方设置教室是否可行?

规范要求:《民用建筑设计统一标准》(GB 50352—2019)中第 8.3.1 条第 1 款第 5)项要求:变压器室、高压配电室、电容器室,不应在教室、居室的直接上、下层及贴邻处设置;当变电所的直接上、下层及贴邻处设置病房、客房、办公室、智能化系统机房时,应采取屏蔽、降噪等措施。

逻辑分析:可见病房、客房、办公室、智能化系统机房不可设于变配电室正上方。强弱电机房贴邻电磁场干扰较强场所需要做屏蔽处理。又见《数据中心设计规范》(GB 50174—2017)中第 4.1.1 条第 7 款:数据中心选址应避开强电磁场干扰。因此,电子信息机房如果贴邻变配电室时,也同样需要设置屏蔽措施。

在《教育建筑电气设计规范》(JGJ 310—2013)中第 4.3.3 条:附设在教育建筑内的变电

所，不应与教室、宿舍相贴邻。本条中的"相贴邻"的场所，是指与变电所的上、下及四周相贴邻的教室、宿舍。其条文说明：本条规定主要是考虑学生的安全和健康，以及不干扰正常的教学活动。当变电室与教室或宿舍相贴邻时，噪声干扰较大，教室的教学环境受影响，宿舍周边的生活环境嘈杂。教室、宿舍是学生较长时间学习、生活的场所，特别是中小学，学生均为未成年人，变电所与教室、宿舍相贴邻，其噪声干扰和电磁干扰均不利于学生健康，故有此强制性规定。

除此以外，需要特别注意柴油发电机房不可设于人员密集场所的下层。因大型的商业及酒店为人员密集场所，又多需设柴油发电机，其机房多设于地下一层，则易发生违规。这可见《建通规》（GB 55037—2022）中第 4.1.4 条第 1 款要求：柴油发电机房附设在建筑内时，当位于人员密集的场所的上一层、下一层或贴邻时，应采取防止设备用房的爆炸作用危及上一层、下一层或相邻场所的措施。其为防爆的要求，但具体防爆措施并不好量化定性，则尽量从柴油发电机房的选址进行规避。

3. 如何解决贴邻问题？

逻辑分析：设计中总会遇到类似问题，最佳的方案是通过房间布局的调整进行解决；也可以将值班室、备料间等房间设于强弱电两机房之间，既可以解决屏蔽的问题，对建筑没有太多的改变；还有方案设置夹层或是覆土来解决，但这种办法没有量化的措施，不易实施。如果贴邻时仍为最佳经济方案时，可采用图 4-1 中的双墙处理方案。

Q37 电缆敷设中的几个常见问题

1. 变配电所内电缆沟敷设是否需要分设在两侧？

规范要求：《建规》（GB 50016—2014）（2018 年版）第 10.1.10 条第 3 款要求：消防配电线路宜与其他配电线路分开敷设在不同的电缆井、沟内；确有困难需敷设在同一电缆井、沟内时，应分别布置在电缆井、沟的两侧，且消防配电线路应采用矿物绝缘类不燃性电缆。

逻辑分析：此项规定的核心逻辑是普通电缆与消防电缆需要分设，目的是为了提高消防负荷供电的可靠性，但考虑到低压配电室发生火灾概率较低，如果变配电室发生火灾，设备的损坏程度应远高于耐火电缆，从而直接导致供电中断，此时电缆的耐火性已经没有意义，故变配电所内电缆沟敷设可不分设在两侧。

2. 消防报警线路桥架与弱电线路桥架是否可以共桥架敷设？

规范要求：《民标》（GB 51348—2019）第 26.1.5 条、第 26.1.6 条和第 26.1.7 条要求：弱电线缆应独立穿导管或在槽盒内敷设，与其他电压等级线缆共管，需满足三个条件，即有金属隔板、供电和控制线路为交流 25V 及以下或直流 60V 及以下电压时、有干扰时，采用屏蔽型电缆等抗干扰保护措施。《火灾自动报警系统施工及验收标准》（GB 50166—2019）第 3.2.12 条要求：系统应单独布线，除设计要求以外，系统不同回路、不同电压等级和交流与直流的线路，不应布在同一管内或槽盒的同一槽孔内。

逻辑分析：由此可见，消防报警线路与弱电线路不宜共桥架敷设，共桥架敷设时应符合上述共敷设的条件。同理，当视频监控系统的供电电压等级无法确定时，弱电线槽与视频监控线槽也应分立设置，如图 4-2 所示。

3. 消防电缆与非消防电缆是否可以共桥架加隔板敷设？

规范要求：《低规》（GB 50054—2011）第 7.6.18 条和第 7.6.19 条要求：下列电缆，不宜敷设在同一层托盘和梯架上：1kV 以上与 1kV 及以下的电缆；同一路径向一级负荷供电的双路电源电缆；应急照明与其他照明的电缆；电力电缆与非电力电缆。上述规定的电缆，当受条件限制需安装

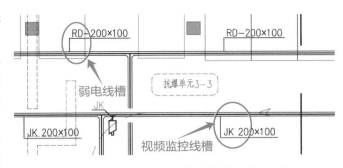

图 4-2 弱电线槽与视频监控线槽分立设置示意

在同一层托盘和梯架上时，应采用金属隔板隔开。另《电力工程电缆设计标准》（GB 50217—2018）第 7.0.8 条要求：对同一通道中数量较多的明敷电缆实施防火分隔方式，宜敷设于耐火电缆槽盒内，也可敷设于同一侧支架的不同层或同一通道的两侧，但层间和两侧间应设置防火封堵板材，其耐火极限不应低于 1h。

逻辑分析：消防与非消防电缆在电缆井内应分开敷设。考虑井道外建筑材料耐火时间要求更低，则井道外，水平敷设的消防电缆与非消防电缆不宜共桥架敷设，建议分桥架敷设，但当受条件限制需安装在同一层托盘和梯架上时，可采用金属隔板隔开。

但具体实施仍需依据地方的规定，如在北京地区，根据北京市规划委员会、北京市公安局消防局《关于切实加强高层建筑消防用电设备配电线路设计工作的通知》消监字〔2011〕454 号文中的要求：高层民用建筑消防用电设备的配电线路应与其他配电线路分开敷设，不得采用共槽架中间加隔板的方式。

此条仅限于北京地区，该条文的出现是根据北京某工程火灾中显露的问题。该项目采用了加隔板的做法，普通电缆引发的电气火灾，还是通过隔板制作的一些空隙影响到消防电缆，并间接影响到火灾的事前控制。故北京市消防总队专门发布了此文，但除北京地区的高层建筑以外，一度是仍可以将消防电缆及非消防电缆同线槽敷设的，包括井道内。

但需要注意《建规》（GB 50016—2014）（2018 年版）第 10.1.10 条的隐含要求。消防如耐火电缆与普通电缆不宜设于同一井道，但对于水平段同一线槽内敷设时，是否可以设置隔板并未明确给出答案，不过提及了金属导管或封闭式金属线槽应采取防火保护措施。这里隐含了消防电缆线槽不能采用普通的电缆槽盒的要求，则即便设置隔板，也要以能够整体提高电缆线槽的防火保护措施，而此要求在设计时一般很少考虑。

另外从施工的实际角度来看，电缆引出或拐弯时，缆线极有可能穿越线槽的另一侧，只是一个施工的不注意，就让隔板没有了意义，综上所述，消防电缆尽量分槽敷设，如要设置隔板，则要从防火措施、敷设间距等多方面进行升级考虑。分槽敷设如图 4-3 所示。

4. 照明支路的电线是否可以与线槽内的电缆一同敷设？

规范要求：按《民标》（GB 51348—2019）第 8.5.8 条所述：槽盒内电缆的总截面面积（包括外护层）不应超过槽盒内截面面积的 40%，且电缆根数不宜超过 30 根。《电通规》（GB 55024—2022）第 6.1.2 条要求：导管和电缆槽盒内配电电线的总截面面积不应超过导管或电缆槽盒内截面面积的 40%；电缆槽盒内控制线缆的总截面面积不应超过电缆槽盒内截面面积的 50%。

逻辑分析：根据《电通规》（GB 55024—2022）第 6.1.2 条之条文说明：该条规定了线缆在导管和电缆槽盒内敷设时，其总截面面积与导管和电缆槽盒内截面面积比值的最低要求。电力线

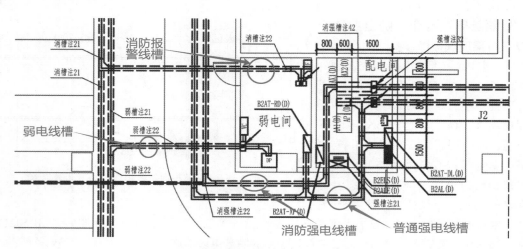

图 4-3 消防缆线与非消防缆线分槽敷设示意

缆需考虑通电以后的散热问题，本条只对配电电线总截面面积做出了不应超过导管或电缆槽盒内截面面积40%的规定；控制、信号线路等可视作非载流导体，可忽略因散热不良而损坏电线绝缘问题，规定其总截面面积不应超过电缆槽盒内截面面积的50%。控制电缆在托盘上可无间距敷设。智能化线缆参照控制线缆的指标，其线缆的总截面面积不应超过电缆槽盒内截面面积的50%。当电缆槽盒内同时敷设配电线缆和控制线缆时，按配电电线的比值要求确定电缆槽盒规格。

上述条文说明提及了电缆及电线的截面面积，仅是考虑散热的要求，故电缆、电线是可以同槽敷设的，但要注意这样做的前提是密闭的金属线槽而非镂空的梯架，因为电线需要额外的防护，如电缆的外护层一般。

也可见《电通规》中第4.4.2条第3款要求：当特低电压配电回路与低压配电回路敷设在同一金属槽盒内时，应采用带接地的金属隔离措施。可见对特低电压配电回路才有要求，而对同级电压等级的电缆及电线并未有分隔的规定。

实际实施中电线应该采用绑扎带成束固定于线槽内，这样既美观也便于管理。另一个建议则是建议选用护套线，护套线是有外护层的软芯电线，多了一重保护，在施工或后期的维护中都相对简单，也不容易破损。这是因为普通塑料电线破皮都很隐蔽，且事故的出现和发展有一定的滞后性，出现后又

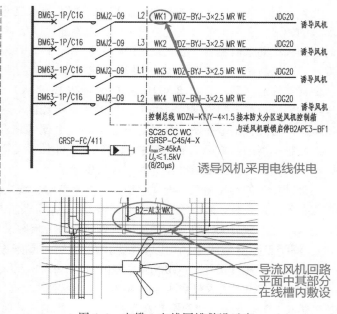

图 4-4 电缆、电线同槽敷设示意

难以查找故障点，所以线槽内的电线采用护套线是预防线缆间破皮短路的一个好办法。当然最佳的办法还是尽量穿管单独敷设，如图4-4所示。

Q38 避难间的专线供电重点审查哪些内容?

规范要求:《民标》(GB 51348—2019)中第 7.2.4 条要求:供避难场所使用的用电设备,应从变电所采用放射式专用线路配电。《应急照明标》(GB 51309—2018)中第 3.8.1 条要求:避难间(层)应同时设置备用照明、疏散照明和疏散指示标志。

逻辑分析:供避难场所使用的用电设备,应从变电所采用放射式专用线路配电。如超高层的避难层,每层面积很大,里面有防排烟风机、消防水泵、喷淋泵、转输水泵等设备,故有此要求,应采用专用的供电回路,为放射式专用线路配电。

但在《民标》(GB 51348—2019)第 7.2.4 条之条文说明中也介绍:当用电设备容量较小,所选导体截面直接由变电所低压干线引出不能满足热稳定性要求时,可几台用电设备共用一个回路到避难层再进行分配。可见该类场所避难间的应急照明灯可由本楼层应急照明电源箱的专用回路供电。

如老年人服务设施、医院等场所的避难间比较小,每层都有,且属于不同防火分区,但每个避难间只有几个应急照明灯,没有防排烟风机等设备时,此类场所避难间的应急照明灯由本楼层应急照明双切箱采用专用回路供电更加合理,但不可穿越防火分区,如图 4-5 所示。

避难间(层)同时设置备用照明、疏散照明和疏散指示标志,也就是说备用照明不应代替消防应急照明。备用照明灯具可采用正常照明灯具,如图 4-6 所示,采用自带蓄电池灯具。

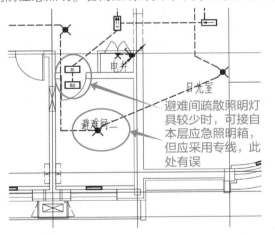

图 4-5 避难间应急照明由应急照明电源箱供电示意　　图 4-6 避难间备用照明引自普通照明回路示意

Q39 关于疏散指示标识及安全出口指示设置的几个常见问题

1. 汽车库、自行车库等场所柱子较多时,易被遮挡,是否可以吊装方向标志灯?

规范要求:《应急照明标》(GB 51309—2018)中第 3.2.9 条:当疏散通道两侧设置了墙、柱等结构时,方向标志灯应设置在距地面高度 1m 以下的墙面、柱面上;当疏散通道两侧无墙、柱等结构时,方向标志灯应设置在疏散通道的上方。

逻辑分析：有墙、柱等结构时，应优先设置在距地面高度1m以下的墙面、柱面上。但当方向标志灯设置在距地1m以下范围内，易被汽车遮挡，且难以有效指向疏散出口时，在此类场所，可在转角柱两侧均设置方向标志灯，如图4-7所示。

如此设计后，当仍然会出现疏散指示标识误导，或被遗漏时，设计人员需自己辨别，可采用方向标志灯设置在车道交叉口上方，但不低于车道的最低限高。这是对于规范没有描述到的情况的一种补充，适用于有柱、墙但并不适合设置方向标志灯的情况，仍为规范编制的逻辑要求，如图4-8所示。

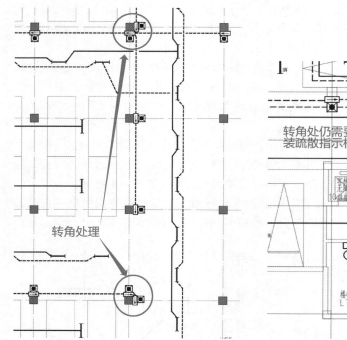

图4-7　车库疏散指示标识转角做法示意

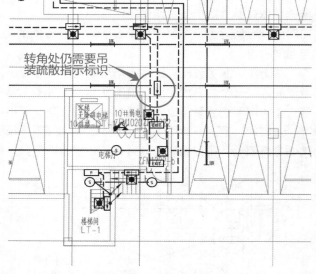

图4-8　车库疏散指示标识于车道上方吊装做法示意

2. 应如何执行"走道拐角1m设置疏散指示标识"？

规范要求：《建规》（GB 50016—2014）（2018年版）中第10.3.5条要求：公共建筑、建筑高度大于54m的住宅建筑、高层厂房（库房）和甲、乙、丙类单、多层厂房，应设置灯光疏散指示标志。在走道转角区时，不应大于1.0m。

逻辑分析：规范明确有走道的情况下，严格执行走道拐角1m设置疏散指示标识。根据《应急照明标》（GB 51309—2018）第3.2.9条之条文说明：在火灾初期产生的高温烟气首先上升到棚顶，然后在重力的作用下由棚顶向下扩散、蔓延，为了避免火灾初期产生的烟雾遮挡标志灯，影响人员清晰识别标志灯的指示标志，方向标志灯宜采用低位方式设置。故对于两侧有墙面、柱面等维护结构的疏散走道、疏散通道、楼梯，方向标志灯应设置距地面、梯面高度1m以下的墙面、柱面上。

而在拐角的位置尤其被容易疏散时错过，后果严重，影响疏散时间，故更应设疏散指示标识并予以着重表达，能起诱导作用，如图4-9所示。

3. 车库内防烟分区间连通门需要设置安全出口标识吗？

规范要求：《建规》（GB 50016—2014）（2018年版）中第10.3.5条：设置灯光疏散指示标志，应设置在安全出口和人员密集的场所的疏散门的正上方。

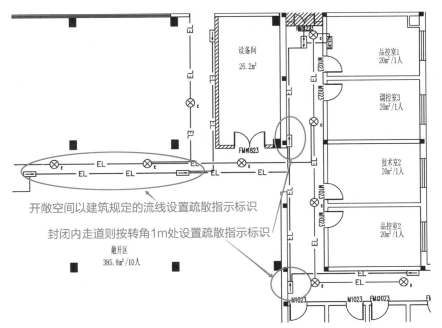

图 4-9　走道拐角 1m 设置疏散指示标识示意

逻辑分析：地库安全出口标识的设置原则是按防火分区疏散流线上的安全出口设置安全出口标识，但地库的防火分区往往较大，会出现多个防火单元，而防火单元之间也会设置连通门。但注意是连通门，并非疏散门，但从功能角度理解也可以作疏散之用。则此时最合理的方式是按疏散方向在连通门处设置安全出口标识。但如果如图 4-10 中情形，并没有设置安全出口标识时，可以理解为当防火分区的安全出口已经满足建筑规范的要求时，则严格来讲防火单元间连通门未设置安全出口标识，也并不违规，因为并非防火分区的安全出口，为"锦上添花"的设计，非强制性的设计。

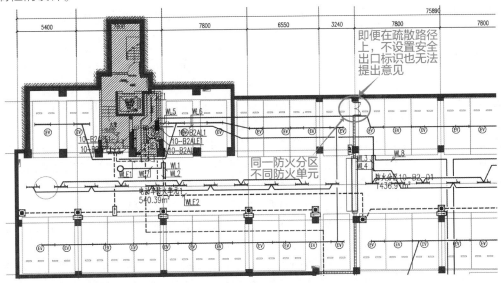

图 4-10　车库内连通门未设安全出口标识案例示意

4. 车库至楼梯间疏散流线上，能否设有车位？

规范要求：《应急照明标》（GB 51309—2018）中第 3.2.7 条要求：标志灯应设在醒目位置，应保证人员在疏散路径的任何位置、在人员密集场所的任何位置都能看到标志灯。

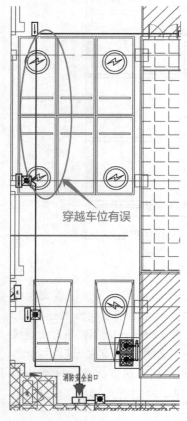

可见如车位存在遮挡疏散指示标识的可能时，应该与建筑专业沟通，不可设置车位，因为车辆的高度无法确定，如设置了，确实有遮挡的可能性，且在疏散流线上设置车位，也容易存在车辆影响人员疏散速度的问题。如图 4-11 所示，即为有误的设置。

如在疏散路径上遮挡的是残疾人车位，则需单独核实。一般来说按照相关规定，残疾人车位禁止车辆停放其上，且其他普通车辆不得占用残疾人车位。因此，可默认其平时不会有车辆停靠，则可以在其设置的路径上设计疏散指示标识，如图 4-12 所示。

图 4-11 车库内车位遮挡疏散指示标识的错误案例示意

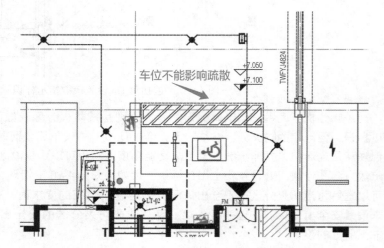

图 4-12 车库内残疾人车位遮挡疏散指示标识的案例示意

5. 在满足建筑现有人员疏散流向要求的前提下，车辆疏散出口是否可以装设安全出口指示？

规范要求：《汽车库、修车库、停车场设计防火规范》（GB 50067—2014）第 6.0.1 条要求：在工业与民用建筑内的汽车库，其车辆疏散出口应与其他场所的人员安全出口分开设置。

逻辑分析：如图 4-13 所示案例，某人防车库的汽车出入口设置了安全出口指示，设计人员理解为现有疏散路径已经满足规范的要求，但其实这种理解有误。对上述规定应理解为：应先满足人员与车辆安全出口分开设置的需求，然后再考虑是否满足人员疏散的实际需求。

6. 互相借用的疏散门，该安全出口附近的疏散指示标志灯该往哪里指示？

规范要求：《建通规》（GB 55037—2022）中第 10.1.8 条要求：疏散指示标志及其设置间距、照度应保证疏散路线指示明确、方向指示正确清晰。

逻辑分析：当两个防火分区中间的门为互相借用的疏散门时，该安全出口附近的疏散指示标志灯应该指向最近的安全出口，即按照疏散的最短距离来进行选择。在本防火分区内的疏散出口比借用防火分区的疏散门更远的空间内，相邻防火分区之间的防火门一般会作为第二疏散

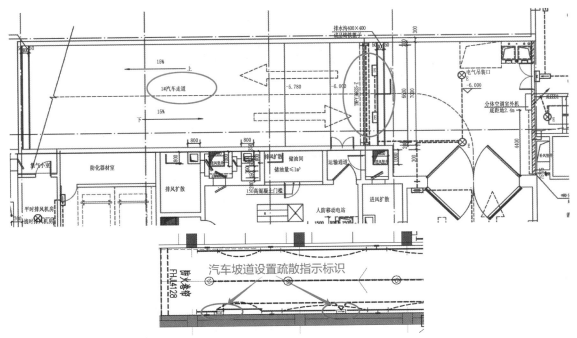

图4-13 汽车出入口设置了安全出口指示或疏散指示标识的错误的案例示意

通道来使用，则在疏散通道的一侧应向安全出口方向设置疏散指示标志及安全出口指示。而当两侧防火分区互用该安全出口时，此安全出口依据建筑专业要求设计开启方向，门两侧上方均应设安全出口标志灯，但灯具选型应保证具有发生火情的一侧禁止入内的功能。

同时，需注意灯具需要独立图例。在被借用防火分区未发生火灾时，相关人员可以通过通向被借用防火分区的甲级防火门疏散，此时设置在通向被借用防火分区甲级防火门的出口标志灯的"出口指示标志"的光源应处于点亮状态；当被借用防火分区发生火灾时，该区域已成为危险区域，通向被借用防火分区甲级防火门已不能作为疏散出口，因此该处设置的出口标志灯"出口指示标志"的光源应熄灭，同时为了避免人员在疏散过程中进入该危险区域，该出口标志灯还应设置"禁止入内"指示标志，该标志的光源应点亮，以警示人员不要进入。

实际审图时，需要对照建筑专业的疏散流线示意图进行审查，其与电气图纸需要一致。如两者不一致，需要两专业审查人员一并进行核对，以确认哪个专业设计有误。如图4-14所示，走道门上按照建筑双向借用的疏散流线设置出口标志灯。如图4-15所示为疏散门双向借用时建筑防火分区示意。

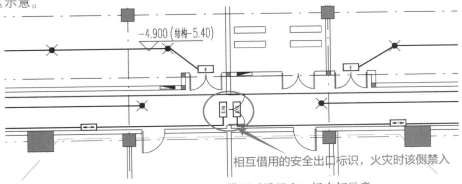

图4-14 建筑疏散门双向借用时设置出口标志灯示意

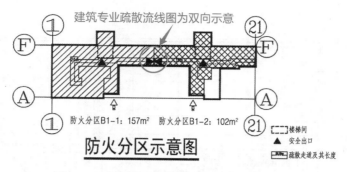

图 4-15　疏散门双向借用时建筑防火分区示意

7. 当上人屋面可作为室外疏散安全区时，楼梯间出屋面的疏散门处是否需要设置安全出口标志灯？

规范要求：《应急照明标》（GB 51309—2018）中第 3.2.8 条第 6 款要求：出口标志灯应设置在直通上人屋面、平台、天桥、连廊出口的上方。

逻辑分析：核心逻辑是要建筑专业进行核实，当上人屋面可作为室外疏散安全区时，需要上人屋面确实在疏散流线上时，且依据上述规范规定，直通上人屋面出口的上方应设置安全出口标志灯。

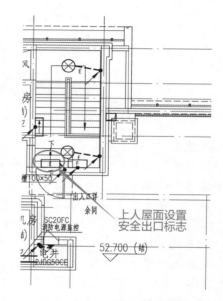

上人屋面可分为两种，一种情况是符合人员安全疏散要求的上人屋面，此时的上人屋面除满足上人屋面的基本要求外，还必须可以通过屋面进入其他安全出口，这个安全出口可以是疏散楼梯间或地面设施，则作为相应安全出口的其他楼梯间外侧也应设置安全出口标识。另一种情况是仅有一个疏散楼梯通向屋顶，到达屋顶的人员没有其他疏散途径，屋顶应具备临时避难功能，此时仅本疏散楼梯间设置安全出口标志灯即可。如图 4-16 所示，为仅有一个疏散楼梯间的案例。

图 4-16　直通上人屋面出口设置安全出口
标志灯案例示意

8. 建筑定义的疏散口必须设置安全出口标识吗？

规范要求：《建规》（GB 50016—2014）（2018 年版）中第 5.5.8 条第 1 款要求：不超过 50 人的单层公共建筑或多层公共建筑的首层，设置 1 个安全出口。

逻辑分析：建筑定义的疏散口一般都需要设置安全出口标识，电气设计应该以建筑的疏散流线图为疏散指示标识的设置标准。但当建筑的现有疏散出口已经满足规范要求，如图 4-17 和图 4-18 所示的案例中，普通公共建筑首层某房间内规定人数不超过 50 人，则其不设置安全出口标识也无误。

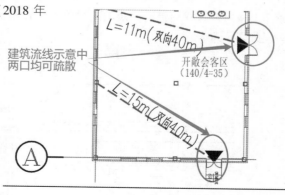

图 4-17　建筑图中疏散流线案例示意

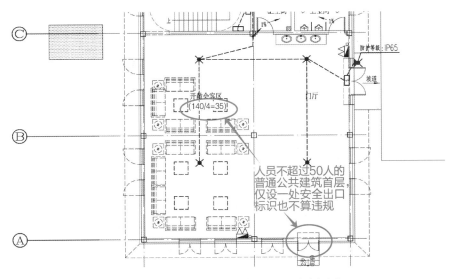

图 4-18　电气图安全出口标识设置案例示意

Q40 楼梯间内消防应急照明是否可以兼用作日常照明？

规范要求：《应急照明标》（GB 51309—2018）中第 3.1.6 条：住宅建筑中，当灯具采用自带蓄电池供电方式时，消防应急照明可以兼用日常照明。

逻辑分析：从上述规范的字面理解，是指普通的住宅建筑中，消防应急照明灯具采用自带蓄电池供电方式时，结论可行。但需要注意，并未介绍什么情况下不可以兼用，而实际中确实兼用情况不多的原因也没有明确提出。

规范此处并未限制消防应急照明兼作日常照明，所以走道、前室、楼梯间内可采用组合灯具，平时使用正常照明部分，火灾时使用消防照明部分。但消防应急照明系统具有兼作正常照明功能时，系统的应急功能不应受到影响，且照明系统的照度应符合技术标准要求。

这其中的"技术标准"就是在满足正常照明照度的情况下，消防应急照明需可以兼作日常照明。因住宅建筑疏散走道、疏散楼梯间的疏散照明照度分别为不低于 1lx、5lx，而住宅建筑的走道、楼梯间正常（日常）照明照度为不低于 50lx，两者差距较大，这就是不多兼用的最直接的原因。

如图 4-19 所示案例，可满足照度及消防要求，逻辑核心是采用特殊的灯具，其平时感应点亮时功率及光通量均大，但应急点亮时功率及光通量均小，通过作为消防应急照明时的切换实现照度的变换，也是一种思路，审图时可以注意，不常规，但无误。

当然除了照度以外，普通灯具与消防灯具的耐火时间也并不相同，故需要按疏散应急照明灯具选型，设计常见为疏散应急照明兼作平时照明，应采用符合《消防安全标志　第 1 部分：标志》（GB 13495.1—2015）和《消防应急照明和疏散指示系统》（GB 17945—2024）（其中第 5.3.6 条有试验温度为 650℃ ±10℃ 等要求）相关规定的产品，也需要满足耐火温度及时间的要求，同时也需要满足《应急照明标》（GB 51309—2018）第 3.2.1 条第 5 款的要求：应急照明灯具的面板或灯罩不应采用玻璃材质。

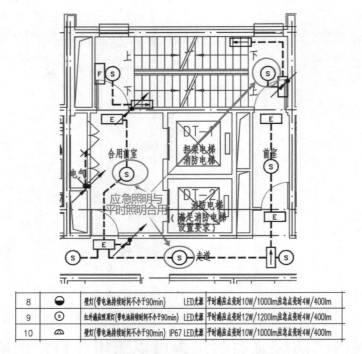

8	⊖	壁灯(带电池持续时间不小于90min)	LED光源	平时瞬应点亮时10W/1000lm应急点亮时4W/400lm
9	Ⓢ	红外感应顶灯(带电池持续时间不小于90min)	LED光源	平时瞬应点亮时12W/1200lm应急点亮时4W/400lm
10	⌂	壁灯(带电池持续时间不小于90min)	IP67 LED光源	平时瞬应点亮时10W/1000lm应急点亮时4W/400lm

图 4-19　消防应急照明兼作日常照明案例示意

　　注明应急灯具采用耐火灯罩等，但实际选型往往并不太容易引起审查注意，因这是审图没有明文规定的部分。而实际实施也有困难，同一个场所、同一排灯具、同样的照度、同时使用时，要求施工方和建设方选择另外一种外表不同的灯具，其实容易出现漏选，导致不符合消防验收的要求，存有安全隐患。

　　故在设计中需着重说明应急灯具的不同，要求设计人员采用满足消防要求的灯具，方案阶段就要尽量避免同样的外形，使用不同耐火要求的灯具。但实际经验里，选用不满足消防要求的灯具仍十分普遍，到验收时才发现，多已难更改。不如建议应急照明单独选型、单独回路更为合理和简便，如图 4-20 所示。

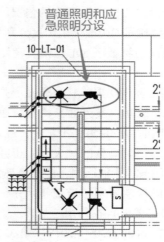

图 4-20　应急照明和日常照明分别设置示意

Q41 易燃易爆部位设计中的几个常见问题

1. 使用燃气的厨房是否需要采用防爆照明灯具？叉车间是否需要采用防爆照明灯具？

规范要求：《城镇燃气设计规范》（GB 50028—2006）（2020 年版）第 10.2.21 条第 3 款（原强制性条文属性已废止）要求：地下室、半地下室设备层和地上密闭房间敷设燃气管道时，应有固定的防爆照明设备。

逻辑分析：《城镇燃气设计规范》（GB 50028—2006）（2020 年版）第 10.2.21 条规定了地下室半地下室、设备层和地上密闭房间敷设燃气管道时应具备的安全条件，而地上可开窗的房间，甚至都不需要考虑事故风机。因使用燃气的厨房并未有燃气管线穿越（敷设），仅是供气末端，可见设于地上使用明火设备的开窗厨房，在《城镇燃气设计规范》（GB 50028—2006）（2020 年版）未要求采用防爆照明灯具。另外一面则表明，地下或地上封闭燃气表间需要采用防爆灯具，这是民用建筑中比较常见的燃气管道穿越及进户的空间。

另外，按《爆炸危险环境电力装置设计规范》（GB 50058—2014）中第 1.0.2 条第 6 款规定：本规范不适用于以加味天然气作燃料进行采暖、空调、烹饪、洗衣以及类似的管线系统。此条文同样验证了燃气厨房不按爆炸危险环境进行设计的要求。

专用蓄电池室因爆炸危险性较高，所以《电通规》（GB 55024—2022）第 3.2.5 条规定有电气连接的照明、开关、电源插座等，安装在室内时应采用防爆型产品。这里除了明文标注的电池间、UPS 室等，仓储工业场所叉车间也需要采用防爆灯具，这是出于大量充电设备，电池组较多的考虑，如图 4-21 所示。

4-21　叉车间停放区采用防爆灯具案例示意

2. 民用建筑的柴油发电机房是否需按照爆炸危险环境设计？

前文介绍过民用建筑内柴油发电机房所用的柴油闪点不低于 60℃，可见《建规》（GB 50016—2014）（2018 年版）中第 5.4.13 条的条文说明：由于部分柴油的闪点可能低于 60℃，因此，需要设置在建筑内的柴油设备或柴油储罐，柴油的闪点不应低于 60℃。其属于丙类可燃液体，且《民标》（GB 51348—2019）中第 6.1.14 条要求柴油发电机房夏季最高温度不高于 37℃，故民用建筑内柴油发电机房不属于爆炸危险环境或场所，不需按照爆炸危险环境设计。

但需要注意到一个变化：在应急管理部 2022 年第 8 号文中要求将"1674 柴油 [闭杯闪点≤ 60℃]"调整为"1674 柴油"。闪点大于 60℃的柴油被列入危险化学品管理，这意味着所有柴油被列入《危险化学品目录》，不再区分闪点，则有关危险化学品安全管理的法律法规、标准规范将同样适用。如安全评价等需要重新调整，将进一步加强安全监管。

虽然规范才能作为审查的依据，但从安全评价的要求考虑，未来规范该会相应进行调整，目前阶段，如未做易燃易爆的要求，则不予提出，但建议储油间按易燃易爆的场所进行设计。如图 4-22 所示，储油间采用防爆灯具，按《建筑照明设计标准》（GB/T 50034—2024）中第 3.3.11 条第 10 款的相关防爆要求设计。

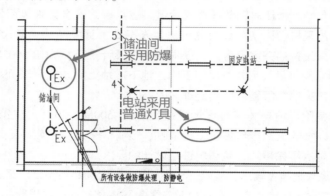

图 4-22　储油间采用防爆灯具案例示意

同理如按易燃易爆场所设计，则柴油输油管属于易燃液体的管道，见《电通规》（GB 55024—2022）第 7.2.12 条：各种输送易燃液体的金属工艺设备、容器和管道，以及安装在易燃、易爆环境的风管必须设置静电防护措施。则机房内的输油管应做防静电接地，输油管的始末端、分支处、转弯处及直线段应采用防静电接地，设计中可预留局部等电位联结来实现，如图 4-23 所示。

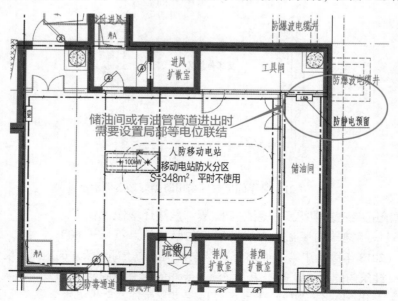

图 4-23　柴油发电机房接地案例示意

$Q42$ 潮湿场所设计中的几个常见问题

1. 电气设备用房与卫生间贴邻时应采取防水措施，如何鉴别何为潮湿场所？又应如何实现防水？

规范要求：《电通规》（GB 55024—2022）第2.0.3条要求：电气设备用房与卫生间、浴室贴邻时应采取防水措施。

逻辑分析：电气管井与户内卫生间不能直接贴邻，相邻隔墙应采取防水、防潮措施，对此设置双墙的方式很常见，但如果双墙之间不能解决维护维修及排水问题，同样是不可取的。双墙做法如图4-24所示。

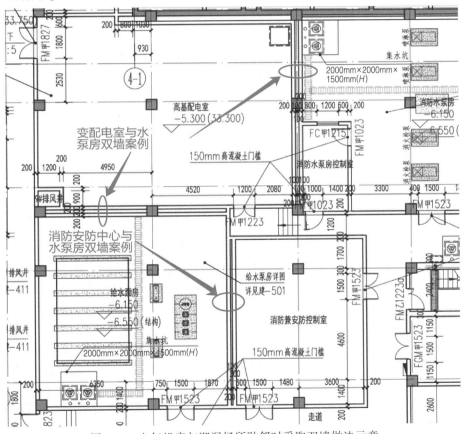

图4-24 电气机房与潮湿场所贴邻时采取双墙做法示意

电气机房内设卫生间时无须设双墙，见《20kV及以下变电所设计规范》（GB 50053—2013）第2.0.1条第7款要求：当变电所与厕所、浴室、厨房或其他经常积水场所贴邻时，相邻的隔墙应做无渗漏、无结露的防水处理。另在《民用建筑设计统一标准》（GB 50352—2019）中第6.16.2条第5款：民用建筑内电气管线使用的管道井不宜与厕所、卫生间、盥洗室和浴室等经常积水的潮湿场所贴邻设置。在无法避免的特殊情况下，必须采取有效的防水、防潮加强措施，确保电气使用安全。

在《民标》（GB 51348—2019）第 23.2.4 条：不建议在消防控制室内设卫生间，而是宜在消防控制室附近设置。可见自用卫生间不宜设置在机房内，如考虑便利等条件，选择设置在机房内时，电气机房与卫生间贴邻处需要做无渗漏、无结露的防水处理。

2. 室内潮湿场所是如何定义的？

规范要求：《电通规》（GB 55024—2022）第 6.2.2 条要求：室内潮湿场所的线缆明敷时，应采用防潮防腐材料制造的导管或电缆桥架。

逻辑分析：提出这个问题，是因为诸多规范中都对潮湿场所的电气设备有安装防护的要求。但是什么是潮湿场所却没有太明确的定义，特别潮湿场所也同样难以明确，但可以在潮湿场所中增加潮湿环境一说，方便我们理解。如淋浴的 0、1 区必然是潮湿环境，存有大面积持续性的 0、1 区的场所（泳池、带淋浴的卫生间等）或持续产生水蒸气的场所（锅炉房、开水房、更衣室等），因为会产生持续大量的水汽，对电器设备造成影响，长期处于潮湿的地下环境并无人值守的场所［电缆隧道、水泵房、综合管沟等见《城市综合管廊工程技术规范》（GB 50838—2015）中第 7.4.2 条第 2 款］，也可以认为是潮湿场所。

在人防建筑中潮湿场所是指战时长期有水房间，例如洗消间、水箱间、自备水源泵房、集水池及污水泵房、水冷柴油电站的冷却水库和附属泵房、水冲厕所等。

现行行业标准中已明确潮湿场所的有：《体育建筑电气设计规范》（JGJ 354—2014）第 7.1.6 条和第 7.2.1 条规定，体育建筑中的泳池周边、水处理机房、淋浴间和跳水池、游泳池、戏水池、冲浪池及类似场所；《饮食建筑设计标准》（JGJ 64—2017）第 5.3.6 条规定，饮食建筑中的加工间、烹饪间、洗碗间；《商店建筑电气设计规范》（JGJ 392—2016）第 7.3.2 条规定，商店建筑中设有洗浴设备的卫生间、超级市场和菜市场内水产售卖区；《医疗建筑电气设计规范》（JGJ 312—2013）第 8.3.2 条规定，医疗建筑中的洗衣房、开水房、卫浴间、消毒室、病理解剖室；《冷库设计标准》（GB 50072—2021）第 7.3.1 条规定，冷库建筑中的冷间（包括冷藏间、冰库、冷却间、冻结间、控温穿堂和控温封闭站台）等均属于潮湿场所。

但极小区域的潮湿环境且为断续使用的场所（厨房的水槽、污水泵、集水坑等），水汽不会长期留存于此，可以认为是非潮湿场所，即厨房和地库等为非潮湿场所。对于无淋浴的卫生间可以认为是非潮湿场所，具体灯具要求可不采用防护措施，如果采用了也没有必要判定为错误，可认为是个人设计习惯和理解不同。

3. 潮湿场所的设备安装有何要求？

规范要求：EPS 电源的防护等级要求为 IP20 及以上，见《逆变应急电源》（GB/T 21225—2007）中第 5.3.4 条和附录中的第 D.1 条所述，故在泵房等潮湿场所不宜安装 EPS。

逻辑分析：因为若是潮湿场所就需要将设备的防护等级提高，但是高 IP 等级对于电池散热不利，IP 等级低又对防潮、防水不利，所以 EPS 或是 UPS 应设置在专设的配电间或是电气竖井内较为合理。

根据《建筑照明设计标准》（GB/T 50034—2024）中第 3.3.11 条第 1 款要求：特别潮湿场所，应采用相应防护措施的灯具。防护措施的灯具就是指防水灯具或带防水灯头的开敞式灯具，防护等级不可低于 IP54。另《电通规》（GB 55024—2022）第 4.5.3 条要求：室外灯具防护等级不应低于 IP54。其实，室外环境也有特别潮湿的环境，但并不普遍，有同样的防护要求，需根据规范要求提高设计要求。

消防水泵房有特别要求，也是审查重点，当消防泵控制柜与消防水泵设于同一房间时，其防护等级应达到 IP55；如单独设置控制间，集中设置配电柜，其防护等级也应达到 IP30，可见

《消防给水及消火栓系统技术规范》（GB 50974—2014）第 11.0.9 条，如图 4-25 所示。

引自不同段变压器
T1　T2
ZN-YJY-4(4×150+1×95)-MR
ZN-YJY-2(4×150+1×95)-MR
至消防电源监控主机

	测量仪表	ⒶⒶⒶⓋ ◆ 设明显消防标示						◆ 设明显消防标示			Ⓐ

动力配电柜 — 开关设备

BG1-1000/4P　BG1-1000/4P　BQ3-630/4P 500A PC　700/5
BB1-63/C16/1P　BB1-63/C20/1P　BB1-63/3P 20　BM-125/3P D32
TUR：Ⅰ类试验 4P
$I_{imp} \geq 12.5kA$
$U_p \leq 2.5kV$

TH-YJ-X　TH-YJ-X
BM-400/3P C25/C.T-0.5 350/5
机械应急启动
WE1　WE2

线路 — 导线、型号、规格

WDZN-YJY-5×6-SC32
WDZN-YJY-(3×150)+(3×150+1×95)MR200×100
WDZN-YJY-(3×150)+(3×150+1×95)MR200×100

用电设备	符号		○	○	○	○	○	○	○
	名称	双路电源互投自复	SPD	消防备用	液位显示电源	消防备用	潜污泵	消火栓泵	消火栓泵
	额定容量(kW)	438					8.0	110	110
	计算电流(A)	831					15.2	209	209

液位电源容易遗漏

控制要求 控制电路图号

消火栓泵一用一备，星三角启动。
出水干管压力开关、高位水箱流量开关和报警阀压力开关动作，直接启动；消防控制室多线制手动起泵，消防水泵控制柜应设置机械应急启动泵功能，保证在控制柜内的控制线路发生故障时由有权限的人员在紧急时启动消防水泵。
消防水泵控制回路中加的热继电器只作报警功能不作跳闸。断路器分断能力50kA，仅配置磁脱扣，不带热脱扣。
二次图参考16D303-3 XKF-7-2

IP55要求

动力柜编号	B1APE-XFB(IP55)	B1APE-XHS(IP55)
箱体尺寸，二次图编号	800mm×2200mm×600mm	800mm×2200mm×600mm

控制电缆型号，规格
WDZN-KYJY-4×1.5 SC25
WDZN-KYJY-3×1.5 SC25
WDZN-KYJY-16×1.5-SC32
WDZN-KYJY-3×1.5 SC25
WDZN-KYJY-3×1.5 SC25

图 4-25　消防泵控制柜防护等级 IP55 案例示意

Q43 电气竖井能与排烟井道贴邻吗？

规范要求：《电通规》（GB 55024—2022）第 6.2.8 条：电气及智能化竖井不应贴邻热烟道、热力管道及其他散热量大的场所。

逻辑分析：上述条文设置的逻辑是电气竖井本身不易散热，再与烟道、热力管道贴邻，电缆长期受热将会降低绝缘强度，易发生电气火灾。因此从安全运行考虑，提出该条规定。解决方法是可做双墙以达到隔热效果，这个要求同样适用于住宅建筑中的电井也不能与住户厨房烟道贴邻。

而排烟井道并不发热，非规范所列的发热的烟道，所以可以贴邻。但在《民用建筑通用规范》（GB 55031—2022）中第6.7.1条第1款：安全、防火或卫生等方面互有影响的管线不应敷设在同一管道井内。如贴邻时，电气管路的配出管线容易穿越排烟井道，违反本条要求，实际审图中多有发生，需要注意。如图4-26所示则是两种井道尽量分开设置的案例。

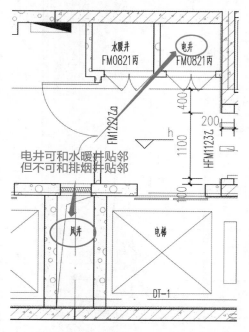

4-26　电井与风井尽量分开设置的案例示意

Q44　设置柴油发电机房的建筑物内可否允许设置多个储油间？

规范要求：《建规》（GB 50016—2014）（2018年版）中第5.4.13条第4款：机房内设置储油间时，其总储存量不应大于$1m^3$。

逻辑分析：在机房内或储油间要有供3～8h连续运行的日用油箱，见《民标》（GB 51348—2019）中第6.1.10条要求。通常最大储油量不应超过8h的需要量，且日用油箱储油容积不应大于$1m^3$，并应按防火要求处理。当日用油箱储油容积在1～$2m^3$之间时，也可分别设置2个容积均不大于$1m^3$的日用油箱储油间。2个储油间中间需加防火隔墙，此为储油设施的设置要求。

因此，机房内油储量不超过8h耗油量，选取$1m^3$的日用油箱就可以满足3h的用油量（见《建筑电气强电设计指导与实例》中柴油发电机章节内容介绍），由上文可见日用油箱单个容积不容许超过$1m^3$，故最多也就是选用两个$1m^3$的日用油箱，如选择3个，就超过了8h耗油量（3h×3＞8h），故当油量超过两个$1m^3$时，应在室外另设置储油罐。

Q45 消防管路敷设的几个常见问题

1. 消防设备末端明敷线缆是否可采用柔性导管敷设？

规范要求：《建规》（GB 50016—2014）（2018 年版）第 10.1.10 条第 1 款要求：明敷时（包括敷设在吊顶内），应穿金属导管或采用封闭式金属槽盒保护。《应急照明标》（GB 51309—2018）第 4.3.1 条要求：明敷设时，应采用金属管、可弯曲金属电气导管或槽盒保护。《火规》（GB 50116—2013）第 11.2.3 条要求：线路明敷设时，应采用金属管、可挠（金属）电气导管（即可弯曲金属电气导管）或金属封闭线槽保护。

逻辑分析：通过上述规范可见，消防线路明敷时可采用金属管、封闭金属线槽、可挠金属管。可挠金属管考虑其材质特性，敷设长度受到管道材质、直径、厚度、弯曲半径等因素的影响，敷设长度受到一定的限制。且其抗压能力差，在受到外压力时，容易发生损坏或者破裂。该管重量轻，仅是钢管重量的 1/3，但耐火性不如钢管。故当消防风机、消防水泵、应急照明和指示灯具、火灾自动报警系统设备末端明敷线缆在刚性导管不能准确配入电气设备器具时，可采用可弯曲金属电气导管作过渡导管用，但要求长度不大于 10m。

2. 柔性导管与可挠（金属）电气导管有何区别？是否可用于消防缆线的保护？

逻辑分析：上述规范各条文，均不允许明敷线缆采用柔性导管保护。金属软管并非可挠金属套管。

金属软管多用于工业设备的连接管线，用作电线、电缆、自动化仪表信号的电线电缆保护管和民用淋浴软管。可挠金属套管以普利卡金属套管为主，材质为外层热镀锌钢带绕制而成，内壁为特殊绝缘树脂层，而消防阻燃型又在基本型的基础上外包覆软质阻燃聚氯乙烯。两者最直观的区别就是一个"软"；一个"硬"，需要受力才能弯曲。而金属软管无阻燃型，重量更轻，故不能在消防线缆明敷需穿管时使用。

3. 消防报警线路能否穿 JDG 管敷设？

规范要求：《电通规》（GB 55024—2022）中第 6.2.1 ~ 6.2.3 条及《民标》（GB 51348—2019）中第 8.3.2 条要求：明敷于潮湿场所或埋于素土内的金属导管，应采用管壁厚度不小于 2.0mm 的钢导管，并采取防腐措施。明敷或暗敷于干燥场所的金属导管宜采用管壁厚度不小于 1.5mm 的镀锌钢导管。

逻辑分析：上述关于壁厚的规定是来自《电缆管理用导管系统　第 21 部分：刚性导管系统的特殊要求》（GB/T 200041.21—2017）中表 4，其注明为可形成螺纹导管的最小壁厚。埋地时多为大截面钢管，管壁厚度不小于 2.0mm，明敷时多为小截面钢导管，管壁厚度不小于 1.5mm。这与《电通规》（GB 55024—2022）相互对应，也为电气施工工艺的普遍要求，故如此要求。表格如图 4-27 所示。

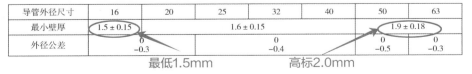

导管外径尺寸	16	20	25	32	40	50	63
最小壁厚	1.5 ± 0.15	1.6 ± 0.15				1.9 ± 0.18	
外径公差	0 −0.3		0 −0.4			0 −0.5	0 −0.3

最低1.5mm　　高标2.0mm

图 4-27　《电缆管理用导管系统　第 21 部分：刚性导管系统的特殊要求》（GB/T 200041.21—2017）中表 4 截图

当消防应急照明和疏散指示系统及火灾自动报警系统、电气火灾监控系统、消防电源监控系统、防火门监控系统等的线缆所采用的 JDG 定型金属管，如能达到上述规范的壁厚、防潮、防腐等要求则可以采用。但设计人员应在设计说明中明确对金属管壁厚的相关要求，否则审查人应予以提出。

4. 消防用金属线槽及金属管道是否需要做防火处理？

规范要求：《建规》（GB 50016—2014）（2018 年版）中第 10.1.10 条第 1 款要求：明敷时（包括敷设在吊顶内），应穿金属导管或采用封闭式金属槽盒保护，金属导管或封闭式金属槽盒应采取防火保护措施。

逻辑分析：依据规范可见，消防配电线路的金属线槽需要做防火处理。采购时其容易与普通电力线槽混淆，从而造成采购错误，不得不返工，对此需格外注意。故要在说明中强调包覆防火材料或涂刷防火涂料。

其实更常见的错误是消防电缆桥架配出了非消防负荷，违反消防专用的要求。但反之同样有误，如图 4-28 所示，非消防电缆桥架中敷设了 WPE2 的消防污水泵缆线。因为消防配电线路的金属线槽需要做防火处理，而非消防电缆桥架如没有提升防火要求，消防缆线无法满足耐火的时间要求，同样违反了《建规》（GB 50016—2014）（2018 年版）第 10.1.10 条第 1 款的要求。

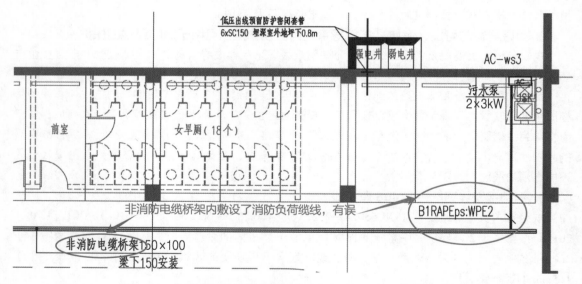

图 4-28　非消防电缆桥架中敷设消防设备缆线的错误的案例示意

5. 桥架与线槽有何区别？

规范要求：《耐火电缆槽盒》（GB 29415—2013）中第 5.2.2 条要求："槽盒制作采用金属板材的，板材的最小厚度应符合 CECS 31：2006 中 3.6.2 的规定"。

逻辑分析：桥架与线槽均为敷设电缆的槽体，区别是：线槽截面小，且多用于弱电，因规格小，多直角弯；而桥架截面大，多用于强电，规格也多，因规格大，多有内切角弯。根据《电通规》（GB 55024—2022）中第 6.1.1 条第 1~2 款可知：电力线缆不应共用同一电缆桥架布线，电力线缆和智能化线缆不应共用同一电缆桥架布线。可见电力电缆因截面较大，可采用电缆桥架。而其第 6.2.5 条要求：火灾自动报警系统的电源和联动线路应采用金属导管或金属槽盒保护。可见因消防报警线缆为多根细线，用金属槽盒更为合理。又见其第 6.1.1 条第 3 款要求：在有可燃物闷顶和吊顶内敷设电力线缆时，应采用电缆槽盒保护，将此与其第1～2款对比，发现有槽盒与桥架的区别，可见除了敷设细线的原因之外，在可燃物吊顶内采用的槽盒要求是封闭的状态。但由《耐火电缆槽盒》（GB 29415—2013）中第5.2.2条可见金属槽盒的材料与金属桥架的材料其实相同，由此可看出两者最核心的有关金属板材的规定是一样的，仅是外表状态不同而已。

在已废止的《耐火电缆槽盒》（GA 479—2004）中其第3.1条及第3.2条分别介绍了桥架及槽盒的定义，桥架包含了梯架（如梯子一样的捆绑电缆的桥架）、托盘（没有盖子的电缆线槽）和槽盒（有盖子的电缆线槽）三种，可见槽盒的定义也就是无孔托盘加上盖子，线槽从实质上来说是桥架的一种，是包含与被包含的关系。桥架在当下建筑中大量使用，主要是因为桥架中最主要的梯架形式，应用得很少，而应用封闭线槽的比例又实在太大，故桥架也就常以线槽或槽盒的称呼出现，其实都是桥架。审图中如采用电缆桥架的称呼，无须提出意见，但要明确是否为封闭形态。

Q46 消控室的几个常见问题

1. 消控室安防中心合用的明显分隔是如何实施的？

规范要求：《火规》（GB 50116—2013）第3.4.8条第5款规定：与建筑其他弱电系统合用的消防控制室内，消防设备应集中设置，并应与其他设备间有明显间隔。

逻辑分析：消防控制室可与建筑设备监控系统、安全技术防范系统合用控制室，除此之外，消防控制室不可以和其他控制室（或其他功能房间）合用。消控室与安防监控室合用时，对于条文中"明显间隔"的理解，可以见国标图集《〈火灾自动报警系统设计规范〉图示》14X505—1第22页3.4中图示2，本书不罗列。

合用的逻辑核心是消防控制室内严禁穿过与消防设施无关的电气线路及管路。弱电系统线缆可进入合用控制室；与火灾自动报警系统有关的弱电线路可以进入消防系统工作区域，并终于此；严禁与消防无关的电气线路与管路穿过消防系统工作区域。

另外，合用时，其供电电源应各自独立，控制室应同时满足相关功能规范的要求。消防设备在室内应处于独立的工作区域，确保相互间不会产生干扰。故消防控制室与安防监控室合用时消防设备与其他设备分区域在两侧布置，两个区域之间"可设置隔墙"，当然不设置隔墙也满足要求，如图4-29所示。

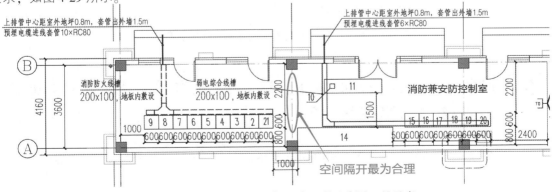

图4-29　消控室与安防中心合用时"明显分隔"的示意

2. 消防控制室可以和门卫合用吗？

逻辑分析：一种观点认为消防控制室可以和门卫合用，是因为消防控制室虽然在规范上并无要求不可以同安防中心合用，但对于中小工程来说，单设消防控制室确实略显浪费，也不利于人员监控，但另外一种观点认为不能与门卫合并，主要的原因是两种建筑的防火要求不同。

土建的设计要求可见《建规》（GB 50016—2014）（2018 年版）第 8.1.7 条第 1 款："单独建造的消防控制室，其耐火等级不应低于二级"。所以唯一合用的途径就是将门卫的防火等级提高，但仍仅限于小型工程，且需要征得消防单位的同意。而附设于建筑内的消防控制室的门应该参照《建规》（GB 50016—2014）（2018 年版）第 6.2.7 条的要求："消防控制室和其他设备房开向建筑内的门应采用乙级防火门"，这也是普通值班室、门卫需要提高的建筑要求。

3. 如何审查火灾自动报警系统的备用电源要求？

规范要求：《火规》（GB 50116—2013）中第 10.1.1 条要求：火灾自动报警系统应设置交流电源和蓄电池备用电源。

逻辑分析：依据规范应该在系统中示意 UPS，实际图中该处表达方式很多。如于进线处设置总 UPS，或于出线处设置 UPS 示意，但更多情况并不表示 UPS，如图 4-30 所示，此箱多需要深化设计，UPS 容量需要重新计算，故如一次设计时进行了标准选型，则可能造成浪费。

审图中的标准并不统一，但至少应在说明中对于 UPS 需要满足的供电时间予以介绍，以满足火灾自动报警系统除设置交流电源外，还应有蓄电池备用电源的规范要求。

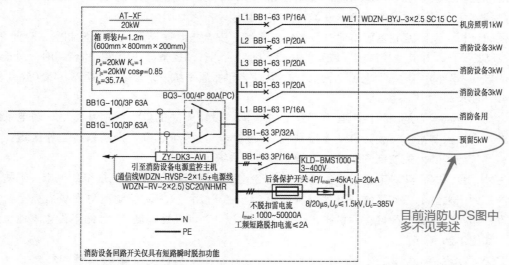

图 4-30　火灾自动报警系统设置蓄电池备用电源案例示意

Q47 封闭楼梯间是否可以设置明装的配电箱？老旧小区改造结构需要注意哪些问题？

规范要求：《建规》（GB 50016—2014）（2018 年版）第 6.4.1 条第 3 款要求：楼梯间内不应有影响疏散的凸出物或其他障碍物。

逻辑分析：依据规范，在走廊、疏散通道、楼梯间等通行空间，不应设置明装的配电箱。因此，审查时应注意配电箱（柜）的安装要求，配电箱（柜）安装不得凸向走廊、疏散通道等通行空间。

该条要求常见于老旧小区的改造中，需更换更大的箱体或需增加新的箱体，但不具备现场新增电气机房的条件时，需设置于楼梯间内，这就容易出现楼梯间内有影响疏散的凸出物或其他障碍物，审查时需提出意见，要求设计与建筑专业落实是否影响疏散，如图4-31所示。老旧小区改造中多不申报结构专业图纸，故板上开洞同样需与结构专业核实，并介绍。

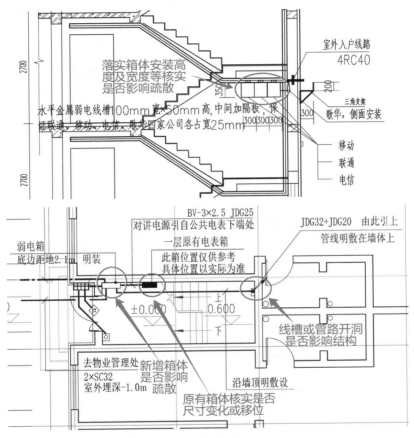

图4-31　楼梯间内新增箱体需核实是否影响疏散案例示意

Q48 建筑物地下是否可设置非机动车库？其内是否可设电动自行车充电设施？

规范要求：没有国家规范直接要求地下车库或地下室不可设置。各地地方标准要求多不同，但大同小异。以北京为例，《电动自行车停放场所防火设计标准》（DB11/1624—2019）中第5.0.2条要求：地下电动自行车库应设置在地下一层，不得设置在地下二层及以下楼层。

逻辑分析：由规范可见，电动自行车充电设施是可以设于地下一层非机动车库内的，但不能设于地下二层及以下楼层。实际生活中，很多居民会把自行车停放于夹层内，发生火情后会比在室外的自行车棚更容易引燃建筑物，且可能阻挡安全出口的疏散，其实更加危险。但基于电动自行车使用的现状，十分普遍，也十分方便，规范停放是需要首要考虑的问题，而非是考虑设计消防报警等后期控制手段。

故电动自行车充电场所不应与托儿所、幼儿园及其活动场所，老年人照料设施及其活动场所，学校教学楼及集体宿舍，医院病房楼、门诊楼，历史保护建筑等贴邻设置，上述场所人员密集，且多有老弱病残人员。厂区内的电动自行车停放充电场所宜布置在生活、办公等非生产区域，不应与甲、乙类火灾危险性厂房、仓库贴邻或组合建造。且大型公共建筑和公共场所充电区距建筑的安全出口距离不应小于6m [《电动自行车停放场所防火设计标准》（DB11/1624—2019）中第5.0.7条]。

《电动自行车停放场所防火设计标准》（DB11/1624—2019）中第6.0.2条又要求：设置在地面的独立建造的电动自行车库，每个防火分区的面积不应大于1000m²，设置在地下或半地下的电动自行车库，每个防火分区的面积不应大于500²。对比地下电动汽车的防火分区面积（1000²）要求，此要求更加严格，因为电动自行车发生火灾的概率比电动汽车更大，车辆质量控制更难，停放也更加随意，故危险更大。

在不合理的自行车停放已发生的前提下，电气的设计就显得更加重要，既要控制电气火灾的发生，还要有效控制火情。地下一层电动自行车设计如图4-32所示。

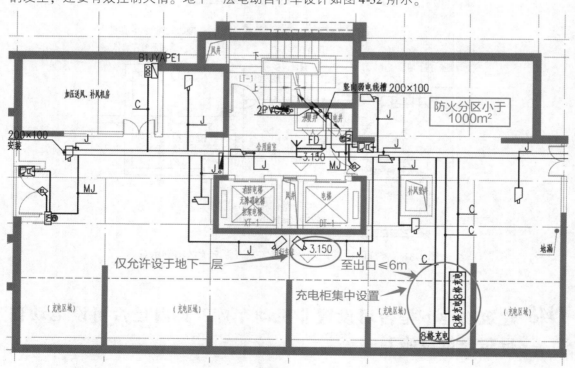

图4-32　地下一层电动自行车设计案例示意

电动自行车充电设施由供电电源、充电设备和配套设施组成。配电箱进、出线开关应设漏电保护装置，充电设备应采用直流充电桩或直流充换电柜，充电设备应具备防触电保护、短路保护、过流保护、超温保护、过充切断等安全保护功能。充电时，充电设备与蓄电池之间不应再有其他设备的电流转换连接。充电配电箱应固定在立柱上、地面合柱上或外墙墙面上，且附近无可燃物。

电动自行车的充电设施应设置专用配电箱，进线为专用回路并设置专用计量装置。每一分支回路连接的充电插座不应超过 5 个，并应具备过载保护、短路保护、剩余电流保护功能。插座应选用不低于 10A 带保护门的插座 [《电动自行车停放场所防火设计标准》（DB11/1624—2019）中第 8.0.4 条]。可见支路开关不超 50A，且需要设置剩余电流保护器。

电动自行车库应当设置火灾自动报警系统，所在建筑无火灾自动报警系统时，应设置独立式火灾报警探测器，其无线报警信号应反馈至物业值班室。而室外电动自行车停放充电场所宜设置图像火灾探测报警装置，报警信号也应反馈至物业值班室，以及时发现火情。

配电线路和控制线路则应采用铜芯线缆，以避免过载的发生。当电动自行车停放充电场所内配电线路为明敷时，还应采用阻燃或耐火线缆，并宜采用阻燃无卤低烟型线缆，且应穿管保护。

电动自行车库应设置应急照明、疏散指示标志和视频安防监控摄像头，如图 4-32 所示。配电箱应采用专用回路，严禁从应急照明、消防或其他防灾用电负荷电源点接入。本级或上级配电箱应当安装电气火灾监控装置。设置紧急电源切断按钮，火灾时应能就地切除电动自行车停放充电场所的所有充电设施电源（此处为河南省要求，各地可以借鉴实施）。

此外，需要注意《民标》（GB 51348—2019）中第 13.5.5 条要求：设置了电气火灾监控系统的电动车充电等场所的末端回路应设置限流式电气防火保护器。对此，可设于箱体进线处，也可设于支线配出处，这也是审查中比较容易遗忘的规范要求。

如图 4-33 所示为电动自行车库配电系统案例示意。

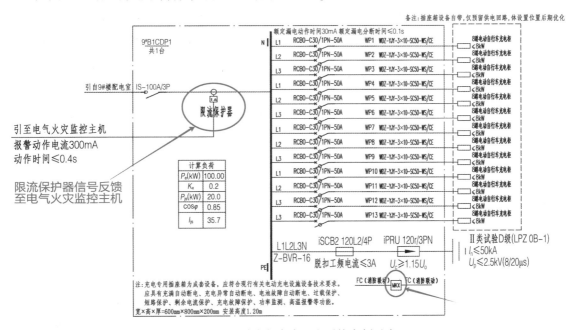

图 4-33　电动自行车库配电系统案例示意

Q49 如何审查防火封堵的实施？

规范要求：《建筑防火封堵应用技术标准》（GB/T 51410—2020）第 5 章要求：建筑物内电气线

路贯穿孔口防火封堵包括电气线路金属导管、金属封闭电缆槽盒及母线槽贯穿孔口的防火封堵。《建规》（GB 50016—2014）（2018年版）中第6.2.9条第3款要求：建筑内的电缆井、管道井应在每层楼板处采用不低于楼板耐火极限的不燃材料或防火堵料封堵。建筑内的电缆井、管道井与房间、走道等相连通的孔隙应采用防火封堵材料封堵。

逻辑分析：首先该条规范要求在说明中做描述，这是最低要求，应说明管线敷设完成后电气设备的各种孔洞及竖井应采取防火封堵措施，其包含了竖向的板洞和水平的墙洞，水平的墙洞容易被遗漏，是审查的重点。

火灾时竖向井道会产生烟囱效应，即从底部到顶部具有空气流动空间的建筑物内，烟气与正常空气存有一定的密度差值，导致烟气会沿着流动空间进行扩散，是火灾竖向发展的主要途径之一。横向水平的墙洞则是火焰和烟气穿越墙体的主要途径，因为存在烟囱效应，烟气朝向最近的竖向通道飘动时，先要水平移动，水平的墙洞是横向蔓延的主要通道，因此，封堵要全面也要严密，防火封堵如做不好，防火门形同虚设。

井道中管线穿越房间隔墙一般内填无机防火材料，如防火岩棉之类，之后两边水泥抹平。防火岩棉的好处是容易固定，相对美观。而井道中管线穿越楼板的场所，为典型的环形间隙，应采用无机或有机防火封堵材料封堵，具体环形间隙封堵采用何种堵料，与穿越的管线类型有直接关系，可见《建筑防火封堵应用技术标准》（GB/T 51410—2020）中第5.3.2条要求：当贯穿孔口的环形间隙较小时，应采用膨胀性的有机防火封堵材料封堵。当贯穿孔口的环形间隙较大时，应采用无机防火封堵材料封堵。电缆之间的缝隙应采用膨胀性的防火封堵材料封堵。

其中有机防火封堵材料主要由聚合物、树脂和填料（防火泥）等组成，即主要为碳氢氧高分子化合物，延展性好，可塑性强，故适合间隙较小的情况，但一旦着火会产生有毒气体，可能加剧火势和威胁人体健康。无机堵料多指矿物质、玻璃纤维（岩棉）等，无引燃的可能，不易变形或分解，适合大截面母线或线槽等环形间隙较大的应用场所，且在火情时，矿物质无机堵料在遇到高温时能够吸收大量的热能，膨胀为无机泡沫，更为严密，也适用于电缆之间需要膨胀的应用场所。

Q50 卫生间电气设备的几个常见问题

1. 与卫生间无关的管线是否可以进入和穿过卫生间？

规范要求：《住宅建筑电气设计规范》（JGJ 242—2011）中第7.2.5条要求：与卫生间无关的线缆导管不得进入和穿过卫生间。卫生间的线缆导管不应敷设在0、1区内，并不宜敷设在2区内。《民标》（GB 51348—2019）中第12.10.10条针对装有浴盆或淋浴器的房间规定其布线应：向0区、1区和2区的电气设备供电的布线系统，而且安装在划分区域的墙上时，应安装在墙的表面，也可暗敷在墙内，其深度至少为5cm。

逻辑分析：卫生间的管线分为卫生间内的相关管线及无关管线穿越的两种情况进行考虑。对比两本规范，前者显然要求更严格，考虑到具有洗浴功能卫生间的电气安全，要求与卫生间无关的管线不应穿越卫生间是合理的。

与卫生间无关的管线不应进入和穿过卫生间，这里的"无关管线"不仅是穿越的插座、弱电管路，也包括了经过的照明管线。考虑到卫生间内为聚水及潮湿场所，也是容易出现漏电短路的场所，且装修破坏的情况极易出现，水可能通过管接头漏水渗入管内，造成短路跳闸，维修时需要破坏防水层，难度极大，所以与之无关的管路不应穿越通行，以避免故障面的扩大。在深圳市住房和建设局的有关发文中则明确要求不得在厨房、卫生间等多水房间的楼板内预埋管线。此条要求被称为最严要求，有一定的前瞻性。

但与卫生间相关管线若不允许在0、1区内敷设，则会存在以下问题：无法为0、1区内安装的电气设备布线。且卫生间内其他相关线路必须穿越0区、1区时，将无法布线，所以当卫生间装有固定浴盆或淋浴器时与该卫生间相关的管线在满足《民标》（GB 51348—2019）第12.10.10条要求时，与卫生间相关电气管线可敷设在0、1区内。

目前《住宅建筑电气设计规范》（JGJ 242—2011）适用场所为住宅，实际操作中需要将可能穿越卫生间的管线绕行即可，而卫生间的照明则建议是照明支路的末端，即便渗水，也只影响一端，如图4-34所示。

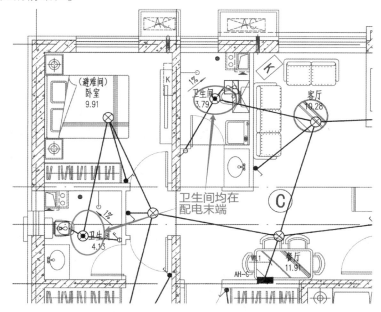

图4-34　卫生间照明设于照明支路末端案例示意

2. 淋浴周边满足什么条件可安装插座？

规范要求：《电通规》（GB 55024—2022）第4.6.6条第2款要求：0区和1区内安装的电气设备应采用固定的永久性连接方式。

逻辑分析：1区分别是指已固定的淋浴头或出水口的最高点对应的水平面或地面上方2250mm处的水平面中较高者与地面之间所限定的区域；围绕浴盆或淋浴盆的周围垂直面所限定的区域；对于没有浴盆的淋浴间，是从距离固定在墙壁或顶棚上的出水口中心点的1200mm垂直面所限定的区域。

卫生间的插座设置，一直是审图时的高频问题，在规范不断更新的过程中，规范的文字多有调整，但核心的内容并未发生变化，即（1区以内）裸喷头1200mm内，不允许设置低于2250m的插座，其中"2250mm"审查时需要注意是净尺寸，需要考虑垫层铺砖之后的实际高度。

如图4-35中，洗衣机插座安装位置位于1区，距出水器距离不足1200mm，该区域不应采用插座方式连接。现在规范表述得比较婉转，自然插座的连接并不是永久性连接方式，但并未直接道明。但在上述规范条文的条文说明中清楚写道：适用于在装有固定的浴盆或淋浴场所中的电气设备，以及本条文所述区域的电气设备。此处的"固定"是指在空间位置上是固定的，不用工具无法移动，此处的"永久性"是指不用工具就不能断开的。

采用固定的、永久性的连接方式是保障用电安全的措施之一，该区域不允许用插头或插座的方式连接。所以审查时如遇到设计明确要采用永久性安装的电气设备时，外审需要分情况核实，落实是否能够实现，或是否合理。

实际平面图中常见淋浴头会示意很长，审图则以根部为基准点进行测量，如图4-35所示。

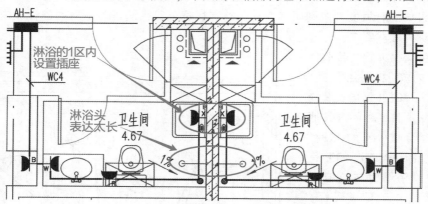

图4-35　1区以内设置插座错误案例示意

另外一种常见争议是对于固定隔墙的理解。如果是整体淋浴房，则按固定隔墙进行归类，不再考虑1区的要求；如是拉帘，建筑图示意为波浪线，则不能按固定隔墙考虑，需按1区的要求执行；第三种是半高的玻璃墙，则要看其上端高度，如在2250mm以上，可不受1区的影响，如不足，则需按1区内不设置插座予以审查，如图4-36所示。

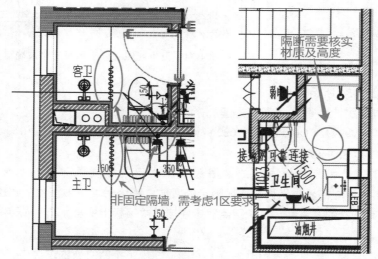

图4-36　1区以内淋浴房如何执行规范示意

Q51 关于电气设备间标高的几个常见问题

1. 变配电所内已采取抬高地面和设置防水门槛措施后，是否还需设置排污泵？

规范要求：《民用建筑设计统一标准》（GB 50352—2019）中第8.3.1条第8款要求：变电所的电缆夹层、电缆沟和电缆室应采取防水、排水措施。

逻辑分析：门槛的设置是根据《电通规》（GB 55024—2022）第2.0.3条的要求：建筑物电

气设备用房和智能化设备用房，地面或门槛应高出本层楼地面，其标高差值不应小于 0.10m，设在地下层时不应小于 0.15m。

电缆沟内找坡、最低点做集水坑、设置地漏等均属于排水措施，具体方法由给水排水专业设计确定。当地下室最底层设置的变电所电缆沟沟底标高低于变电所外地面标高，且变电所四周未采取防止水沿回填土流入的措施时，电缆沟或电缆夹层尚应考虑防水地沟和内墙防水做法，防止地下室地面或管沟损坏时水沿回填土流入电缆沟或夹层。

当变电所内已采取抬高地面和设置防水门槛措施后仍需要设置排污泵，这主要考虑如渗入时，水量会比较急促，仅靠人工清掏是来不及的，故变电所的电缆夹层、电缆沟和电缆室应同时采取防水及排水措施，排水设备可不设置为固定式排污泵，如图 4-37 和图 4-38 所示。

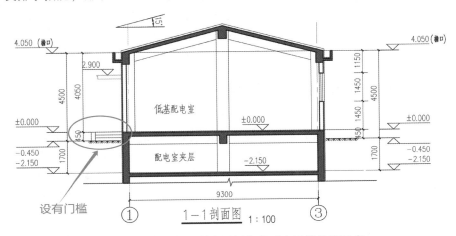

图 4-37 独立变电所地面标高高于本层楼地面示意

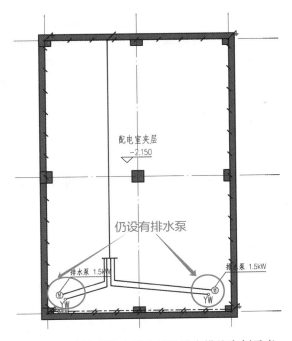

图 4-38 变电所的电缆夹层设排水措施案例示意

2. 一般由哪个专业的设计人员提出电气设备间需要设置门槛的意见？如果设有，是否需要设置机械排水？

逻辑分析：由上文知，建筑物电气设备用房和智能化设备用房，门槛应高出本层楼地面，其标高差值不应小于0.10m，设在地下层时不应小于0.15m。另有关弱电机房和设备小间的规定见《民用建筑设计统一标准》（GB 50352—2019）中第8.3.4条第1款要求：机房地面或门槛宜高出本层楼地面不小于0.10m。

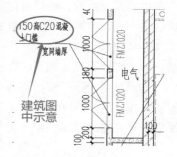

图4-39　电气竖井设置门槛示意

上述条文编制的主要意图是本层出现漏水时，防止水漫入电气竖井。此问题出现在电气规范中，需由电气专业提出，并督促建筑专业实施。因为电气竖井多指竖向通道，故与变配电室的要求不同，电气竖井仅设置门槛即可，如图4-39所示。

Q52　哪些场所应采用安全型插座？

规范要求：《通用用电设备配电设计规范》（GB 50055—2011）中第8.0.6条第6款：在住宅和儿童专用活动场所应采用带保护门的插座。《托儿所、幼儿园建筑设计规范》（JGJ 39—2016）（2019年版）中第6.3.5条：托儿所、幼儿园的房间内应设置插座，插座应采用安全型。《住宅设计规范》（GB 50096—2011）中第8.7.4条：套内安装在1.80m及以下的插座均应采用安全型插座。

逻辑分析：核心逻辑是为防止人身安全事故的发生。上述条文的内容只是部分要求设置的场所，但已可以看出安全型插座设置于有儿童活动的场所，主要是为避免无自主意识的人（主要为儿童）无意中触电。所以，需格外注意对存在儿童的公共活动场所的审查。

安全型插座（带保护门），当单孔内有异物插入时，并不能打开保护门，必须两孔同时插入金属连接导体，才可以打开安全门通电，这样就杜绝了儿童触碰插座时可能产生的危险后果。

目前新购买使用的常规插座，无特殊要求，产品实际均默认为安全型，但设计中仍要介绍，并在材料表中标注，以防假冒伪劣产品利用没有设计要求的漏洞混入建筑，遗留电气安全隐患，且此为审查中高频发生的问题。

Q53　低压配电室中低压配电屏的出口设置有何规定？

【举例】有一低压配电室，低压配电屏成排布置，单排配电屏长度为7m，每组配电屏两头均留有出口，最远通道距离为14m，应设几个出口？

规范要求：《20kV及以下变电所设计规范》（GB 50053—2013）中第4.2.6条：配电装置的长度大于6m时，其柜（屏）后通道应设两个出口，当低压配电装置两个出口间的距离超过15m时应增加出口。《低压配电设计规范》（GB 50054—2011）中第4.2.4条有同样的规定。《民标》（GB 51348—2019）中第4.7.3条：当成排布置的配电柜长度大于6m时，柜后面的通道应设置两个出口。当两个出口之间的距离大于15m时，尚应增加出口。

逻辑分析：核心逻辑是对于"出口"的理解，一般是指门，在电气术语中，门只是其中一种出口，另外也指配电设备两端的疏散通道，这也是规范编制的主要对象，则"尚应增加出口"多是指增加疏散通道。

《民标》（GB 51348—2018）第4.7.3条之条文说明中也有介绍：出口的设置主要是保证柜后维护人员的安全。柜后面通道一般较窄，两个出口可以通向配电室室内，也可是设在柜后的门通向室外。故审查时，当成排布置的配电柜长度超过6m时，在配电柜两端设置不小于0.8m的出口，长度超过15m时，中间应增设不小于0.8m的出口。对此，可以理解为：单排配电柜长度超过15m时（即便不分段，其两出口也超15m），配电柜需要分列，中间需增设出口，这时的出口是指两组柜间的通道。但也可以理解为：当多排布置的配电柜，各疏散通道间的最远距离大于15m的情况，此时出口是指疏散门，需设第三个疏散门。

故第一组低压配电屏超过6m，则需要在屏侧两端设两个出口，同时要分设两门，与之对应，两门之间的间距要大于5m，以满足疏散的要求；而多组低压配电屏通道间距未超过15m，则无须增设第三个出口，即无须设置三个疏散门，如图4-40所示。当有必要设置第三个疏散门时，可以不考虑设备的进出，门小也无妨，但要方便人员的疏散。

需注意在《低规》（GB 50054—2011）中第4.3.2条的要求：配电室长度超过7m时，应设2个出口，并宜布置在配电室两端。此处的7m是指变配电室长边净距，而6m是单排电气装置的长度，考虑到两侧通道的宽度，其实室内净距7m要比配电设备6m的要求更高，审图时可以先审变配电室长边是否已经超过了7m，如已超，则同样需要两门及两组通道。

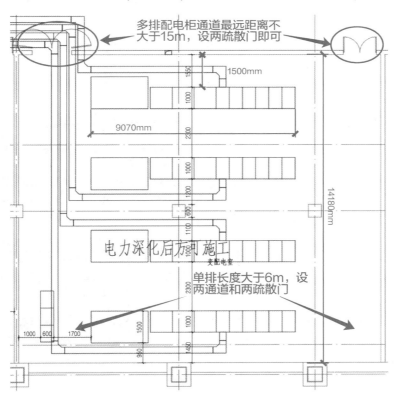

图4-40 低压配电屏长度超6m时应设两个出口的案例示意

Q54 室外变电站距建筑的距离有何要求？

规范要求：《建规》（GB 50016—2014）（2018 年版）中第 5.2.3 条要求：民用建筑与 10kV 及以下的预装式变电站的防火间距不应小于 3m。室外单独建造的变电站，执行其第 3.4.1 条的要求：变压器最小油量考虑（5t＜最小油量＜10t），与多层民用建筑的最小间距为 15m，与高层民用建筑最小间距为 20m。如为单独建造的终端变电站的防火间距，可根据变电站的耐火等级按其第 5.2.2 条执行（图 4-41）。《住宅建筑电气设计规范》（JGJ 242—2011）中第 4.2.3 条的条文说明：建议室外（地上）变电站的外侧与住宅建筑外墙的间距不宜小于 20m。

逻辑分析：上述的规范多出自建筑条文，是基于电气防火的建筑要求，但关于建筑防火的等级，电气专业并不好直接确定，需根据《住宅建筑电气设计规范》（JGJ 242—2011）与《建规》（GB 50016—2014）（2018 年版）的相互对应，做以下定性的审图要求：室外的变电站，变电站的外侧与建筑外墙间距不宜小于 20m，此为最严格的要求。当采用单独建造的终端变电站（如环网柜），因没有油浸式变压器的可燃物存在，可按普通建筑防火来要求，则依据图 4-41 执行，考虑室外独立变电站防火等级

表5.2.2 民用建筑之间的防火间距（m）

建筑类别		高层民用建筑	裙房和其他民用建筑		
		一、二级	一、二级	三级	四级
高层民用建筑	一、二级	13	9	11	14
裙房和其他民用建筑	一、二级	9	6	7	9
	三　级	11	7	8	10
	四　级	14	9	10	12

图 4-41　《建规》（GB 50016—2014）（2018 年版）中表 5.2.2 截图

多不低于四级，则高层住宅与终端变电站最极限间距不小于 14m（实际上多可以更近，故审查时与建筑专业人员核对建筑类别）。民用建筑与 10kV 及以下的预装式变电站的防火间距不应小于 3m。

厂房园区内变配电室一般可以达到此距离要求，住宅小区执行时在满足该条件的情况下，同时要满足基本的日照要求，这是考虑到楼间距有时偏小，独立变配电站又较高的情况。

此外如变电站等级为 110kV 变电站，则需要考虑满足电磁干扰的要求，参见《上海市区 35kV、110kV 变电站电磁波及噪声环境影响报告》，建议新建变电站当与居民住宅间留有 15m 以上的防护距离。而 10～35kV 变电站未见明确要求，其安全距离可按距离居民住宅 12m 以上，侧面 8m 以上的要求。某厂区

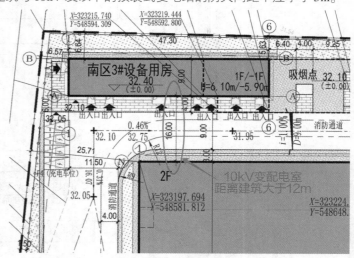

图 4-42　厂区变配电站距建筑距离的案例示意

的变配电站位置关系如图 4-42 所示，对比上一小节内容，可见非高层民用建筑电磁防护的距离要求能够被防火的距离（12m）要求涵盖，故按防火间隔的要求审查图纸即可。

Q55 关于启停按钮的几个常见问题

1. 事故风机控制要求在室内外两处设置启停按钮，室内外如何界定的？

规范要求：见《工业建筑供暖通风与空气调节设计规范》（GB 50019—2015）中第 6.4.7 条的要求：事故通风的通风机应分别在室内及靠近外门的外墙上设置电气开关。又可见《民用建筑供暖通风与空气调节设计规范》（GB 50736—2012）第 6.3.9 条第 2 款：事故通风应根据放散物的种类，设置相应的检测报警及控制系统。事故通风的手动控制装置应在室内外便于操作的地点分别设置。

逻辑分析：可见事故风机控制要求在室内外两处设置启停按钮，如电气防爆锅炉房燃气表间、燃气表间等场所的事故风机应分别在室内外便于操作的地点设置启停按钮及维护开关。这主要取决于使用场所的室内外，也就是说并不取决于风机，而是取决于风口设置的场所，风口设置的房间门内外均需设置按钮。审图中常见的场所多为燃气的锅炉、需要气体灭火的机房、有燃气进户的大型厨房等。审图前可与设备专业进行核实，另外需要注意位置，为便于操作的位置，如主要出入口的两侧，如图 4-43 所示。

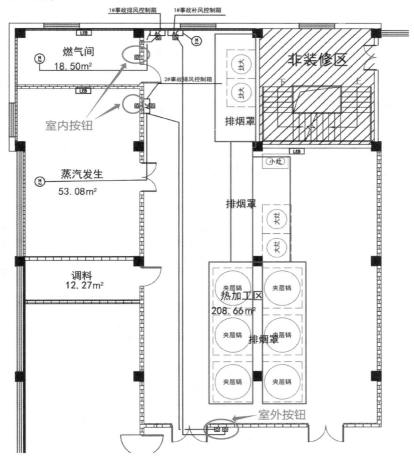

图 4-43 事故通风的门内外设置按钮的案例示意

2. 如何理解"远程控制的电动机应有就地控制和解除远方控制的措施"中"远程"的意义？

规范要求：《通用用电设备设计规范》（GB 50055—2011）第 2.5.4 条："远程控制的电动机应有就地控制和解除远方控制的措施"。

逻辑分析：上述条文适用于动力设备的远程控制，如制冷机房间、大型厨房、屋顶风机等距供电配电箱较远的风机或水泵需要安装就地控制装置，即设就地检修按钮。如当厨房需要在屋顶设置排风机，但配电箱设置于厨房内操控却更为合理时，屋顶就需要在设备附近设置远程启停按钮。核心逻辑是如果配电箱与电机在一个空间内，并且距离不远，则没有必要设计现场的启停按钮，如果目之不能所及，隔了房间门，考虑电机突然启动，可能对人员造成伤害，则需要设置，审图时需要把握尺度。如图 4-44 和图 4-45 所示为室外事故风机就地按钮的平面及系统示意。

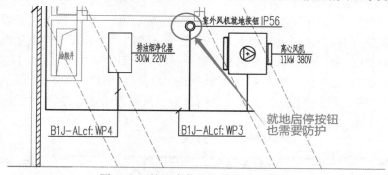

图 4-44　就地启停按钮案例平面示意

Q56 消防支线穿越防火分区的几个常见问题

1. 消防配电竖向支线是否可以穿越防火分区？

规范要求：《民标》（GB 51348—2019）第 13.7.15 条第 1、第 2、第 3 款要求：当疏散照明为二级负荷及以上时，主电源由双电源自动转换箱供给，为疏散照明供电的双电源自动转换箱、配电箱和 EPS 箱应安装于防火分区的配电小间内或电气竖井内。当楼层有多个防火分区时，宜由楼层配电室或变电所引双回路电源树干式为各防火分区内的疏散照明双电源配电箱供电。当疏散照明配电箱在配电小间或电缆竖井内安装，竖向供电时，每个配电箱可为多个楼层的疏散照明灯供电。《建通规》（GB 55037—2022）中第 10.1.6 条要求：除按照三级负荷供电的消防用电设备外，消防应急照明和疏散指示标志等的供电，应在所在防火分区的配电箱内设置自动切换装置。

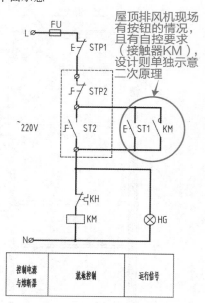

图 4-45　就地启停按钮案例系统示意

逻辑分析：由上述规范条文可见，当疏散照明为二级负荷及以上时，应在各防火分区的配电小间内或电气竖井内设置疏散照明双电源自动转换箱。为疏散照明供电的双电源自动转换箱、配电箱和 EPS 箱应安装于防火分区的配电小间内或电气竖井内。

当楼层有多个防火分区时，宜由楼层配电室或变电所引双回路电源树干式为各防火分区内的疏散照明双电源配电箱供电。在各防火分区配电间分别设置疏散照明双电源配电箱，再供给疏散照明分配电装置，分配电装置配出的分支回路不宜跨越防火分区。

对于《民标》（GB 51348—2019）第13.7.15条第3款规定的理解，争议较大。前室的应急照明支线多见疏散指示、疏散照明、电气竖井内照明等，这些应急照明不应跨防火分区供电，对于公共建筑而言，应急照明不垂直供电，而由本防火分区的照明配电箱水平供电，实施问题不大。但有些项目的应急照明负荷太小，每个防火分区单独设置箱体其实并不合理，照明支路难免跨防火分区进行配电。最典型的例子就是住宅公共区域的应急照明，由于每层应急疏散照明及疏散指示灯具容量很小，数量不多，照明的覆盖面积也小，分层设置应急照明箱或分配电装置则并不合理，为疏散照明配电箱供电的双电源自动转换箱不需要每层设置。故实际多为竖向灯具连接的做法，这种做法用于住宅公共区域应急照明更为方便。如此设计的竖向应急照明回路，会跨越多层，也会穿越多个防火分区，但却是比较合理的设计手段，在《建通规》（GB 55037—2022）执行以前，这种做法有规范支持。

依据《民标》（GB 51348—2019）中第13.7.15条第3款，疏散照明配电箱供电的前端消防双电源箱不需要每层设置。也可以参照《应急照明标》（GB 51309—2018）第3.3.7条第4款第2）项的规定：沿电气竖井垂直方向为不同楼层的灯具供电时，应急照明配电箱的每个输出回路在公共建筑中的供电范围不宜超过8层，在住宅建筑的供电范围不宜超过18层。因此，可以不在每层设置疏散照明双电源自动转换箱。但是，由电气竖井垂直方向为不同楼层的灯具供电时，应为不同楼层电气竖井所在防火分区的消防应急照明和疏散指示灯具供电，配电线路出电气竖井后不可水平方向穿越本防火分区，向其他防火分区的灯具供电。楼梯、前室亦同。

但在《建通规》（GB 55037—2022）执行以后，首次提及应急照明箱应按防火分区设置，并没有免除住宅等类型的竖向照明特例，这其中出现两点争议：一是应急照明箱是否包括分配电装置？二是分配电装置是否算自动切换装置？

从常规理解，分配电装置即便可以应急启动，也不能按自动切换装置来分类，故该条规范的适用范围为应急照明双电源自动切换箱，而不指分配电装置。而规范中"EPS箱应安装于防火分区的配电小间内"则表明在《民标》（GB 51348—2019）已实施而《应急照明标》（GB 51309—2018）尚未实施的阶段，对于分配电装置的设置要求已经较为清晰，其与应急照明双电源箱均应设于本防火分区内，则讨论应急照明箱是否包括分配电装置已没有意义，其与按照防火分区设置的大思路其实相同。

那应急照明箱是否可跨层供电，仍存有争议，但可以看出，规范趋严。各地外审要求多有不同，理解也并不统一，但《建通规》（GB 55037—2022）作为原则性规范，当有争议时，仍然需要以具体的实施规范做法为准，因此，根据《民标》（GB 51348—2019）第13.7.15条第3款和《应急照明标》（GB 51309—2018）第3.3.7条第4款第2）项规定设计时，依然可行。

如此建议的逻辑思路是以规范的延续性与节材节能为前提。住宅楼梯间的应急照明竖向供电仍可由分配电装置引出回路，多层供电如图4-46和图4-47所

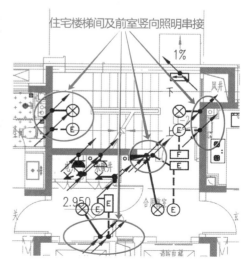

图4-46　住宅应急照明竖向串接平面示意

示；但公建等类型，则应严格执行要求，按防火分区设置应急照明分配电装置，如图 4-48 所示。

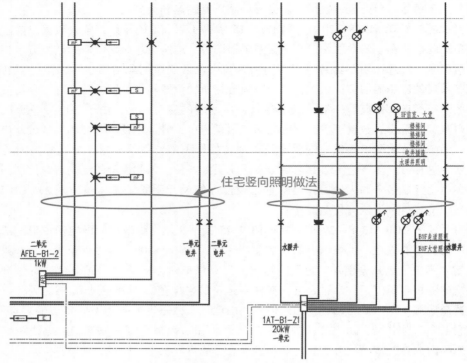

图 4-47　住宅应急照明竖向串接系统示意

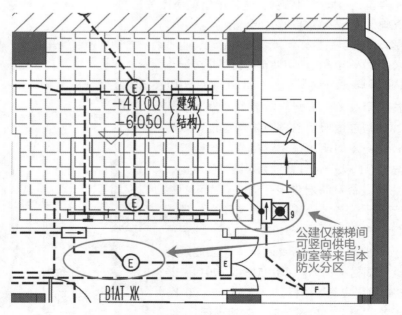

图 4-48　公建应急照明按防火分区供电示意

但也需要注意当仅有一个应急照明箱时，距离太远可能造成应急照明的支路供电过长，光源数目过多，压降偏大的问题。

2. 如何界定消防配电水平穿越防火分区的审查标准?

规范要求:《建规》(GB 50016—2014)(2018 年版)中第 10.1.7 条要求:消防配电干线宜按防火分区划分,消防配电支线不宜穿越防火分区。《民标》(GB 51348—2019)中第 13.7.10 条亦同。

逻辑分析:干线宜按防火分区划分,消防配电支线"不宜"穿越防火分区。多个防火分区消防用电共用一个消防总配电箱放射式配电时,消防总配电箱放射式配电至各防火分区消防设备的配电线路均属于配电干线,已按防火分区划分。

审核消防支路穿越防火分区时,先确认末端消防配电箱的设置已按防火分区进行布置,此时末端消防箱体的配出,如应急照明支线,若再次穿越防火分区,则违反规范。

电动排烟窗等小型室内消防设备的电源应引自本防火分区内消防配电箱,至其控制箱线缆按支干线处理,不予提出。

当设于室外的消防风机或水泵等由室内消防电源箱供电,配出室外的设备与防火分区之间的防火并无关联,且消防箱体合理设于室内防火分区时,同样按满足规范处理。

Q57 消防专用供电的几个常见问题

1. 消防采用专用的供电回路始端是从哪里开始的?

规范要求:《民标》(GB 51348—2019)编制组相关答疑中对第 13.7.5 条的解释:"当变电所不在本栋的建筑物内,总配电室也指各楼低压进线处设置的配电室",并结合《建规》(GB 50016—2014)(2018 年版)第 10.1.6 条之条文说明可知,消防供电电源是从建筑的变电站低压侧封闭母线处将消防电源分出,形成各自独立的系统。

逻辑分析:《建规》(GB 50016—2014)(2018 年版)第 10.1.6 条规定,消防用电设备应采用专用的供电回路。专用供电回路是指从本建筑物内总配电室低压母线上单独引出的回路。如果变电室在本建筑物内,则专用供电回路就是指从变电室低压柜单独引出的回路;如果本建筑物无变电室,采用低压进线,则专用供电回路就是指从本建筑物总配电室的低压柜上单独引出的回路。

常见的审查争议是当电源由位于本工程地下室连通区域的车库高基配电室引来,总配电柜中消防用电设备与非消防共用是否可以?如图 4-49 所示,某子项工程消防用电按二级负荷供电,电源由位于本工程地下室连通区域的车库高基配电室引来,则 B1AA1、B1AA2 配电柜中消防用电设备未采用专用的供电回路,与扶梯等非消防负荷共用配电柜,则审查可予以提出。如电源由位于本工程以外的地下室的车库高基配电室引来,有室外敷设的部分,则总配电柜中消防用电设备与非消防可共用配电柜。

2. 消防控制室、消防泵房、防排烟机房、消防电梯机房内照明、插座及空调电源是否可以从室内消防配电箱引出?

规范要求:《电通规》(GB 55024—2022)中第 4.5.6 条要求:消防应急照明回路严禁接入消防应急照明系统以外的开关装置、电源插座及其他负载。《建通规》(GB 55037—2022)中第 10.1.5 条要求:建筑内的消防用电设备应采用专用的供电回路,当其中的生产、生活用电被切断时,应仍能保证消防用电设备的用电需要。

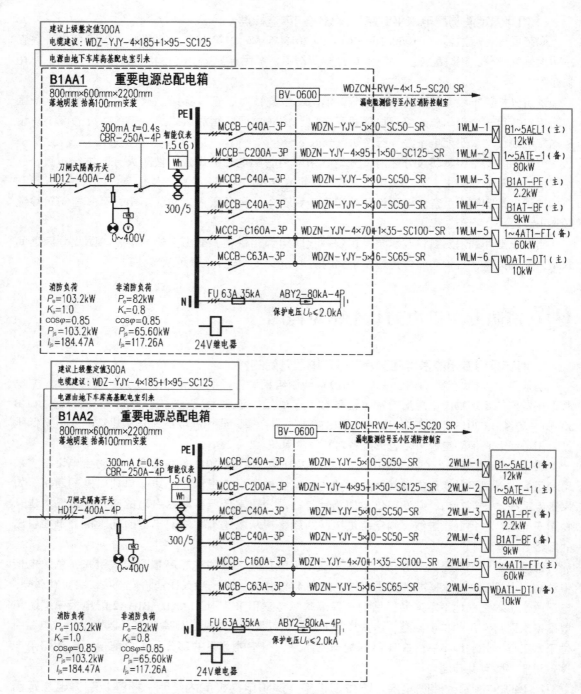

图 4-49　低压配电系统图中消防设备与非消防设备共用配电柜案例示意

逻辑分析：首先确认消防箱体中是否可以设计插座回路，依据上述《电通规》（GB 55024—2022）的要求可见，仅有应急照明箱明确不可设置电源插座，这条不难判别。

还有一个争议点，认为分配电装置是否也为应急照明箱体？因分配电装置多为超低压供电，后端没法供电低压设备，实际中除非为笔误，否则并不会出现漏电开关的设计，当然如果设计有漏电开关，也违规。故应急照明箱多指防火分区内的应急照明双电源互投箱，而非分配电装置。

而在《建通规》（GB 55037—2022）中关于消防专用的要求，存有理解的歧义，因为当消防控制室内照明、插座及空调电源只服务于消防控制室时，认为可以实现专用。部分地区认可从消防控制室消防配电箱单独回路配电，但要求火灾自动报警系统中控制与显示类设备的主电源应直接与消防电源连接，不应从插座取得电源。

而更多见的一种情况是消防控制室与安防监控中心合用机房，根据《电通规》（GB 55024—2022）中第5.3.4条要求，安防监控中心应采用专用回路供电。则此时控制室内插座及空调电源可以从安防监控用配电箱引出，负荷等级可满足要求，不可用消防配电箱配出相关非消防的专用回路。需注意《民标》（GB 51348—2019）第23.5.1条第2款：当消防控制室与安防监控中心合用机房，且火灾自动报警系统与安全技术防范系统有联动时，供排烟机房所在防火分区的消防双电源自动切换装置供电电源可合用配电箱。此条条文内容不再适用，如图4-50所示。

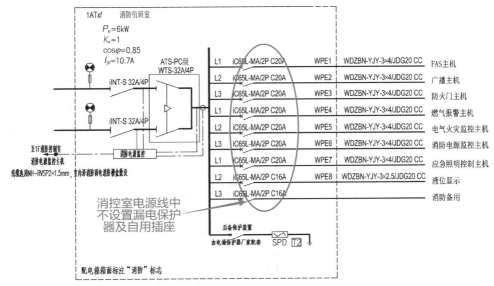

图4-50　消防配电箱不可配出非消防回路案例示意

此外还有两种特别情况，分别是消防电梯机房的配电系统与变配电室的配电系统，其插座可由设置在房间内的消防配电箱（柜）配出，应为独立回路。这两种特例的出现与规范无关，消防电梯是因为在楼顶层，专人专用，插座支路单独接引普通负荷箱体并不合理，则可从相应电梯电源箱内接引电源。而变配电室是由供电单位专门负责设计和管理的，其是否属于消防负荷存有争议，当按消防负荷进行设计时，为方便管理，备用照明及插座等也多从变配电室的电源箱接引。

这是基于两种箱体的深化均为电梯厂家或供电单位提供，不管是基于习惯做法，还是确实有设置的必要，在北京地区的审查中，都会对其设有插座回路的区别对待，一般不要求取消。但建议对非消防负荷使用的回路，进行切非处理，如图4-51和图4-52所示。

除上述几种情况外，如有与规范理解上有分歧的情况时，多依据深化厂家或管理单位的要求执行，机房的插座设置由施工方或业主方自行确定即可，但有规范可以明确依据时，应该严格按规范执行。

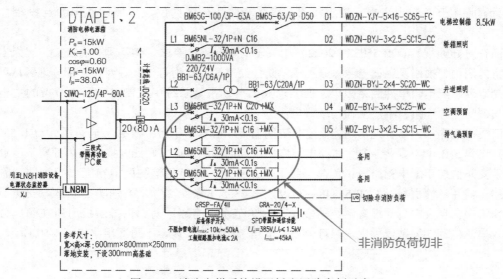

图 4-51　消防电梯系统设置插座回路案例示意

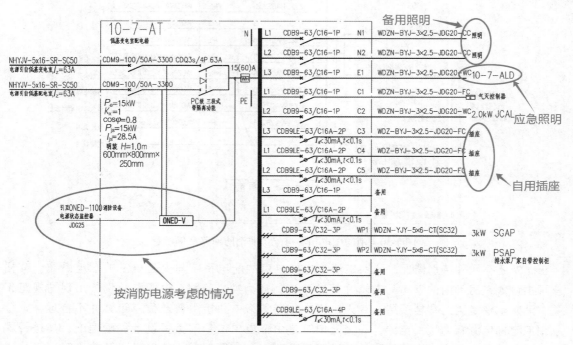

图 4-52　变配电室自用配电箱系统设置插座回路案例示意

　　还须注意有关非消防设备插座的特别要求：大型的电子信息机房的插座等回路，不应引自本房间专用电子信息设备配电箱或是专用的 UPS，即设备电源及检修、生活电源不可共用一个出线回路，见《数据中心设计规范》（GB 50174—2017）中第 8.1.8 条：用于电子信息系统机房的动力设备与电子信息设备的不间断电源应由不同回路配电。及其条文说明：数据中心内采用不间断电源系统供电的空调设备主要有控制系统、末端冷冻水泵、空调末端风机等，这些设备不应与电子信息设备共用一组不间断电源系统，以减少对电子信息设备的干扰。对此可理解为机房插座不可出自电子设备 UPS 电源之后，如图 4-53 所示。

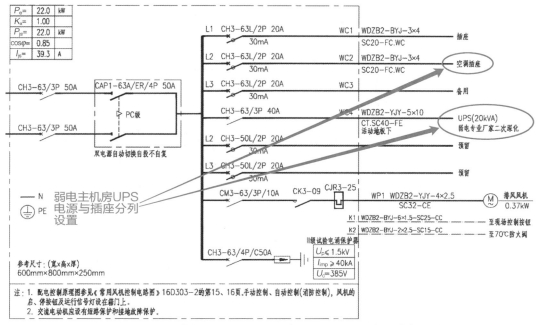

图 4-53　弱电机房插座不可由电子设备 UPS 电源之后配出案例示意

3. 排风机之类的小负荷，是否可从消防电源箱配出？

逻辑分析：配电室的排风机一般都不是消防负荷，当配电室的照明采用应急照明供电，审查中遇到机房排风机引自照明回路时，则违反消防专用的要求，应该予以提出，如图 4-54 所示。

4. 消防用电设备应采用专用的供电回路，适用末端箱体支线吗？

规范要求：《建通规》（GB 55037—2022）第 10.1.5 条：建筑内的消防用电设备应采用专用的供电回路，当其中的生产、生活用电被切断时，应仍能保证消防用电设备的用电需要。

逻辑分析：如图 4-55 所示案例，B1APE2-PY1 为消防电源箱，为非消防负荷一氧化碳控制器供电，不满足消防用电设备应采用专用的供电回路的要求。《建通规》（GB 55037—2022）第 10.1.5 条及其条文说明（保证建筑中的消防用电设备在火灾时正常发挥作用，不仅要保证消防电源的容量满足要求，而且要保证

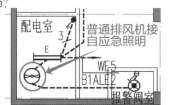

图 4-54　消防设备机房排风机引自照明回路的错误案例示意

电源及其供配电线路的可靠性，使消防供电回路与非消防供电回路各自独立）明确提出消防供电回路与非消防供电回路要各自独立。在《建规》（GB 50016—2014）（2018 年版）中第 10.1.6 条原文如下："消防用电设备应采用专用的供电回路，当建筑内的生产、生活用电被切断时，应仍能保证消防用电"。其条文说明为：如果生产、生活用电与消防用电的配电线路采用同一回路，火灾时，可能因电气线路短路或切断生产、生活用电，导致消防用电设备不能运行，因此，消防用电设备均应采用专用的供电回路。可见，上述条文及其条文说明明确提出专线供电，并未区分干线与支线，可认为支线同样适用。

图 4-55 所示案例中，CO 探测器不属于消防负荷，火灾时，可能因电气线路短路或切断生产、生活用电，既会导致消防用电设备不能运行，也不满足消防供电回路与非消防供电回路各自

独立的要求，故违反规范要求。但考虑其并非供电端，而在末端，危害面较小，酌情考虑，可不按违反强制性条文提出。对此，也可以采用图 4-56 中方式，以信号的形式接入，则符合规范要求。

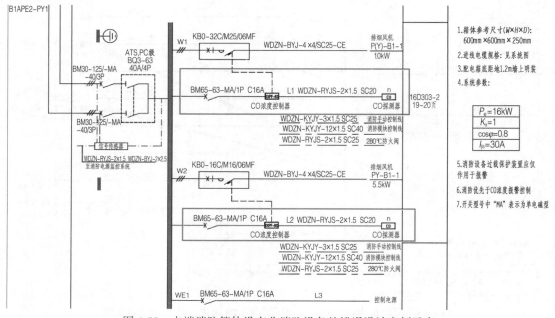

图 4-55 末端消防箱体设有非消防设备的错误设计案例示意

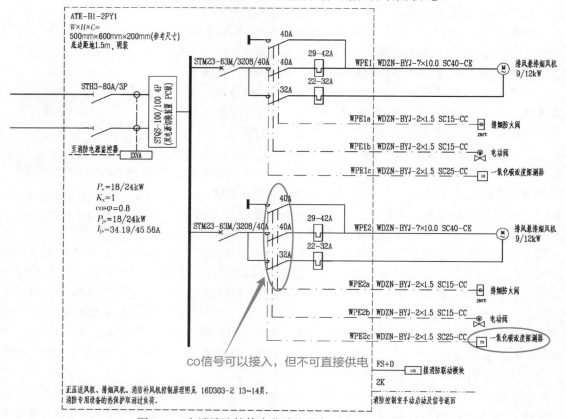

图 4-56 末端消防箱体中非消防设备正确设计案例示意

Q58 关于小商业疏散照明设计中的几个常见问题

1. 小于200m²的独立商铺是否需要设置疏散照明?

规范要求:《建规》(GB 50016—2014)(2018 年版)第 10.3.1 条要求:面积大于200m²的商铺需要设置出口指示灯和疏散指示灯。《建通规》(GB 55037—2022)第 10.1.9 条要求亦同。《民标》(GB 51348—2019)第 13.2.3 条第 2 款第 3)项要求:室内最远点至通向疏散走道的门直线距离超过15m的场所,应设置安全出口疏散指示标志灯。

逻辑分析:此类建筑主要包括普通的商服网点、小型商业、物业楼、无顶盖步行街两侧的单层商铺等,常见分户独立产权,且多为无公共区域,需要先对建筑分类予以区别,然后分情况按面积来考虑应急照明的设置。

对于住宅底商,《建规》(GB 50016—2014)(2018 年版)第 2.1.4 条中有关于商业服务网点的定义:住宅建筑首层及二层分隔单元小于300m²的小型营业性用房为商业服务网点。而在其第 5.4.11 条又确认了商业服务网点与住宅部分建筑需要完全分隔,满足上述两点的住宅底商属于商业网点。应急照明可按照《建规》(GB 50016—2014)第 10.3.1 条第 2 款的规定执行,按营业厅的要求设计疏散照明,作为公共建筑,与之对应,应设置安全出口标识及疏散指示标识。故200m² < 住宅的商业服务网点面积 <300m² 时,要求设计疏散照明,如图 4-57 所示。

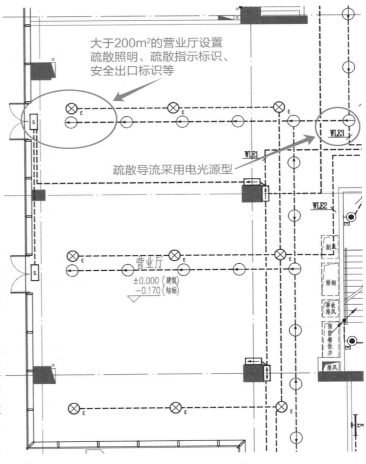

图 4-57 大于 200m² 的营业厅设置疏散照明案例示意

当然,商业面积 > 300m² 时,也需要设置,但就不再是按商业网点进行分类。如非住宅的民用建筑,只要建筑面积大于等于200m²的营业厅就应设置疏散照明,也可以同时理解为建筑面积小于200m²的营业厅则不需设置应急照明甚至疏散指示,逻辑因此较为明确,主要还是面积小,且疏散距离短,一目了然,无设置的必要。

对于通过有顶棚的步行街,且步行街两侧的商业设施建筑需利用步行街进行安全疏散的商业建筑，根据《建规》（GB 50016—2014）（2018年版）第5.3.6条第9款规定：步行街两侧建筑的商铺内外均应设置疏散照明、灯光疏散指示标志。该条文对商铺面积未做规定，因此不论商铺面积多大，商铺内外均应设置疏散照明、灯光疏散指示标志。

如该商业建筑消防应急照明和疏散指示系统采用集中控制型（通常对应设有消防控制室），则其内部商业街店铺自带蓄电池消防应急照明灯具，应执行《应急照明标》（GB 51309—2018）第3.3.1条第2款，即"灯具的主电源应通过应急照明配电箱一级分配电后为灯具供电"，且应急照明配电箱的供电应符合《应急照明标》（GB 51309—2018）第3.3.7条第3款第1）项的规定，不设集中电源，但灯具采用自带蓄电池的A型灯具，电源取自应急照明配电箱，如图4-58所示。

如该商业建筑消防应急照明和疏散指示系统采用非集中控制型（通常对应未设消防控制室），则其内部商业街店铺自带蓄电池消防应急照明灯具，应执行《应急照明标》（GB 51309—2018）第3.3.1条第2款要求，即"灯具的主电源应通过应急照明配电箱一级分配电后为灯具供电"。其应急照明配电箱的供电应符合《应急照明标》（GB 51309—2018）第3.3.7条第3款第2）项的规定：由正常照明配电箱供电。不设集中电源，但灯具采用自带蓄电池的A型灯具，电源取自商铺自用配电箱。

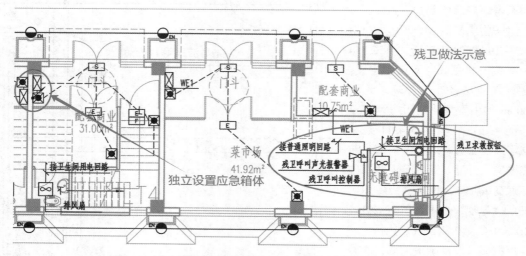

图4-58　独立产权小商铺采用自带电源集中控制型案例示意

2. 小于200m² 的独立商铺是否需要设置疏散指示标识及出口标志灯？

规范要求：《建通规》（GB 55037—2022）第10.1.8条第3款及《建规》（GB 50016—2014）（2018年版）第10.3.5条第1款之要求，公共建筑应设置疏散指示标志灯（出口标志灯）。

逻辑分析：疏散指示等的设计依据，一般与疏散照明匹配设置，依据上述规范，公共建筑应设置疏散指示标志灯（出口标志灯）。

但住宅的商业网点是否设置疏散指示标志灯（出口标志灯）并非毫无争议，在《应急照明标》（GB 51309—2018）第3.2.8条的条文说明中明确了：建筑面积大于400m²的营业厅、餐厅等人员密集场所疏散门是通向室内外安全区域的必经出口，也属疏散出口的范畴，其上方也应设置出口标志灯。但对于商业建筑中营业面积小于200m²的小商铺内是否设出口标志灯，规范未作要求。另见《建规》（GB 50016—2014）（2018年版）第5.1.1条的条文说明中明确要求：住宅建筑的下部设置商业服务网点时，该建筑仍为住宅建筑。因此住宅建筑底层的商业网点可以不设灯光疏散指示标志。

对于上述可不设置灯光疏散指示标志的小商铺和商业服务网点，如由于建筑平面布局复杂造成不能直接看到安全出口或疏散口时，建议设置灯光疏散指示标志。此时审查可具体量化，商业建筑中营业面积小于 $200m^2$ 的小商铺，当室内最远点至通向疏散走道的门的直线距离超过 15m 时，应设置疏散指示标志灯具，此要求可见《民标》（GB 51348—2019）第 13.2.3 条第 2 款第 3）项要求。当室内最远点至通向疏散走道的门的直线距离超过 15m 时，铺内可以不设应急照明，但对外的安全门应设置安全出口标志；当既可直视出口，距离也不超 15m 时，可不设安全出口指示。

3. 如何界定公共建筑？

规范要求：《建通规》（GB 55037—2022）第 10.1.8 条第 3 款规定：公共建筑应在安全出口设置灯光疏散指示标志。

逻辑分析：顾名思义，公共建筑是民众公共使用的场所。在《建规》（GB 50016—2014）（2018 年版）中对于重要的公共建筑都有介绍，见其第 2.1.3 条对重要的公共建筑的定义为：发生火灾可能造成重大人员伤亡、财产损失和严重社会影响的公共建筑。主要包括党政机关办公楼、医院、大型公共建筑、较大规模的中小学教学楼及宿舍楼等。但对于公共厕所、旅游区观景台（底层有安全出口）、门卫值班室等无疏散通道，有直通室外安全出口的单体民用建筑，同为公共建筑的属性。当建筑面积小于 $100m^2$，也非人员密集的、无可燃物且无疏散通道的上述类似单体公共建筑，可不设置灯光疏散指示标志。

4. 小于 $200m^2$ 的独立商铺采用何种应急照明控制系统？

规范依据：《应急照明标》（GB 51309—2018）第 3.1.1 条和第 3.1.2 条要求：设置消防控制室的场所应选择应急照明集中控制型系统；设置火灾自动报警系统，但未设置消防控制室的场所宜选择应急照明集中控制型系统；其他场所可选择应急照明非集中控制型系统。

逻辑分析：这里也引用国家标准《应急照明标》（GB 51309—2018）编制组的回复：普通的商服网点、小型商业、"1 拖 2" 的两层商业等，所在区域如果有消防控制室，则应该用集中控制型系统；如果没有消防控制室，可以采用非集中控制型系统。这些场所的应急照明配电箱电源在有消防电源时，应由消防电源供电；无消防电源时，可由本房间普通照明配电箱引出。房间内如果设置了封闭楼梯间，可采用专门给小场所使用的应急照明配电箱为消防应急灯具供电。

可见，当满足《建规》（GB 50016—2014）（2018 年版）第 10.3.1 条第 2 款的要求时，建筑面积大于等于 $200m^2$ 的营业厅设疏散照明，但各种面积的小商铺如何设计应急照明控制系统则要分情况考虑。

这里重点要考虑产权和业态的影响，如果是大型商场或商业街区内部隔开的单间小商铺，是属于一个大型公共建筑物的一部分，商户应急照明如与整体应急照明系统为一体更为合理，则可以由公共应急照明引出，采用集中控制型系统。疏散照明平时可不投入使用，发生火灾时，集中控制型系统联动其投入使用，如此设计既可以解决费用的分摊问题，也解决了公共建筑小商铺的应急照明。

如是小型的公共建筑，商铺是个人性质的小商铺，管理权属于个人，则需要结合整体的应急照明统筹考虑。对于设置有火灾自动报警系统的商业建筑，应急照明同样应采用集中控制型系统，应急照明的供电须满足《应急照明标》（GB 51309—2018）的相关要求，如 A 型灯具等。另外，还可以采用设置集中电源或设置集中应急照明配电箱的做法，以节约投资与便于维护管理，如图 4-59 所示。

对于未设置火灾自动报警系统的商业建筑，负荷等级为三级，不具备消防专用电源条件，在建筑平面简单、建筑内人员不多的情况下，因人员能快速清晰辨认疏散方向和出口位置，迅速疏散，因此标志灯的供电和控制可以简化处理。应急照明可由商铺普通配电箱供电，但需引出单独回路，选择自带蓄电池的 A 型灯具来解决。这种方案的费用就直接由业主自己解决，系统独立，即非集中控制型系统。正常照明配电箱可以不设在配电间或电气竖井内。

除上述情况外，当住宅建筑设置消防控制室时，高层住宅建筑及其内部设置的小型商业网点也均应采用集中控制型应急照明及疏散指示标志系统，并组成一个系统，由消防控制室统一管理，如图 4-60 所示。

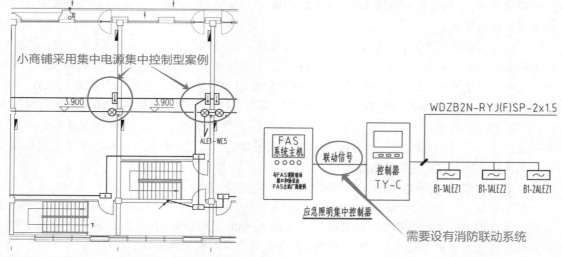

图 4-59　独立产权小商铺采用集中电源集中
控制型案例示意

图 4-60　应急照明集中控制型系统拓扑示意

5. 住宅小区既有一类高层又有二类高层，此时二类高层消防应急照明和疏散指示系统的设计标准是什么？

逻辑分析：消防控制室的管辖范围即为消防控制集中管理的火灾自动报警系统的保护范围，二类高层未设置火灾自动报警系统时，可采用非集中控制型系统。

但现在多数住宅小区的一、二类高层及多层住宅楼与小区大底盘车库相连通，当车库利用二类高层住宅楼及多层住宅楼内通道、楼梯间作疏散出口时，则由车库至一、二类高层住宅楼及多层住宅楼的通道、楼梯间、室外安全出口的疏散路径上应设置应急照明和疏散指示系统。当高层建筑采用集中控制型系统时，住宅楼的应急照明和疏散指示系统应与之配套，采用集中控制型系统。

Q59　疏散导流设计中的几个常见问题

1. 地面上保持视觉连续的灯光疏散指示标志能否替代大空间场所内的疏散标志灯？

规范要求：《应急照明标》（GB 51309—2018）第 3.2.9 条第 2 款第 1）项要求：对于展览厅、商店、候车（船）室、民航候机厅、营业厅等开敞空间场所中两侧无维护结构的疏散通道，方向标志灯应设置在疏散通道的上方。

逻辑分析：依据上述规范要求，展览厅、商店、候车（船）室、民航候机厅、营业厅等高大开敞空间场所的疏散通道两侧无墙、柱等结构时，方向标志灯应设置在疏散通道的上方。但吊装灯具管线过长确实会影响空间效果，或吊装灯具过高不便火灾时疏散人员查看疏散方向，此时需要通过召开专家论证会来确定如何设置疏散标志灯。

也可依据《建规》（GB 50016—2014）（2018 年版）第 10.3.5 条第 2 款要求：灯光疏散指示标志应设置在疏散走道及其转角处距地面高度 1.0m 以下的墙面或地面上。可见疏散照明指示有设于地面的做法，可用地面疏散标志灯替换吊装疏散标志灯，但不应采用在地面上增设能保持视觉连续的灯光疏散指示标志来替代这些大空间场所内的疏散标志灯，要结合疏散导流设置疏散标志灯。

2. 是否可用蓄光型疏散指示标志代替电光源型疏散指示标志？

规范要求：《应急照明标》（GB 51309—2018）第 3.2.1 条第 2 款要求：不应采用蓄光型指示标志替代消防应急标志灯具。

逻辑分析：其实这与上一个问题还是同一个问题，即不应采用蓄光型指示标志代替电光源型疏散指示标志。由上述条文的条文说明中可见：蓄光型标志牌是利用储能物质吸收环境照度发光的产品，表面亮度较低，且亮度的衰减较快。一般很难保证设置场所的日常照度始终达到蓄光型标志牌储能所需的照度条件，从而很容易导致在火灾条件下其标志的亮度根本无法引起疏散人员的视觉反应，无法有效发挥其疏散指示导引的作用，因此不能采用蓄光型标志牌替代标志灯。由此可知，蓄光型指示标志代替疏散指示标志时，如果作为补充使用，是可以的。但也要核实当地的地标要求，各地在此处会有不同要求，有地区要求较高，补充使用时也要求采用光电型，如图 4-55 所示。

3. 足疗店是否需要设置疏散导流？

规范要求：《建规》（GB 50016—2014）（2018 年版）中第 10.3.6 条第 4 款要求：歌舞娱乐放映游艺场所应在疏散走道和主要疏散路径的地面上增设能保持视觉连续的灯光疏散指示标志或蓄光疏散指示标志。

逻辑分析：核心问题是足疗店是否为歌舞娱乐放映游艺场所，如是，则依据上述规范执行即可。可见《建筑设计防火规范》（GB 50016—2014）（2018 年版）国家标准管理组《关于足疗店消防设计问题的复函》（建规字〔2019〕1 号文）：现行国家标准《建筑设计防火规范》（GB 50016—2014）（2018 年版）第 5.4.9 条中的"歌舞娱乐放映游艺场所"是指该条及其条文说明列举的歌厅、舞厅、录像厅、夜总会、卡拉 OK 厅（含具有卡拉 OK 功能的餐厅）各类游艺厅、桑拿浴室休息室或具有桑拿服务功能的客房、网吧等场所，不包括剧场、电影院。第 5.4.9 条对歌舞娱乐放映游艺场所设置楼层、厅室面积、防火分隔等提出限制性或加强性要求，主要目的是通过提高此类火灾高风险场所防火设计指标，为人员疏散逃生创造更为有利的条件。考虑到足疗店的业态特点与桑拿浴室休息室或具有桑拿服务功能的客房基本相同，其消防设计应按歌舞娱乐放映游艺场所处理，所以其疏散走道和主要疏散路径的地面上应增设疏散导流。

Q60 楼梯间应急照明设计中的几个常见问题

1. 封闭楼梯间、防烟楼梯间是否每一个楼梯间需设置一个配电回路？

规范要求：《应急照明标》（GB 51309—2018）中第 3.3.4 条第 1 款要求：封闭楼梯间、防烟楼梯间、室外疏散楼梯应单独设置配电回路。

逻辑分析：该条文最初的出处为《消防应急照明和疏散指示系统》（四川科学技术出版社，2019年）中第3.2.2节和第3.6.2节所述：消防应急照明和疏散指示系统的设计是基于建、构筑物的疏散单元而开展的系统设计，因此，灯具配电回路设计，应根据疏散单元的划分情况按照相应的原则设置灯具的配电回路。而每一个防烟楼梯间、封闭楼梯间、室外疏散楼梯单独划分为一个独立的疏散单元，因此每一个封闭楼梯间、防烟楼梯间、室外楼梯应单独设置配电回路。

2. 封闭楼梯间、防烟楼梯间是否需要单独设置应急照明箱体？

规范要求：《应急照明标》（GB 51309—2018）第3.3.7条第2款第3）项要求：灯具采用自带蓄电池供电时，防烟楼梯间应设置独立的应急照明配电箱，封闭楼梯间宜设置独立的应急照明配电箱。

逻辑分析：该条文的前提是灯具采用自带蓄电池供电，但对常规采用集中电源供电灯具的做法，规范未有提及，并不受制约，所以上述条文适用范围很有限，但也容易漏审。当采用自带蓄电池供电，对于防烟楼梯间，楼梯间应单独设置应急照明配电箱；而对于封闭楼梯间，楼梯间宜单独设置应急照明配电箱。

在上述条文的条文说明中有介绍：其他区域发生火灾时，不能影响为该场所灯具分配电的应急照明配电箱的正常工作，因此，要求人员密集场所的每个防火分区和建筑物、构筑物的防烟楼梯间应单独设置应急照明配电箱。此处明确为一部楼梯设置一个应急照明配电箱，并非可以多部楼梯间的配电回路共用一个配电箱。

当为剪刀楼梯间时，剪刀楼梯间是一种结构形式比较特殊的楼梯间，从安全疏散设计的角度而言，应按两个独立的楼梯间考虑，因此不同的楼梯间内应分别设置独立的应急照明配电箱。即便采用集中电源，剪刀楼梯的疏散照明按不同楼梯间，分别设置回路也更为合理，如图4-61所示。

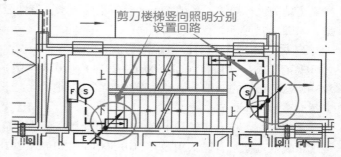

图 4-61　剪刀楼梯的疏散照明设计案例示意

当采用敞开楼梯间时，敞开楼梯间可以与位于同一防火分区的一个楼层或几个楼层共用一个应急照明配电箱，但配电回路的设置需符合《应急照明标》（GB 51309—2018）的相关规定。

Q61 安全出口与疏散出口设计中的几个常见问题

1. 安全出口和疏散出口有什么区别？

规范要求：《应急照明标》（GB 51309—2018）第3.2.5条要求：安全出口外面及附近区域、连廊的连接处两端需设置疏散照明。

逻辑分析：上述条文中的"外面"更容易被人重视，因为以前的规范并未提及过，但实际上前面的"安全出口"才是审查时的核心内容。安全出口是绝对安全的出口，例如，直接可以出室外的疏散门，而疏散出口多是指在建筑内部疏散路径上的疏散门，例如，楼梯门，但严格来说安全出口是疏散出口的一种。

例如，某项目安全出口直接对外，外墙及附近区域是否要按《应急照明标》（GB 51309—2018）第3.2.5条而设置疏散照明？这里的情况就是规范所提及的情况，安全出口并不直接对外，两者间存在走道、灰空间、架空层等非室外区域，则其安全出口附近区域、连廊的连接处应设置应急照明灯。连廊应急照明设置如图4-62所示。

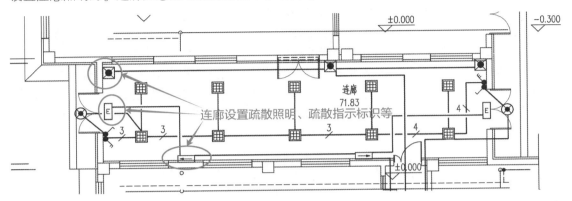

图4-62 连廊应急照明设置案例示意

又如高层公共建筑，以及人员密集的多层公共建筑，如商场、体育馆、展馆等，若安全出口距离室外尚有一定距离的建筑，如首层为架空层或下沉庭院，其安全出口外面应设置疏散照明，地面水平最低照度不应小于11x，如图4-63所示。

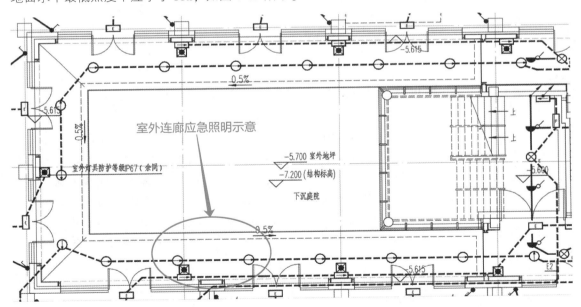

图4-63 室外连廊应急照明设置案例示意

住宅的安全出口外面及附近区域可不做相应要求，此为深圳地区要求，这是考虑到住宅类似过渡场所并不存在如此要求，各地可以参考实施。

2. 安全出口和疏散出口上方设置的出口标志灯是否应有所区别?

规范要求：《应急照明标》（GB 51309—2018）第3.2.8条之条文说明：安全出口上方设置

的标志灯的指示面板应有"安全出口"字样的文字标识，而疏散出口上方设置的标志灯的指示面板不应有"安全出口"字样的文字标识，应标出疏散出口字样的文字标识。

逻辑分析：这处规范解释得清楚，安全出口与疏散出口标志灯的图例应有区别，不应混用，尤其在公共建筑中。同时需要注意，由于标志灯作用不同，设计时应严格区别，以指导施工订货安装及验收使用。

3. 防进入的明显标志是否必须设置为灯光指示？

规范要求：《建规》（GB 50016—2014）（2018年版）中第6.4.4条第3款要求：建筑的地下部分与地上部分共用楼梯间时，应设置明显的标志。

逻辑分析："明显的标志"出自建筑专业条款，不一定要为灯光标志，可为多种指示，或是光电型，或标志型。当"明显的标志"旁边设有应急照明时，可不用灯光型标志，但其文字描述不应有歧义，可以是"火灾时不要进入"之类，而不应写"禁止入内"之类的光电型标志的常用文字。光电型"禁止入内"示意如图4-64所示。

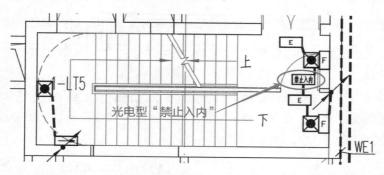

图4-64　光电型"禁止入内"示意

Q62 消防应急照明灯具可以采用嵌入式安装吗？

规范要求：在《民标》（GB 51348—2019）和《应急照明标》（GB 51309—2018）中均有表述，但规范描述有冲突。《应急照明标》（GB 51309—2018）第4.5.3条第1款要求：灯具在顶棚、疏散走道或通道的上方安装时，照明灯可采用嵌顶、吸顶和吊装式安装。而《民标》（GB 51348—2019）第13.6.5条第1款要求：消防疏散照明灯及疏散指示标志灯设置应符合规定，消防应急（疏散）照明灯应设置在墙面或顶棚上，设置在顶棚上的疏散照明灯不应采用嵌入式安装方式。

逻辑分析：应急照明灯具安装在顶棚时，是否可采用嵌顶安装，核心问题是弄清楚嵌入式与嵌顶式有何区别？从名字上并不好分辨。在《民标》（GB 51348—2019）标准编制组答疑中有：由于棚顶具有储烟仓特性，过去的筒灯没有防护罩，烟气进入筒灯会降低照度，再加上棚顶储烟仓特性会加速照度降低，不利疏散。

同样，可见住建部的回复：根据《民标》（GB 51348—2019）条文说明，第13.6.5条第1款强调应急（疏散）照明灯不应采用嵌入式安装方式，一是应急（疏散）照明灯以广照型为主，嵌入方式不利于地面水平最低照度的实现；二是火灾时烟气上浮，最易在嵌入式灯内形成烟窝，影响疏散照度。消防疏散照明灯在安装时如能避免上述问题，并满足该条款"灯具选择、安装位置及灯具间距以满足地面水平最低照度为准；疏散走道、楼梯间的地面水平最低照度，按中心线对称 50% 的走廊宽度为准；大面积场所疏散走道的地面水平最低照度，按中心线对称疏散走道宽度均匀满足 50% 范围为准。"由此，可知可采用嵌顶式安装。综合考虑，在实际设计中，应急照明不可采用嵌入式安装。

可见预防灯内形成烟窝为编制该规定的主要原因，另外，嵌入灯具照度因为角度遮蔽而照度偏低，而吸顶则无此问题。由此可见，所谓嵌顶并不是指嵌入吊顶内，而是嵌入板内，这种情况实际很罕见，几乎可以忽略。

设计如标注为"嵌顶安装"，也要注明所选 LED 疏散照明灯厚度较薄，可满足嵌顶安装的要求。或介绍应急照明灯具按照《应急照明标》（GB 51309—2018）有关条款执行，所采用的嵌入式筒灯须满足国家相关产品标准的要求。

重点审查材料表中注释，如图 4-65 所示。

符 号	名 称	型号及规格		备 注
✳	A型疏散通道照明筒灯 LED	5W	$\cos\varphi \geqslant 0.9$	吸顶或嵌入安装 室外安装时，防护等级: IP67
✳7	A型疏散通道照明筒灯 LED	7W	$\cos\varphi \geqslant 0.9$	吸顶安装
✳10	A型疏散通道照明筒灯 LED	10W	$\cos\varphi \geqslant 0.9$	吸顶安装
✳12	A型疏散通道照明筒灯 LED	12W	$\cos\varphi \geqslant 0.9$	吸顶安装
⊗E	A型疏散通道照明筒灯 LED	12W	$\cos\varphi \geqslant 0.9$	距地 2.5m 壁装
▣	A型疏散通道照明筒灯 LED	5W	$\cos\varphi \geqslant 0.9$	距地 2.5m 壁装 防护等级: IP67
▭F	A型楼层出口标志灯 LED	1W	$\cos\varphi \geqslant 0.9$	壁装，距门洞上口 0.2m 吊装 2.5m
▭E/N	A型出口指示/禁止入内标志灯	1W	$\cos\varphi \geqslant 0.9$	距地 2.5m 吊装

图 4-65 消防应急照明灯具采用嵌入式安装的错误案例示意

Q63 消防配电系统设计中的几个常见问题

1. 能否利用消防风机房兼作各防火分区配电小间？消防设备控制箱是否必须设置于强电井内？

规范要求：《民标》（GB 51348—2019）中第 13.7.14 条要求：除防火卷帘的控制箱外，消防用电设备的配电箱和控制箱应安装在机房或配电小间内与火灾现场隔离。同时，其第 13.7.11 条第 1 款要求：除消防水泵、消防电梯、消防控制室的消防设备外，各防火分区的消防用电设备末端配电箱应安装于防火分区的配电小间或电气竖井内。

逻辑分析：工程设计中经常有一些错误的观点，认为转换开关设置在控制箱处才是安全的，这会造成工程设计中大量采用转换开关，但其实这样做既浪费，也不安全，非该条规范编制的初衷。

上述规范提到消防用电设备的配电箱和控制箱应安装在机房或配电小间内，编制的逻辑是要配电设备与火灾现场隔离。由上述两条文可见，规范中已经免去了消防水泵、消防电梯、消防控制室的消防设备、防火卷帘的井道配电要求，仅剩防排烟风机、疏散照明配电箱和其他未注明消防双电源切换箱。

《应急照明标》（GB 51309—2018）有规定应急照明配电箱宜安装于配电间或强电井内，见其第3.3.7条第2款要求：应急照明配电箱宜设置于值班室、设备机房、配电间或电气竖井内。则除了电气竖井内，其同样可以根据需求设于值班室等处。

消防风机配电箱位置则需分情况考虑，仅为该风机房的风机供电的配电箱可以设在风机房内，如图4-66所示。如配电箱除消防风机外还为消防水泵、防火卷帘等其他消防设备供电，则应设在配电小间内。但不能利用风机房兼作配电小间，因为配出的管线无法与火灾现场实现隔离。

未注明的消防设备配电箱，这其中包括电动排烟窗、电动挡烟垂壁等火灾初期就完成工作的现场型设备，这类消防设备与防火卷帘配电箱类似，负荷小，是规范描述的除外部分，其配电或控制箱设于现场更合理。同理，防火卷帘等控制箱不设于配电小间时，也应设置在相应设备附近，且配电箱应采取防火措施。

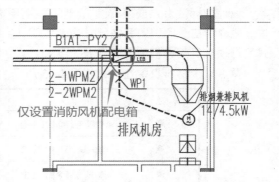

图4-66　排烟风机房配电箱专用案例示意

消防电梯配电箱也设置在消防电梯机房内，如消防电梯为无机房消防电梯，配电箱应设置在消防电梯井道附近，配电箱应采取防火措施。

对于分布在地下室集水坑内的消防潜水泵，非规范中提及的消防水泵，其为平时雨水、生活溢水或火灾时的消防水共用的设备，其属性为消防的辅助设施。有条件时可安装在机房、配电小间或竖井内，现场设启停控制按钮；当距机房、配电小间或竖井较远时也可现场就地安装。

2. 同一个防火分区内的消防负荷是否可以由一个总双切箱放射式供电？

规范要求：《建规》（GB 50016—2014）（2018年版）第10.1.8条要求：消防控制室、消防水泵房、防烟和排烟风机房的消防用电设备及消防电梯等的供电，应在其配电线路的最末一级配电箱处设置自动切换装置。

逻辑分析：同一个防火分区内的消防负荷是否可以由一个总双切箱放射式供电，要依据不同的消防负荷而定。

消防控制室、消防水泵房的消防用电设备及消防电梯的供电应在其配电线路的最末一级配电箱处设置自动切换装置，这几处需要在各自的机房设置双电源自动切换装置。

防烟和排烟风机房的消防用电设备的供电应在其配电线路的最末一级配电箱处或风机所在防火分区的配电间内设置自动切换装置，可见消防风机可由总双切箱放射式供电，也可以在消防风机机房处设置双电源箱，两者皆可。

其余消防用电设备如消防排水的潜水泵、防火卷帘、挡烟垂壁、电动排烟窗等的供电可按防火分区设置自动切换装置，也可由本防火分区的消防设备自动切换箱供电。可见，小负荷及非动力的消防负荷，更多采用防火分区的消防设备自动切换箱供电，如应急照明箱，更多设于防火分区电气井道处。

3. 两台排烟风机分别用于两个防火分区，该两台排烟风机可否由同一个控制箱供电和控制，且控制箱的电源由机房所属防火分区配电小间内的双电源箱供电？

逻辑分析：在地下室两个防火分区分界处设置排烟机房，当机房划归为其中一个防火分区，机房内设置两台排烟风机，分别用于两个防火分区，则该两台排烟风机不可由同一个控制箱供电和控制。这两台排烟风机应分设控制箱，由排烟机房所在防火分区的消防双电源自动切换装置供电。

Q64 大型综合商业建筑内场所应如何设置疏散指示标志？

【举例】 某大型综合商业建筑内置的电影院，座位总数没超过 1500 个，是否应在地面主要通道设置保持视觉连续的疏散指示标志？

规范要求：《建规》（GB 50016—2014）（2018 年版）第 10.3.6 条第 5 款要求：座位数超过 1500 个的电影院、剧场的疏散走道和主要疏散路径的地面上增设能保持视觉连续的灯光疏散指示标志或蓄光疏散指示标志。

逻辑分析：独立电影院慢慢淡出生活，如超过 1500 个座位，设置疏散导流无异议。分歧点在于大型综合商业建筑内置的各电影院座位总数超过 1500 个时，是否应在每个观影厅地面主要通道中设置保持视觉连续的疏散指示标志？

电影院一般由观众厅、公共区域、放映机房和其他用房等组成，在《建规》（GB 50016—2014）（2018 年版）第 10.3.6 条第 5 款中的"电影院"应理解为"电影院建筑"，而不是电影院中的"观众厅"，则当各观众厅的座位总数超过 1500 个时，应在观众厅外的疏散走道和主要疏散路径的地面上增设能保持视觉连续的灯光疏散指示标志。

大型综合商业建筑内设置的电影院，座位总数没超过 1500 个时，是否在观众厅的疏散走道和主要疏散路径的地面上增设能保持视觉连续的灯光疏散指示标志分以下两种情况考虑。

一种是商业建筑与电影院的疏散通道相通、可以互相借用疏散时，此时电影院属于商业建筑的一部分，应按《建规》（GB 50016—2014）（2018 年版）第 10.3.6 条第 2 款、第 3 款的规定，按地下或地上的商业考虑，在观众厅外的疏散走道和主要疏散路径的地面上增设能保持视觉连续的灯光疏散指示标志，如图 4-67 所示。

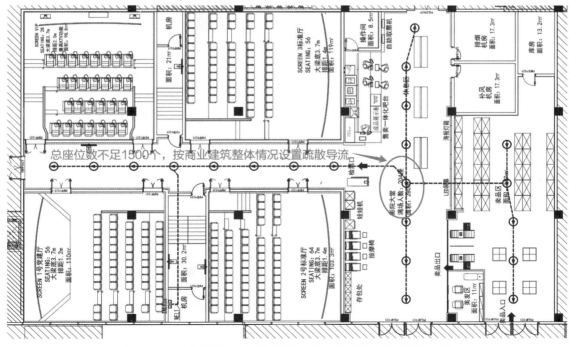

图 4-67 商业建筑与电影院疏散通道相通案例的疏散导流示意

另外一种情况是商业建筑与电影院的建筑空间完全独立、有各自的疏散系统且疏散通道不相通无法互相借用疏散时，在电影院观众厅外的疏散走道和主要疏散路径的地面上可以不增设能保持视觉连续的灯光疏散指示标志。

Q65 洁净厂房设计中的几个常见问题

1. 消防救援窗处是否均需设置红色应急照明灯？

规范要求：《医药工业洁净厂房设计标准》（GB 50457—2019）第11.2.8条要求：医药工业洁净厂房内在消防救援窗处应设置红色应急照明灯。

逻辑分析：审查时应注意建筑物单体需为医药工业洁净厂房，如建筑属性不对，即便为洁净厂房，该条也不适用。因各种建筑多有设置消防救援窗，但并未有有关设置红色应急照明灯条文的支持，则审查意见的提出，需要先确认建筑类别。

如为医药工业洁净厂房，当厂房进行改造时，会增设消防救援窗，新增的消防救援窗处未设置红色应急照明灯，是常见的一种漏设情况，判为违反上述规范强制性条文。

如图4-68所示，本工程为医药工业洁净厂房，本次设计新增消防救援窗，要求设置红色应急照明灯，但平面图各处均未设置。

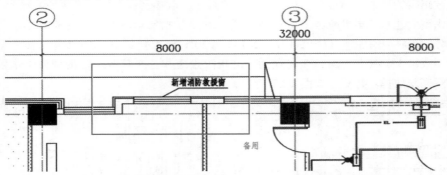

图4-68 新增消防救援窗处未设置红色应急照明灯案例示意

红色应急照明灯作为消防时使用的灯具，其设置于室外，可以与疏散照明同一回路供电，但要考虑室外灯具的防护等级要求，如图4-69所示。

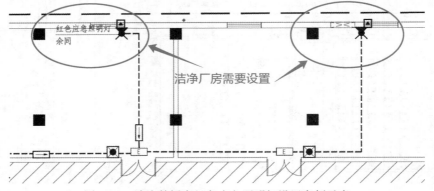

图4-69 消防救援窗红色应急照明灯设置案例示意

2. 洁净厂房的备用照明和应急照明可以共用吗？

逻辑分析：洁净厂房需要设置备用照明，见《洁净厂房设计规范》（GB 50073—2013）的第9.2.5条第1款所述。由于火灾应急照明包括备用照明和疏散照明，但是洁净厂房的备用照明却不属于消防系统，其是作为重要设备的加工操作场所的照明备用，并非针对消防，所以不能共用。

备用照明可以用带蓄电池的灯具，但是双头应急灯并不推荐，因为不满足洁净度要求，应该选用专用的洁净应急灯具，同样不可以使用格栅类灯具。

3. 洁净厂房是否可以共用接地？

逻辑分析：《洁净厂房设计规范》（GB 50073—2013）的第9.5.6条要求：洁净厂房内不同功能的接地系统的设计均应遵循等电位联结的原则，其中直流接地系统不能与交流接地系统混接。

由上述条款可知，当洁净厂房有直流设备时，需要分别设置交流、直流接地系统，且分别设置接地端子箱，如图4-70所示。

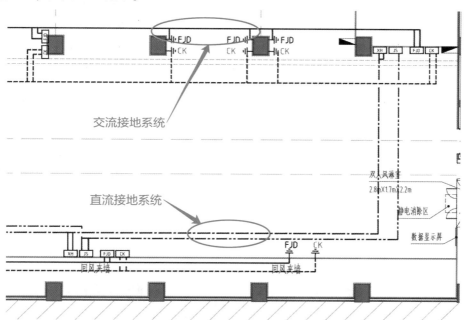

图4-70 洁净厂房交流、直流接地系统分设案例示意

Q66 疏散照明设计中的几个常见问题

1. 客房和宿舍内均需设置疏散照明吗？

规范要求：《宿舍、旅馆建筑项目规范》（GB 55025—2022）第4.1.4条要求：设有火灾自动报警系统的旅馆建筑，每间客房应至少有1盏灯接入应急照明供电回路。

逻辑分析：虽出自同一本规范，但宿舍和宾馆的要求确实不同。宿舍要求偏低，这是基于宿舍为相对常住的人口；而宾馆的人员流动性大，生活习惯不够稳定，相对的使用设备引起火灾的可能性也大，所以宿舍的疏散照明要求更倾向于住宅。

审查时，易出现的争议为酒店式公寓是否算酒店？可见《旅馆建筑设计规范》（JGJ 62—2014）中第 2.0.1 条有关定义：旅馆建筑类型按经营特点分为商务旅馆、度假旅馆、会议旅馆、公寓式旅馆等。可见酒店式公寓可依据有关宾馆的规范执行。

另外《旅馆建筑设计规范》（JGJ 62—2014）适用于至少设有 15 间（套）的出租客房，见其第 1.0.2 条要求，审查时同样需要满足，否则，客房无须设置应急照明灯具。如图 4-71 所示案例，本项目设有火灾自动报警系统，客房设置了应急照明灯。

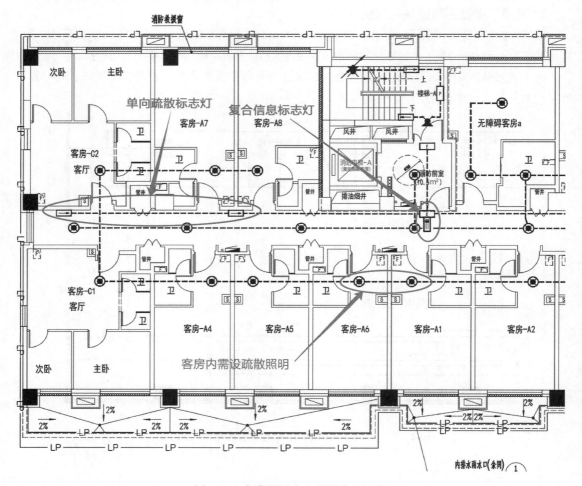

图 4-71　客房设置应急照明案例示意

2. 强弱电井是否应设应急照明？

规范要求：《民标》（GB 51348—2019）第 23.4.3 条要求：各类机房对电气、暖通专业的要求应符合表 23.4.3 的规定，该表见图 4-72 所示。

逻辑分析：井道照明的主要功能是在普通照明停电后，方便检修人员进行检查和修复而设置，此时需要维持井道内的照明亮度，实际设计中，多采用应急照明双电源互投箱配出专用井道照明支路，但是否为必须按应急照明设计，则需要分情况考虑。

几乎所有的弱电机房均需设置应急照明

表23.4.3　各类机房对电气、暖通专业的要求

房间名称		暖通			电气		备注
		温度（℃）	相对湿度（%）	通风	照度（lx）	应急照明	—
电话站	程控交换机室	18~28	30~75	—	500（0.75m水平面）	设置	注2
	总配线架室	10~28	30~75	—	200（地面）	设置	注2
	话务室	18~28	30~75	—	300（0.75m水平面）	设置	注2
	电力电池室	18~28	30~75	注2	200（地面）	设置	—
进线间（信息接入机房）、弱电间		18~28	30~75	注1	200（地面）	—	—
信息网络机房		18~28	40~70	—	500（0.75m水平面）	设置	注2
建筑设备管理机房		18~28	40~70	—	500（0.75m水平面）	设置	注2
信息设施系统总配线机房		18~28	30~75	—	200（地面）	设置	注2
广播室	录播室	18~28	30~80	—	300（0.75m水平面）	—	—
	设备室	18~28	30~80	—	300（地面）	设置	—
消防控制室		18~28	30~80	—	500（0.75m水平面）	设置	注2
有线电视前端机房		18~28	30~75	—	300（地面）	设置	注2
会议电视	电视会议室	18~28	30~75	注3	750（0.75m水平面）（注4）	设置	—
	控制室	18~28	30~75	—	≥300（0.75m水平面）	设置	—
	传输室	18~28	30~75	—	≥300（地面）	设置	—
弱电间	有网络设备	18~28	40~70	注1	≥200（地面）	设置	注2
	无网络设备	5~35	20~80	—	—	—	—

图4-72　《民标》（GB 51348—2019）中表23.4.3截图

依据图4-72，几乎所有的弱电机房、弱电小间均需设置应急照明，自然安装弱电箱体、设备的弱电井道应该也设置应急照明。但却没有明确依据要求强电井道必须设置。

曾经在《民用建筑设计通则》（GB 50352—2005）（已作废）中第8.3.5条第3款有过要求：电气竖井、智能化系统竖井内宜预留电源插座，应设应急照明灯。但之后替换的《民用建筑设计统一标准》（GB 50352—2019）中，未再有此要求，可见规范编制组有意进行了删除。对此，可以理解为管井平时不常有人进入，也不是消防队员切非电源的操作地点，故不设置应急照明也可。审图中，如从应急照明双电源箱配出，按合规处理；如强电井道照明从普通配电箱体配出，亦不能判错。常见设计做法如图4-73和图4-74所示。

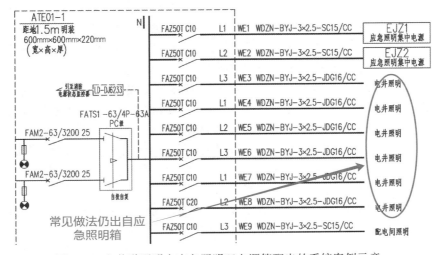

图4-73　电井道照明由应急照明双电源箱配出的系统案例示意

3. 哪些场所容易遗漏疏散照明?

规范要求:《应急照明标》(GB 51309—2018)中第3.2.5条要求:建、构筑物设置照明灯的部位或场所疏散路径地面水平最低照度应符合其表3.2.5的规定。

逻辑分析:审查中常见遗漏疏散照明的场所:①建筑定性此走廊为本层商铺的疏散通道时,商业的露天走廊应按规范要求设置消防应急照明和疏散指示灯,此见《应急照明标》(GB 51309—2018)中表3.2.5。②地下面积超过$100m^2$的餐厅、健身房、自行车库等公共区域,此见《建规》(GB 50016—2014)(2018年版)第10.3.1条第3款要求:建筑面积大于$100m^2$的地下或半地下公共活动场所。③寄宿制幼儿园和小学的寝室,以及老年公寓、医院等需要救援人员协助疏散的场所应设置疏散应急照明,此见《建筑照明设计标准》(GB/T 50034—2024)中第5.5.5条第4款所述。④通道类空间,如滤毒通道、简易洗消等借用通道的空间,这些房间虽然面积较小,但仍是疏散通道的一部分,所以也需要设计。⑤面积不大,但建筑专业定义为展厅的房间,实质包含多种功能的房间;大于$200m^2$的直播间,见《建筑设计防火规范》(GB 50016—2014)(2018年版)中第10.3.1条。

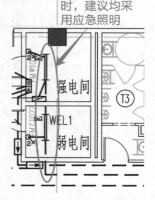

图4-74　电井道照明由应急照明双电源箱配出的平面案例示意

Q67 对于综合性商业、展厅等大空间建筑物,建筑设计无法确定内部业态及疏散路径时,消防应急照明和疏散指示系统应如何设计?

规范要求:《建筑工程设计文件编制深度规定》(2016年版)中第4.5.7条:凡需专项设计场所,其配电和控制设计图随专项设计。

逻辑分析:深度要求的前提是专项设计,但在上述规范有关专项设计的条文说明中并不包括消防设计,且第4.5.7条中二次装修设计的内容也仅为一般照明及配电,不包括消防应急照明,可见应急照明即便在业态无法确定的情况下,也需要进行一次设计,以满足审查需求。一般二次装修都在建筑完成工程竣工验收后进行(二消),而主体消防验收(一消)属于工程竣工验收的重要内容,若各种与装修有关的消防设施均放到二次装修完成,则消防调试及验收工作就无法顺利完成。故如后期需要调整,是属于另行申报装修改造的审查范畴,并不冲突。

设计时,应首先由建筑专业确定疏散路径和流向,然后再由电气专业按照建筑确定的疏散路径和流向进行应急照明系统疏散指示设计。当建筑图未有明确疏散路径时,电气与建筑的审查人员应及时沟通,建筑专业不应采用二次装修或专项设计来规避消防设计责任,在《建筑工程设计文件编制深度规定》(2016年版)中同样对于综合性商业、展厅等的建筑设计有要求:建筑专业应清晰表述消防疏散路径和流向。当建筑施工图中明确了疏散路径和流向时,应要求电气设计按建筑疏散路径和流向完成疏散指示设计。如未明确疏散路径和流向,电气设计可按建筑柱网和疏散出口位置完成疏散指示设计,如图4-75所示。

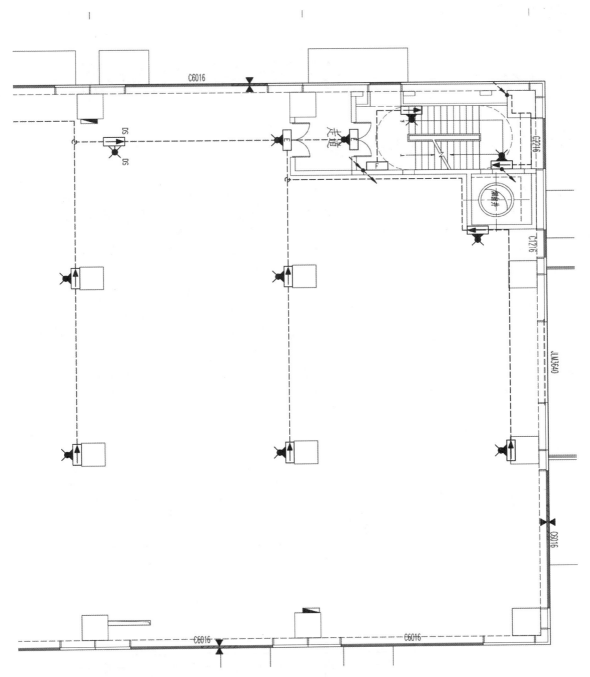

图 4-75 疏散路径未定时消防应急照明和疏散指示平面案例示意

第5章
消防报警常见审查问题及解析

Q68 门禁联动包含哪些设备？

规范要求：《火灾自动报警系统设计规范》（GB 50116—2013）中第 4.10.2 条及第 4.10.3 条：消防联动控制器应具有自动打开涉及疏散的电动栅杆等的功能；打开疏散通道上由门禁系统控制的门和庭院电动大门的功能，并应具有打开停车场出入口挡杆的功能。

逻辑分析：本条没有争议内容，但在审查中容易出现漏审的情况。在系统拓扑图中如不能完整表述各种门禁联动的内容，则需要在消防说明中，按项目情况，逐条说明概述。

规范编制的主要逻辑是发生火情之时，所有平常状态下阻挡人员进入的电气系统要自动打开。最常见的设备如出入口的门禁管理系统、汽车的电动栅栏、常闭的电动大门等，以方便人员的迅速逃离。现代建筑门禁系统过于复杂，对于疏散有极为不利的影响，所以无论系统还是说明中，描述火灾时能迅速打开各种疏散通道门是十分必要的。联动多分为两种情况，一种是集中联动，模块箱设置于电井内；另外一种是就地设置，模块设置于门禁处。前一种相对简单，且不易漏设；后一种数量较多，且审查需要逐一核对建筑图纸中的电控门，以及确认电气专业是否有漏设门禁的情况，而非仅审查电气图纸。

图 5-1 为门禁集中联动案例消防系统示意图，图 5-2 为门禁集中联动案例配电系统示意图，图 5-3 为门禁末端联动案例报警平面示意图。

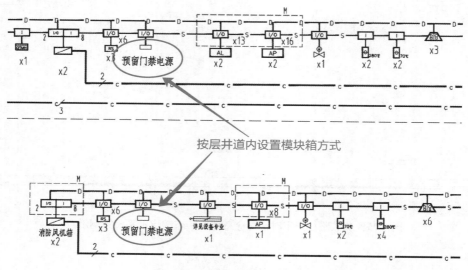

图 5-1　门禁集中联动案例消防系统示意

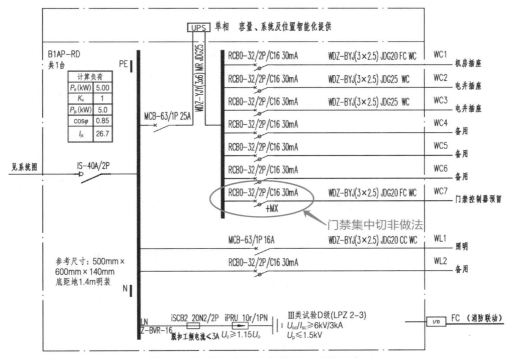

图 5-2 门禁集中联动案例配电系统示意

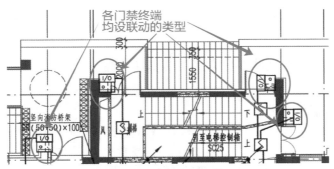

图 5-3 门禁末端联动案例报警平面示意

Q69 无消防报警系统时消火栓按钮是否需要启泵？

规范要求：《火规》（GB 50116—2013）第 4.3.1 条的要求：当设置消火栓按钮时，消火栓按钮的动作信号应作为报警信号及启动消火栓泵的联动触发信号，由消防联动控制器联动控制消火栓泵的启动。

逻辑分析：消火栓按钮采集报警信号，可作为联动触发信号，但不直接启动消火栓泵，需要注意的是第 4.3.1 条的条文说明中写道：没有自动火灾报警系统时，消火栓按钮应直接启泵，这与之前的报警要求并无直接冲突。上述条文及其条文说明审查的前提是存在消防报警系统，有火灾自动报警系统的建筑，消火栓动作信号应该仅作为联动触发信号通过消防联动控制器来控制消火栓的启动。而在建筑物内不设火灾自动报警系统的情况下，通过检测流量变化的开关或是水压变化的开关来启动水泵，仍可以压力开关或是流量开关等启动消火栓泵，但是消火栓按钮动作信号也应该将信号线直接引至消防泵控制柜，以启动消火栓泵。此时，消火栓按钮的进线两芯就不能满足要求，需要在报警两芯线的基础上增设电源两芯线。

审图中需与给水排水专业对照进行审核。当按《火规》（GB 50116—2013）第4.3.1条之条文说明内容，即临时高压系统设置消火栓按钮直接启泵时，宜设置火灾声光警报器，如图5-4和图5-5所示。

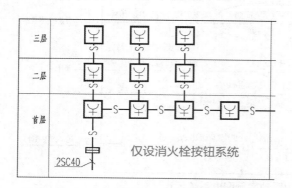

图5-4　无自动火灾报警系统时消火栓
按直接启泵系统示意

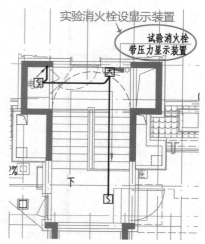

图5-5　实验消火栓宜设置火灾
声光警报器案例示意

Q70 关于线缆性能选用的几个常见问题

1. 耐火电缆能否涵盖阻燃电缆？

规范要求：《阻燃和耐火电线电缆或光缆通则》（GB/T 19666—2019）中第7.2条要求：耐火电线电缆或光缆产品应阻燃，阻燃性能应符合阻燃性能的相应要求。

逻辑分析：由规范可见，耐火电线电缆或光缆产品应阻燃，阻燃性能应符合阻燃性能的相应要求，所以耐火电缆是满足阻燃要求的。

电线电缆防火性能对火灾发生时人员逃生和消防救援具有重要的保障作用，消防说明中对于消防供电电缆应有相关介绍，如干线采用矿物绝缘电缆，支线电缆采用耐火电缆等。

在图例表中应标明火灾自动报警系统的供电线路，消防联动控制线路、报警线路、消防广播和消防专用电话等传输线路的型号规格及敷设方式，均为审图中常见的问题。在《火规》（GB 50116—2013）第11.2.2条中：火灾自动报警系统的供电线路、消防联动控制线路应采用耐火铜芯电线电缆，报警总线、消防应急广播和消防专用电话等传输线路应采用阻燃或阻燃耐火电线电缆。即供电总线、联动总线要求采用耐火总线，而报警总线、消防专业电话总线、消防广播总线等要求采用阻燃或是阻燃耐火总线。从字面理解，该条文认同《阻燃和耐火电线电缆或光缆通则》（GB/T 19666—2019）中第7.2条的要求，规范编制意图是联动、电源等要求更高的总线需要采用耐火线缆，所以耐火电缆可以满足阻燃的要求。

耐火电缆是因其耐火层中云母材料的耐火、耐热特性，保证了其在火灾时也能正常工作，以及消防联动设备的动作，故需要防火要求更高的线缆。而报警、广播等总线要求为阻燃线缆，本意为不发生延燃就可以，可被燃烧，在撤去火源后火焰在线缆上的燃烧仅在限定范围内并且会自行熄灭，主要提及的试验为自熄的要求，即具有阻止或延缓火焰发生或蔓延的能力。其更适合使用在火灾发生的初期，针对进行报警的设备，火情扩大后，人员完成疏散，这些设备也就没有继续工作的必要，因此防火的要求稍低。所以两种概念不需要太深究，要明白规范制定者的用意。故如报警等总线也设计为耐火线缆其实并无错误，只是提高了设计等级和造价，略有浪费而已。

2. 电缆电线阻燃、耐火与燃烧性能有什么区别？

规范要求：燃烧性能提及的规范很多，在此主要列出最常见的条文要求：①《电缆及光缆燃烧性能分级》（GB 31247—2014）的规定（见下文所述）。②《消通规》（GB 55036—2022）第12.0.16条规定：火灾自动报警系统的供电线路、消防联动控制线路应采用燃烧性能不低于 B_2 级的耐火铜芯电线电缆，报警总线、消防应急广播和消防专用电话等传输线路应采用燃烧性能不低于 B_2 级的铜芯电线电缆。

电线电缆的阻燃性能分类和燃烧性能等级是完全不同的概念，属于不同的国家标准体系，它们之间没有对应关系。不应认为线缆具有很好的阻燃性能就一定具有很好的燃烧性能，线缆的阻燃性能不等于其燃烧性能。耐火、阻燃性能和燃烧性是从两个方面来分别反映线缆的防火性能，也不是替代关系，两者之间的关系容易混淆。现在的问题，并不是规范少，而是不同规范之间各说各的，设计人员容易理不清头绪。

上文提到的《阻燃和耐火电线电缆或光缆通则》（GB/T 19666—2019）由全国电线电缆标准化技术委员会归口，主要是为了与 IEC 60332 系列标准保持一致而制定的。而为了解决线缆燃烧性能分级标准的问题，在之前制定了国家强制性标准《电缆及光缆燃烧性能分级》（GB 31247—2014），其由原公安部四川消防研究所负责起草，参考欧盟标准，对电缆进行重新分类和制定试验要求。故该规范不适用于电缆及光缆的耐火性能分级，此可见《电缆及光缆燃烧性能分级》（GB 31247—2014）中"1 范围"的内容。

目前两个标准的技术要求都是独立的，《阻燃和耐火电线电缆或光缆通则》（GB/T 19666—2019）为推荐性标准，可选择性执行。《电缆及光缆燃烧性能分级》（GB 31247—2014）为国家标准，应执行。由于两个标准的分级并不统一，分级依据也难以横向类比。

《电缆及光缆燃烧性能分级》（GB 31247—2014）根据燃烧试验数据对电力电缆、控制电缆、通信电缆及光缆进行分类的相关要求，以及国内电缆及光缆的实际分级考核需要，形成了电缆及光缆燃烧性能的四个主分级及其考核指标，如图5-6所示。

表1 电缆及光缆的燃烧性能等级

燃烧性能等级	说明
A	不燃电缆（光缆）
B_1	阻燃1级电缆（光缆）
B_2	阻燃2级电缆（光缆）
B_3	普通电缆（光缆）

图5-6 《电缆及光缆燃烧性能分级》（GB 31247—2014）中表 1 截图

其中燃烧性能为 B_1、B_2 级的线缆还有三个附加分级，即燃烧滴落物/微粒等级（d_0、d_1、d_2）、烟气毒性等级（t_0、t_1、t_2）和腐蚀性等级（a_1、a_2、a_3）。

而《民标》（GB 51348—2019）第 13.9.1 条要求：为防止火灾蔓延，应根据建筑物的使用性质，发生火灾时的扑救难度，选择相应燃烧性能等级的电力电缆、通信电缆和光缆。建筑高度超过 100m 的公共建筑，应选择燃烧性能 B_1 级及以上、产烟毒性为 t_0 级、燃烧滴落物/微粒等级为 d_0 级的电线和电缆；避难层（间）明敷的电线和电缆应选择燃烧性能不低于 B_1 级、产烟毒性为 t_0 级、燃烧滴落物/微粒等级为 d_0 级的电线和 A 级电缆；一类高层建筑中的金融建筑、省级电力调度建筑、省（市）级广播电视、电信建筑及人员密集的公共场所，电线电缆燃烧性能应选用燃烧性能为 B_1 级、烟气毒性为 t_1 级、燃烧滴落物/微粒等级为 d_1 级的电线和电缆；其他一类公共建筑应选择燃烧性能不低于 B_2 级、烟气毒性为 t_2 级、燃烧滴落物/微粒等级为 d_2 级的电线和电缆；长期有人滞留的地下建筑应选择烟气毒性为 t_0 级、燃烧滴落物/微粒等级为 d_0 级的电线和电缆等。由此可见，两条规定相互对应。

另外《民标》（GB 51348—2019）第 13.8.4 条规定：在人员密集场所疏散通道采用的火灾自动报警系统的报警总线，应选择燃烧性能为 B_1 级的电线、电缆；其他场所的报警总线应选择燃烧性能不低于 B_2 级的电线、电缆。消防联动总线及联动控制线应选择耐火铜芯电线、电缆。《消通规》（GB 55036—2022）中第 12.0.6 条也有类似要求。与前文的《阻燃和耐火电线电缆或光缆通则》（GB/T 19666—2019）的规范要求有重叠，但也有新增的有关燃烧性能的要求。

A 级燃烧性能等级的电缆，一般对应刚性矿物绝缘电缆（BTTZ），这种电缆由铜芯、氧化镁绝缘层及铜护套组成，没有可燃材料。而常见的柔性防火电缆如 YTTW、BBTRZ、BTLY、NG-A 等，由于其绝缘材料中存在极少量的可燃物质，且护套是无卤低烟塑性材料，则是否达到 A 级燃烧性能的要求，需要相应的试验数据支持，见后文所述。

3. 《电缆及光缆燃烧性能分级》（GB 31247—2014）中燃烧性能与《阻燃和耐火电线电缆或光缆通则》（GB/T 19666—2019）中的低烟、无卤、阻燃、低毒有何对应关系？

逻辑分析：详细对比《电缆及光缆燃烧性能分级》（GB 31247—2014）及《阻燃和耐火电线电缆或光缆通则》（GB/T 19666—2019），发现其中有 ZA、ZB、ZC、ZD 等分级，其与 A、B_1、B_2、B_3 分级是否有所关联呢？

《电缆及光缆燃烧性能分级》（GB 31247—2014）中 A、B_1、B_2、B_3 燃烧性能分级和《阻燃和耐火电线电缆或光缆通则》（GB/T 19666—2019）阻燃 ZA、ZB、ZC、ZD 分级没有任何关系，两者的实验对象和实验方法均不同。按《电缆及光缆燃烧性能分级》（GB 31247—2014）的要求，B_1、B_2 两个燃烧级别，都需要满足《电缆和光缆在火焰条件下的燃烧试验 第 12 部分：单根绝缘电线电缆火焰垂直蔓延试验 1kW 预混合型火焰试验方法》（GB/T 18380.12—2008）的阻燃要求。但是需要注意，上述这个标准的垂直燃烧标准只是单根阻燃的试验标准，并不是成束的阻燃要求。

而《阻燃和耐火电线电缆或光缆通则》（GB/T 19666—2019）中的阻燃级别 A、B、C、D 描述的是电缆或光缆成束敷设时的阻燃性能，保证成束敷设电缆的同一电缆敷设通道内单位长度的非金属含量不超过实验中的非金属含量，这样才有可能保证最大炭化范围不超过 2.5m，如图 5-7 所示。其他热释放性能、燃烧性能都单独根据《电缆或光缆在受火条件下火焰蔓延、热释放和产烟特性的试验方法》（GB/T 31248—2014）的多根线缆试验要求来判定。

综上所述，在设计选型及线缆敷设时需充分考虑线缆成束敷设时根数的限制，防止阻燃功能的降低甚至是丧失。对电缆桥架、电缆竖井等电缆敷设数量较多的部位进行重点阻耐校验，满足非金属含量不超过实验中的非金属含量的逻辑要求。故具体实施时，需提出消防与非消防负荷分槽敷设的要求，或是增加防火隔板的措施。

6.1.2 成束阻燃性能

成束阻燃性能应符合表5的要求。

表5 成束阻燃性能

代号	试样非金属材料体积 L/m	供火时间 min	合格指标	试验方法
ZA	7	40		GB/T 18380.33
ZB	3.5	40	试样上的炭化范围不应超过喷灯底边以上2.5m	GB/T 18380.34
ZC	1.5	20		GB/T 18380.35
ZD[a]	0.5	20		GB/T 18380.36

[a]适用于外径小于或等于12mm²的小电线电缆或光缆以及导体标称截面积小于或等于35mm²的电线电缆。

图5-7 《阻燃和耐火电线电缆或光缆通则》（GB/T 19666—2019）中表5的截图

基于以上的要求可以看出，电缆的表述可分为：耐火或阻燃 N、Z，燃烧性能 A、B_1、B_2，严格时，还需要表述燃烧性能中燃烧滴落物/微粒等级（d_0、d_1、d_2）、烟气毒性等级（t_0、t_1、t_2）和腐蚀性等级（a_1、a_2、a_3）、无卤低烟 WD 等要求。但电线电缆规格型号就比较复杂了，标识如 WDZ-B1-YJY-0.6/1kV-4 × 25 + 1 × 16（t_1、d_1）、WDZ-B2-KYJYP-450/750V-7 × 1.5（t_2、d_2），也可以在设计说明中提出详尽具体的要求（见后文介绍）。

4. 目前是如何选择或审查电缆的？

逻辑分析：电缆及光缆应先按《民标》（GB 51348—2019）或地方标准来选择电缆的燃烧性能等级，再在符合等级要求的这些电缆中，选择满足工程需要的并符合《阻燃和耐火电线电缆或光缆通则》（GB/T 19666—2019）中有关成束敷设阻燃性能和耐火性能要求的产品。

电缆及光缆应再按《民标》（GB 51348—2019）及其他相关规范对低烟、无卤、腐蚀性、低毒等性能的设计要求，并参考《电缆及光缆燃烧性能分级》（GB 31247—2014）中有关燃烧性能及其附加信息与低烟、无卤、腐蚀性、低毒等性能对应关系进行选择。

成束敷设的电缆及光缆尚宜满足《阻燃和耐火电线电缆或光缆通则》（GB/T 19666—2019）第6.1.2 条中有关成束阻燃性能的要求。消防电缆及光缆耐火性能应根据不同消防用电设备在火灾发生期间的最少持续供电时间要求，按《阻燃和耐火电线电缆或光缆通则》（GB/T 19666—2019）中6.2 部分、《阻燃及耐火电缆 塑料绝缘阻燃及耐火电缆分级和要求 第2部分：耐火电缆》（GA 306.2—2007）中5.9 部分及其他相关国家或行业技术标准进行选择，并满足不低于 B_1 级燃烧性能的要求。

5. 对于无卤低烟缆线有何要求？

规范要求：《住宅建筑电气设计规范》（JGJ 242—2011）中第6.4.5 条要求：19 层及以上的一类高层住宅建筑，公共疏散通道的应急照明应采用无卤低烟阻燃的线缆。10 ~ 18 层的二类高层住宅建筑，公共疏散通道的应急照明宜采用无卤低烟阻燃的线缆。

逻辑分析：其实以前无卤低烟的确认并不算费力，在已经作废的《民用建筑电气设计规范》（JGJ 16—2008）中第7.4.1 条第2款规定：一类高层建筑以及重要的公共场所应采用无卤低烟交联聚乙烯绝缘电缆或电线。但新的《民标》（GB 51348—2019）执行后，取消了相应的条文，补充的是更加细致的有燃烧滴落物/微粒等级（d_0、d_1、d_2）、烟气毒性等级（t_0、t_1、t_2）和腐蚀性等级（a_1、a_2、a_3）等要求，这样编制的考虑是用更细致的要求来代替简单的无卤低烟要求，可见条文说明：这些电线、电缆的出现为民用建筑防火设计提供了支持，从防范电气火灾方面讲，其性能优于传统的无卤低烟阻燃电线电缆，关于电缆还增加了电缆燃烧时烟气释放的毒性指标，即 t_0 级、t_1 级、t_2 级，t_0 级烟气释放的毒性最小。另外，还增加了电缆燃烧时有机物的滴落指标，即 d_0 级、d_1 级、d_2 级，d_0 级电缆燃烧时的滴落物最少。上述可见无卤低烟 WD 的标识在这本规范执行后，其实就不该再出现了。实际的现状并非如此，各地规范仍有无卤低烟缆线的要求，而《民标》（GB 51348—2019）的标注要求相对烦琐，所以也并未真正推广开。

《电缆及光缆燃烧性能分级》（GB 31247—2014）中燃烧性能为 B_1 级的电缆为低烟电缆，B_2 级和 B_3 级不属于低烟电缆。当相关规范有低烟设计要求时，满足低烟性能的最低标准为 B_1 级。腐蚀性等级为 a_1 和 a_2 的无卤电缆，当相关规范有无卤设计要求时，满足无卤性能的最低标准为 a_2 级。燃烧性能为 B_2 级以上的电缆为阻燃电缆，当相关规范有阻燃设计要求时，满足阻燃性能的最低标准为 B_2 级，且满足烟气毒性等级为 t_0 和 t_1 的电缆为无毒电缆，当相关规范有无毒设计要求时，满足无毒性能的最低标准为 t_1 级。这是阻燃与燃烧性能的罕见交集，逻辑比较清晰，但实施比较难。其实可以发现一个共性，也可见图 5-6，最低的燃烧等级 B_2 级（B_3 其实燃烧性能无要求）与最低的阻耐要求中阻燃型基于不同的标准，但为相同的消防选型起点，虽不可横向比较，却可以一一对应，可见编制两本规范的内在逻辑是相通的。

而在《阻燃和耐火电线电缆或光缆通则》（GB/T 19666—2019）表 7 和表 8 中，对于低烟及无卤有更加清晰的介绍，其第 7.1.2 条要求：无卤低烟阻燃电线电缆或光缆所用非金属材料卤素含量均很少，燃烧产物的腐蚀性较低，燃烧产生的烟雾较少（透光率较高），如无卤低烟成束阻燃电缆标注为 WDZA、WDZB、WDZC、WDZD。由此可见，无卤低烟并非无毒或低毒，只是透光性更好，这是一个常见的理解误区。如果要选择低毒缆线，标注需要增加"U"，则成束阻燃电缆标注对应变化为 WDUZA、WDUZB、WDUZC、WDUZD。但其实这种情况并不多见，归根结底也是曾经的规范 [《民用建筑电气设计规范》（JGJ 16—2008）] 在这点上要求不多。

6. 矿物绝缘电缆能达到 A 级燃烧性能吗？

规范要求：《住宅建筑电气设计规范》（JGJ 242—2011）中第 6.4.4 条：建筑高度为 100m 或 35 层及以上的住宅建筑，用于消防设施的供电干线应采用矿物绝缘电缆；建筑高度为 50～100m 且 19～34 层的一类高层住宅建筑，用于消防设施的供电干线应采用阻燃耐火线缆，宜采用矿物绝缘电缆。《建规》（GB 50016—2014）（2018 年版）中第 10.1.10 条第 3 款：消防配电线路宜与其他配电线路分开敷设在不同的电缆井、沟内；确有困难需敷设在同一电缆井、沟内时，应分别布置在电缆井、沟的两侧，且消防配电线路应采用矿物绝缘类不燃性电缆。

逻辑分析：早期的设计中，关于矿物绝缘缆线，以及矿物电缆和无卤低烟的电缆电线的使用要求其实很少，应用也少，直到这上述两本规范中的要求出现。目前主要适用的场所：当建筑物内设有总变电所和分变电所时，总变电所至分变电所的 35kV、20kV 或 10kV 的电缆应采用耐火或矿物绝缘电缆。消防水泵房、消防控制室和消防电梯的供电干线应采用矿物绝缘电缆；与非消防电缆敷设在同一电缆井、沟内，布置在电缆井、沟的两侧的消防配电线路应采用矿物绝缘电缆；特级建筑（建筑高度超过 100m 的高层民用建筑及单栋地上建筑面积超过 10 万 m^2 的高层公共建筑）中消防设备供电干线及分支干线应采用矿物绝缘电缆（山东地区要求，各地参考）。

如果说，前面《住宅建筑电气设计规范》（JGJ 242—2011）这条规范的适用场所为超高层建筑且仅限于消防干线，但实际应用并不多，而后一条《建规》（GB 50016—2014）（2018 年版）的规定，实现起来确实有些困难，是一种将原有做法推倒重来的变化，规范刚实施那几年为此争议不小。现有设计条件多为普通电力与消防电力设置于同一个强电竖井内，则要求采用矿物绝缘电缆，除了施工难度大，且对于柔性矿物绝缘电缆能否满足燃烧性能的要求，一直也有所争议，各地审查中的要求并不统一，我们只能从原理上进行逻辑分析。

上述条文中并未提及仅是干线部分敷设，但《建规》（GB 50016—2014）（2018 年版）第 10.0.10 条第 1 款中对末端消防线缆要求相对较低，分槽敷设就可以做到，且没有提及间距，与当下的做法相似，则可以理解仅是井道内的消防支干线有矿物绝缘要求。关于采用矿物绝缘防火电缆而不能采用耐火电缆的要求，编制的核心逻辑是耐火电缆还是难以满足火灾时连续供电的时间需要。

目前，耐火电缆在火焰条件下完整性试验的供火温度有两类：950～1000℃、750～800℃与830℃。在《阻燃和耐火电线电缆或光缆通则》（GB/T 19666—2019）表 6 中耐火性能采用的试验方法分别对应 750℃、90min 和 830℃、120min 进行（图 5-8）。可见其中耐火电缆的供火温度不足 950℃，且试验时间为 1.5h。

表6　耐火性能

代号	适用范围	试验时间	试验电压	合格指标	试验方法
N	0.6/1kV及以下电缆	90min供火+15min冷却	额定电压	1）2A熔断器不断 2）指示灯不熄灭	GB/T 19216.21
	数据电缆	90min供火+15min冷却	110V±10V	1）2A熔断器不断 2）指示灯不熄灭	GB/T 19216.23
	光缆	90min供火+15min冷却	—	最大衰减增量由产品标准规定或由供需双方协商确定	GB/T 19216.25
NJ	0.6/1kV及以下外径小于或等于20mm电缆	120min	额定电压	1）2A熔断器不断 2）指示灯不熄灭	IEC 60331-2
	0.6/1kV及以下外径大于20mm电缆	120min	额定电压	1）2A熔断器不断 2）指示灯不熄灭	IEC 60331-1
NS	0.6/1kV及以下外径小于或等于20mm电缆	120min，最后15min水喷淋	额定电压	1）2A熔断器不断 2）指示灯不熄灭	附录A IEC 60331-2
	0.6/1kV及以下外径大于20mm电缆	120min，最后15min水喷射	额定电压	1）2A熔断器不断 2）指示灯不熄灭	附录B IEC 60331-1

图 5-8　《阻燃和耐火电线电缆或光缆通则》（GB/T 19666—2019）中表 6 的截图

而在专门描述耐火电缆的规范《阻燃及耐火电缆　塑料绝缘阻燃及耐火电缆分级和要求　第 2 部分：耐火电缆》（GA 306.2—2007）中，表 1（图 5-9）采用的供火温度对应为 950～1000℃（A 级）和 750～800℃，其中只有耐火一级 A 类、耐火二级 A 类、耐火三级 A 类和耐火四级 A 类的线路完整性试验按《在火焰条件下电缆或光缆的线路完整性试验　第 21 部分：试验步骤和要求　额定电压 0.6/1.0kV 及以下电缆》（GB/T 19216.21—2003）规定的方法进行线路完整性试验，电缆受火温度为 950～1000℃。A 级（950～1000℃供火温度）同时也满足无卤低烟低毒的燃烧性能要求。可见只有 A 类电缆满足 950～1000℃供火温度，能达到 A 级耐火要求（A 类与 A 级相互对应，可见该规范第 4.1.4 条所述），就算不说过火时间，也并非所有耐火电缆能够达到 A 级耐火要求。

而我们所说的 A 级燃烧性能，《电缆及光缆燃烧性能分级》（GB 31247—2014）仅提及其为非阻燃电缆，不会燃烧，也不会传播火焰。目前电缆中仅有矿物绝缘电缆与其对应，这也是 A 级燃烧性能与 A 级耐火性能相交的一种情况，可见矿物绝缘电缆的燃烧特性，是两种概念的核心。

GA 306.2—2007

表1 耐火性能级别及技术要求

耐火级别	技术要求					
	耐火特性		烟气毒性	烟密度（最小透光率）/%	耐腐蚀性	
	试验条件	线路完整性			pH值	电导率/（μS/mm）
Ⅰ级	供火温度：750~800℃	满足GB/T 19216.21的规定要求	符合GB/T 20285 ZA₂级	≥80	≥4.3	≤10
Ⅰ A级	供火温度：950~1000℃					
Ⅱ级	供火温度：750~800℃			≥60		
Ⅱ A级	供火温度：950~1000℃					
Ⅲ级	供火温度：750~800℃		符合GB/T 20285 ZA₃级	≥20	—	—
Ⅲ A级	供火温度：950~1000℃					
Ⅳ级	供火温度：750~800℃		—	—		
Ⅳ A级	供火温度：950~1000℃					

图5-9　《阻燃及耐火电缆　塑料绝缘阻燃及耐火电缆分级和要求　第2部分：耐火电缆》
（GA 306.2—2007）中表1的截图

《额定电压0.6/1kV及以下金属护套无机矿物绝缘电缆及终端》（JG/T 313—2014）中第6.4.4条：按照BS 6387：1994实验条件及要求选用火焰温度为950~1000℃，燃烧时间为180min。可见无机矿物绝缘电缆能达到火焰温度为950~1000℃，燃烧时间为180min的耐火要求。

《额定电压0.6/1kV及以下云母带矿物绝缘波纹铜护套电缆及终端》（GB/T 34926—2017）中第10.5条：亦按照BS6387、BS8491实验条件及要求试验时选用火焰温度为950~1000℃，燃烧时间为180min。可见云母带矿物绝缘波纹铜护套电缆能达到950~1000℃，燃烧时间为180min的耐火要求。

由《民标》（GB 51348—2019）表13.6.6可见，消防工作区域设备耐火时间多要求达到3h，规范间相互需要匹配，且井道内是烟囱效应的直接场所（防护封堵如不成功），蹿火的空间温度很高，故为重点要求，采用矿物绝缘电缆也就不奇怪了。而矿物绝缘防火电缆在950~1000℃时，可持续供电3h，匹配《民标》（GB 51348—2019）的设计要求。而A类的耐火电缆在950~1000℃时，由上文可知持续供火时间为1.5h，未必能匹配《民标》（GB 51348—2019）的时间要求。可见"不会燃烧"的燃烧性能A级要求与在950~1000℃时可持续供电3h的耐火A级要求其实吻合的，只是规范的基础试验条件不同而已［A级燃烧性能采用《建筑材料及制品的燃烧性能燃烧热值的测定》（GB/T 14402—2007）中总热值PCS≤2.0MJ/kg的要求］。

当采用刚性矿物绝缘电缆难度相对较大时，部分设计人员或甲方则多采用柔性矿物绝缘电缆，是否可行呢？见《额定电压0.6/1kV及以下金属护套无机矿物绝缘电缆及终端》（JG/T 313—2014）其第3.1条提及金属护套无机矿物绝缘电缆的定义：在同一金属护套内，由无机矿物带作绝缘层的单根或多根绞合的软铜线芯组成的电缆。可见，无机矿物带作绝缘层是矿物绝缘电缆的核心材料，是审核柔性或是刚性矿物绝缘电缆能否达标的核心逻辑。只要是耐火的时间可以达到要求（950℃下可持续供电180min）即可。但柔性矿物绝缘电缆施工中容易受潮，需要格外注意。

7. 如何合规、完整地标注缆线型号？

逻辑分析：通过前面的介绍，缆线产品需要同时具有阻燃或耐火性能和相应燃烧性能等级的情况，结合《阻燃和耐火电线电缆或光缆通则》（GB/T 19666—2019）、《电缆及光缆燃烧性能分级》（GB 31247—2014）及相关产品标准，同时参考上海国缆检测股份有限公司与国家电线电缆质量检测中心联合出具的一份文件，推荐一种标注方法：

如铜芯，交联聚乙烯绝缘聚烯烃护套电力电缆，无卤低烟，阻燃 A 类，额定电压 0.6/1kV，4 芯，标称截面面积 300mm²，燃烧性能分级为 B₁ 级，则其型号规格和名称表示为 "WDZA-B₁-YJY 0.6/1 4×300mm²"，名称为 "铜芯交联聚乙烯绝缘聚烯烃护套无卤低烟阻燃 A 类 B₁ 级电力电缆"。

又如铜芯，固定布线用，105℃交联聚烯烃绝缘无卤低烟，阻燃 C 类，额定电压 450/750V，单芯，标称截面面积 4mm²，燃烧性能分级为 B₁ 级，其型号规格为 "WDZC-B₁-BYJ-105 450/750 1×4mm²"，名称为 "铜芯 105℃交联聚烯烃绝缘无卤低烟阻燃 C 类 B₁ 级电缆"。

8. 实际审图中，有哪些常见的线缆选用问题？

第一种为阻燃性能与燃烧性能理解存有误区，最典型的错误如图 5-10 所示，用 WDZB 代表了燃烧性能分级为 B 级，其实有误，其为阻燃 B 级。

第二种问题是需要注意有时即便不标注 WDZ 等，但实质也已经是无卤低烟缆线，如 RYJSP 属于是无卤低烟双绞交联软铜芯屏蔽阻燃耐火信号电缆，其参考标准为《额定电压 450/750V 及以下交联聚烯烃绝缘电线和电缆》（JB/T 10491—2022）、《阻燃和耐火电线电缆或光缆通则》（GB/T 19666—2019）。电缆制造的标准为其核心参数的依据，出具意见前，对于标注不常规的缆线形式，要予以核查。

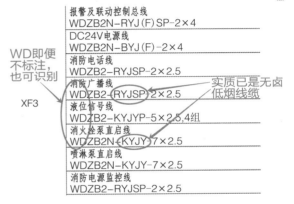

图 5-10　线缆名称本身已具备无卤低烟属性的案例示意

第三种问题，是当需要采用无卤低烟线缆时，如老年人照料设施建筑，采用的 BV、KVV、RVS 均有 "V"，为有卤线，此时无论是否标注了 WDZN，均为实质性错误。

第四种问题，线型图例中虽没有太清晰的有关燃烧性能的表达，但如果说明中对 B₂ 级的消防报警联动线路已做介绍，则同样不宜提出意见。

9. 消防设备在火灾时最少持续的供电时间，是否适用如管道、电缆等所有相关供电设备？

规范要求：关于火灾时消防设备的供电时间，在《民标》（GB 51348—2019）中第 13.8.4 条第 4 款要求：消防用电设备火灾时持续运行的时间应符合国家现行有关标准的规定。如在消防泵房备用照明需满足其第 13.6.6 条要求，备用照明及疏散照明的最少持续供电时间达到 2h 或 3h。

逻辑分析：规范要求在发生火情时灭火设备需要持续工作，以 3h 为例，如要求达到 3h 供电时间，3h 后也就没有运行的任何必要，应用该条文的前提是各种相关消防设备材料都需达到耐火 3h，但相关控制柜、风机风管、风道、供电电缆，是否都能实现 3h 内不烧毁呢？

这是需要分类考虑各种规范要求中的关联性，如 A 级消防耐火电缆的火焰温度为 950～1000℃，持续耐火试验时间为 2h 或 3h，与上文所述备用照明的持续供电时间 2h 或 3h 可相互匹配；另外，按照国家标准《通风管道耐火试验方法》（GB/T 17428—2009）进行型式检验，耐火排烟道耐火极限也只是需要达 1h 以上即可，其要达到 1.5h 比较困难；再看消防风机，其在达到 280℃ 时，排烟阀联动关闭风机，在火场用不了 3h 即可达到 280℃，也与 3h 并不匹配。可见，备用照明的持续供电时间并不能适用所有消防设备。

因此，考虑消防供电时间首要考虑各种消防设备材料的耐火时间，选择其中最短的耐火时间要求来确定消防供电时间，应该更为全面和节约，可惜电气专业无法对相关专业提出要求，故无法统一所有设备的耐火时间。但通过上文可知，电气设备缆线、照明等要求是一致的，可见电气专业内部应该统一持续供电时间，即不仅消防设备最少持续的供电时间为3h，也建议要求与之配套的缆线、箱体、照明均可达到耐火3h的要求才合规。

Q71 消防电源监控、电气火灾监控及防火门监控的常见问题

1. 消防设备电源监控从系统何处开始设置？

规范要求：《火规》（GB 50116—2013）第3.4.2条：消防控制室内设置的消防设备应包括消防电源监控器等设备或具有相应功能的组合设备。

逻辑分析：设有消防控制室的建筑物，应设置消防电源监控系统，以对建筑物内的消防设施的运行状态信息进行查询和管理。消防设施是指末端的消防设备配电箱，故消防设备电源监控点宜设置在下列部位：重要消防设备如消防控制室、消防泵、消防电梯、防排烟风机、非集中控制型应急照明、防火卷帘门等供电的双电源切换开关的出线端处，以及变电所消防设备主电源、备用电源专用母排或消防电源柜内母排处。由此可见，重要消防设备均设于末端，如图5-11所示。这里容易遗漏的变电所消防设备主电源、备用电源专用母排处的消防电源监控，是指从变配电所为消防设备供电的配电回路，因规范处用了"或"，如下级消防箱体已经设置，则母线侧可以不重复设置。

设计人员不仅需要在配电箱体系统图上表示出缆线的电源监控，也要绘制出整体监测点的系统或拓扑图，两者均有表达，才更完整。

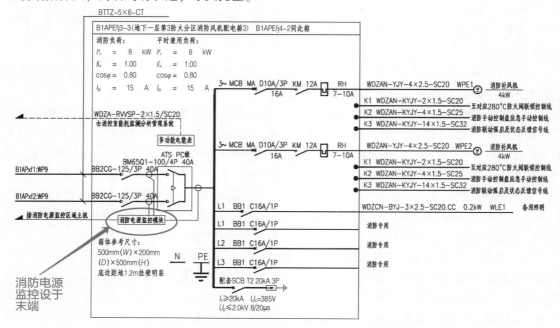

图5-11　消防电源监控设于末端的案例示意

2. 电气火灾监控有何设计要求?

规范要求:《消通规》(GB 55036—2022)中第12.0.14条要求:电气火灾监控系统应独立组成,电气火灾监控探测器的设置不应影响所在场所供配电系统的正常工作。

逻辑分析:其实没有太明确的国标规范要求设置电气火灾监控,只是要求其独立组成,不要对供电系统造成影响,但各地方规范普遍对此功能要求较高。甚至在既有建筑改造工程中,也被格外要求设置,如在《北京市既有建筑改造工程消防设计指南》(2023年版)中第5.1.2条要求:建筑改造区域内的非消防配电回路应根据现行消防技术标准设置电气火灾监控系统或装置。

3. 电气火灾监控系统主机可以设置在配电室吗?

规范要求:《民标》(GB 51348—2019)中第13.5.9条:电气火灾监控系统的控制器应安装在建筑物的消防控制室内,宜由消防控制室统一管理。

逻辑分析:规范明确要求电气火灾监控系统的控制器应安装在建筑物的消防控制室内,所以配电室内不可安装。如此编制的原因还是认为其为消防报警系统中的一部分,需统一设置于消控室内,如消控室与安防室合用时,可以设于安防中心内;当消控室与值班室、门卫室合用时,可设于值班室内,但上述放宽要求的前提是兼作消控室。

4. 低压侧剩余电流保护动作的电流不应大于300mA还是不宜大于500mA?

规范要求:《低压配电设计规范》(GB 50054—2011)中第6.4.3条:为减少接地故障引起的电气火灾危险而装设的剩余电流监测或保护电器,其动作电流不应大于300mA。

逻辑分析:断路器最早考虑过流保护不满足接地故障保护时采用的是零序电流保护,对此可见已经作废的《低压配电设计规范》(GB 50054—1995)中第4.4.10条。之后的规范对于低压侧再无零序电流保护的说法及要求,在TN-S系统中不需设置零序电流保护,因零序电流偏大,易造成误动作。

而在后来的《低压配电设计规范》(GB 50054—2011)第5.2.13条中提及:TN系统中,配电线路的间接接触防护电器不能满足 $Z_s \times I_a \leq U_0$ 的情况时,应设置剩余电流保护器。但这个要求对于具体的施工图设计人员来说难以进行评估,很难确定设置的标准。才在其第6.4.3条中提及为了减少因为电气火灾危险而装设的剩余电流检测或保护电器,其动作电流不应大于300mA,但一般都是用于报警,切断电源的要求在现行规范中已经不见。

而500mA的要求出现在《住宅设计规范》(GB 50096—2011)中第8.7.2条第6款的条文说明中,要求防火剩余电流动作值不宜大于500mA,也没有再提及切断电源的要求,也有部分地方规范有类似的动作值规定,但多未明确要求动作开关。所以只报警不动成了当下的主流要求,其实这样有点违背了初衷,跳闸确实会扩大正常使用下的故障面,但不跳闸又确实无法快速切断电气火灾。

但针对是选择500mA还是300mA的剩余电流保护电器,现在也基本有了共识,倾向于选择300mA,再后来的《民标》(GB 51348—2019)第13.5.6条中也有了明确的规定:电气火灾监控系统的剩余电流动作报警值宜为300mA。

关于漏电保护器的选型在《住宅建筑电气设计规范》(JGJ 242—2011)第6.3.1条之条文说明中有更明确解释:一个额定值同样是300mA的剩余电流动作保护器,如果动作电流值为180mA,可以带30多户,如果动作电流值为230mA,可以多带10户。该条文说明使上述选择有了一个量化的考量。

5. 电气火灾监控系统应设于哪里?

规范要求:《火规》(GB 50116—2013)中第9.2.1条:"剩余电流式电气火灾监控探测器应

以设置在低压配电系统首端为基本原则，宜设置在第一级配电柜（箱）的出线端"。《火灾自动报警系统施工及验收标准》（GB 50166—2019）第4.8.4条：剩余电流式电气火灾监控探测器应以设置在低压配电系统首端为基本原则。《民标》（GB 51348—2019）中第13.5.3条第2款要求：建筑物为低压进线时，宜在总开关下分支回路上测量。

逻辑分析：电气火灾监控设置于总进线柜出线侧，是为了减少火灾事故。所以如在低压主母排上设剩余电流检测用互感器也是有误的，因裸金属发热但周边并无易燃物，所以低压柜仅设置线缆及柜体的温度检测即可满足要求。

于干线侧设置电气火灾监控系统，电流互感器应该设置于出线电缆上，监控模块采集电流变化信号，以确定线缆温度的变化，传回火灾监控主机，且并不宜设剩余电流检测功能，如图5-12所示。

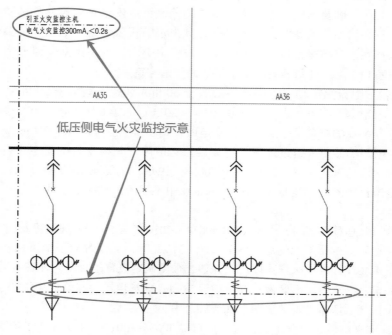

图5-12　低压侧电气火灾监控示意

设计尚应根据建筑物或场所的性质结合其他相关规范要求，综合判定是否需在该建筑低压进线开关处设剩余电流监测或保护电器。当建筑物或场所（低压进线处）已设有带剩余电流式电气火灾监控探测器的电气火灾监控系统时，则无须再重复设置剩余电流保护电器。若设计需在消防配电线路装设剩余电流保护电器时，应采用仅报警不切断电源的方式，不得影响消防供电可靠性及连续性。若设计需在普通配电线路装设剩余电流保护电器时，为不使功能重叠，建议采用切断电源的方式，此时其实是用剩余电流保护电器完成切除电源的作用。此可见《住宅设计规范》（GB 50096—2011）中第8.7.2条第6款要求：每幢住宅的总电源进线应设剩余电流动作保护或剩余电流动作报警。如仅是报警，则功能重叠，如图5-13所示。

6. 剩余电流保护器需要动作吗?

规范要求：《低压配电设计规范》（GB 50054—2011）第6.4.1条要求：当建筑物配电系统接地故障产生的接地电弧，可能引起火灾危险时，宜设置剩余电流监测或保护电器，其应动作于信号或切断电源。

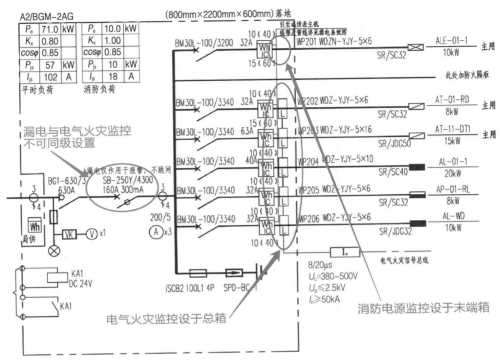

图 5-13　住宅电源进线同设剩余电流报警及电气火灾监控案例示意

逻辑分析：《低压配电设计规范》（GB 50054—2011）作为我国低压配电系统的顶层规范，当无法确定满足要求的所有建筑物内各配电系统均应设置时，才以"宜"的方式规定，故需要根据建筑物或场所的性质结合其他相关规范要求综合判定。

当建筑物或场所非消防负荷按《建规》（GB 50016—2014）（2018 年版）中第 10.2.7 条及《民标》（GB 51348—2019）中第 13.2.2 条设置电气火灾监控系统时，则无须再设置剩余电流保护电器，也就不存在动作的说法了。故设置剩余电流保护电器的非消防负荷回路可动作于信号也可切断电源，无绝对要求。另外，根据《火规》（GB 50116—2013）中第 9.2.2 条规定，剩余电流式电气火灾监控探测器不宜设置在消防配电线路中，消防回路可不监测。结合该规范第 9.1.6 条规定：剩余电流保护电器不应保护动作。则采用 TN 或 TT 系统的消防负荷配电回路可不设置剩余电流监测电器，更不应设置切断电源的剩余电流保护电器。

7. 电气火灾监控与消防电源监控系统有何关联？

先说两者的区别，漏电火灾系统是电气火灾监控常见的一种类型，主要是通过互感器检测线缆的温度，对于可能发生的电气火灾进行报警。而消防电源监控则是通过属于线缆的电流传感器及电压传感器对电缆的电流和电压进行检测，当发现电流和电压运行值不稳定时进行报警，以提高消防电源的供电稳定性，所以两者为不同产品并无直接关联。但由于均设有采集电缆电流的设备，故有厂家产品和图集中在电流部分可共用电流模块，但选取前建议落实是否存有合用功能。消防供电线路由于其本身要求较高，且平时不用，因此没必要设置剩余电流式电气火灾监控探测器。故电气火灾监控的要求相对较低，设于总进线箱体处，而消防电源监控的要求偏高，一般设于消防设备末端箱体处。

已设置直接及间接接触电击防护的剩余电流保护电器的配电回路，不应重复设置剩余电流式电气火灾监控器。这是为了避免功能的重复设置，减少浪费，可在住宅建筑的电气设计中提出意见。但如分级设置则可以不提意见，或主开关需要动作的情况也可作为例外，如图 5-14 所示。

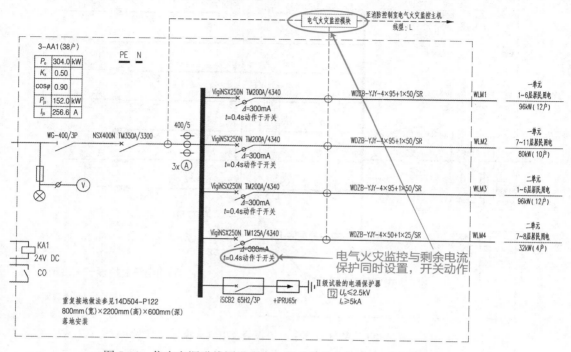

图 5-14　住宅电源进线同设剩余电流动作及电气火灾监控的案例示意

8. 是否所有疏散通道设置防火门的建筑均需设置防火门监控系统？

规范要求：《建通规》（GB 55037—2022）中第 6.4.1 条要求：防火门、防火窗应具有自动关闭的功能。《火规》（GB 50116—2013）中第 3.2.4 条第 3 款要求：消防控制室的图形显示装置应具备附录 A 和 B 的功能要求，而附录 A 和 B 中增设了对于电动防火门的监控。

逻辑分析：防火门监控系统应当设置在设有火灾自动报警系统的建筑中。可按照公安部发布的公消〔2017〕159 号文件要求执行：除《建规》（GB 50016—2014）（2018 年版）专门规定的具有信号反馈功能的防火门外，其他防火门目前暂不强制要求设置防火门监控系统。但是，鉴于设置防火门监控系统能及时掌握防火门的启闭状态，确保火灾时防火门能够有效发挥防火分隔作用，所以鼓励有条件的场所，在水平和竖向疏散路径的防火门上设置防火门监控系统。由此可见，在水平和竖向疏散路径的防火门设置防火门监控系统是设计及审查的一般标准。但除《建规》（GB 50016—2014）（2018 年版）专门规定的具有信号反馈功能的防火门外，其他防火门目前不强制要求设置防火门监控系统，如图 5-15 所示。

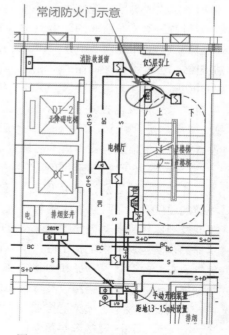

图 5-15　常闭防火门监控平面示意

但《建通规》（GB 55037—2022）中要求防火门、防火窗应具有自动关闭的功能，其为强制性标准，所以常开防火门监控的设置要求为强制性审查标准，不仅要求信号反馈，也要求联动关闭，审查要求并不相同，如图5-16～图5-18所示。

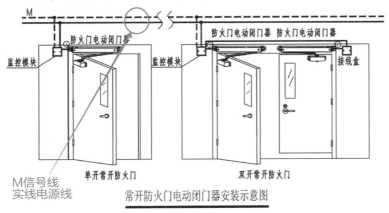

图 5-16 常开防火门监控布线示意

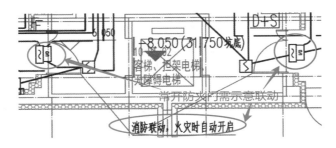

图 5-17 常开防火门监控消防报警平面示意

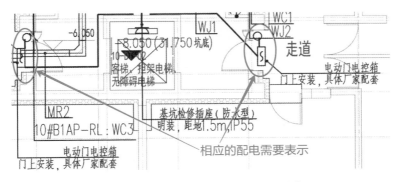

图 5-18 常开防火门监控配电平面示意

Q72 消防广播设置中常见的几个问题

1. 楼梯间消防广播应几层一设?

规范要求:《民标》（GB 51348—2019）中第13.3.6条第5款要求: 电梯前室、疏散楼梯间内应设置应急广播扬声器。根据《火规》（GB 50116—2013）第7.6.2条要求：住宅建筑疏散楼梯间每台扬声器覆盖的楼层不应超过3层。

审核逻辑：公共广播系统应按播音控制、广播线路路由等进行分区，消防应急广播的分区应与建筑防火分区相适应，规范原则上规定一个广播分区对应于一个防火分区或一个楼层或一个功能分区。设置位置可见《火规》（GB 50116—2013）中第6.6.1条的相关要求：民用建筑内扬声器应设置在走道和大厅等公共场所。则多功能厅、会议室、值班室、楼梯间、汽车库、疏散走道及电梯前室等处为常容易被遗漏的场所，其均需设计消防广播。

走道末端的消防广播至端墙距离不应大于12.5m，这是审查中经常发现的问题之一，楼梯间考虑楼梯踏步及平台长度，则三层的疏散距离约为12.5m，这是规范从1998年版一直延续到2013年版的编制思路，也为三层一设消防广播的内在逻辑性，如图5-19所示。

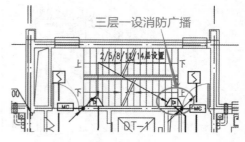

图5-19　住宅楼梯间消防广播三层一设案例示意

2. 已设有声光报警器的，消防广播还需要设置吗？

逻辑分析：消防广播的设置要求要符合《火规》（GB 50116—2013）第4.8.7条：集中报警系统和控制中心报警系统应设置消防应急广播。可见，广播系统的设置要求，只要是集中报警系统及控制中心报警系统均需设置，也可理解为有联动要求的报警系统需要设置消防广播。如建筑物内设置的火灾自动报警系统为非集中报警和非控制中心报警，由于未设联动系统，可以不设置应急广播。

消防广播与声光报警器功能不同，并不能用声光报警器来代替消防广播，两者建议采用分时播放进行控制。《火规》（GB 50116—2013）第4.8.6条：火灾声警报应与消防应急广播交替循环播放，可见两者作用并不同，一种为警示，一种为提示，火灾声警报必须设置，而消防广播如设置，则两者需同时设置。

3. 消防广播需要单独敷设管路吗？

逻辑分析：根据《民标》（GB 51348—2019）中第13.8.5条第6款及表26.1.7的要求，消防应急广播线应采用独立穿导管或独立槽盒方式敷设。可见消防广播可加隔板敷设，但基于线路数量有限，更常见的做法为单独穿管敷设。消防广播线槽单设案例如图5-20所示。

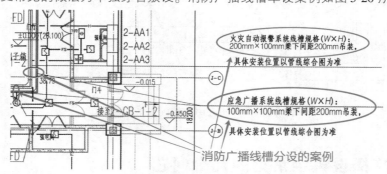

图5-20　消防广播线槽单设案例示意

4. 城市管廊内设置排烟风道时，是否应设置自动报警及应急广播？

规范要求：《城市综合管廊工程技术规范》（GB 50838—2015）第7.5.7条：干线、支线综合管廊含电力电缆的舱室应设置火灾自动报警系统。

逻辑分析：地下高度不大于2m，宽度为2.5m左右的城市管廊，当管廊内设置排烟风道时，常规思路理解设有机械排烟多为满足人员疏散的使用要求。又按照《城市综合管廊工程技术规范》（GB 50838—2015）第7.5.7条的相关要求，综合管廊含电力电缆的舱室应设置火灾自动报警系统，但未提及消防广播。需要注意此时的排烟风道，是用于火灾扑灭后排除残余有毒烟气，并非作为人员疏散使用，对此，可理解为设置事故后机械排烟设施的综合管廊一般是非公共场所，平时只有少量工作人员进行巡检工作，考虑人员流动不大，当紧急情况时火灾警报器可以满足需要，所以可不设消防应急广播。

5. 需要重点注释消防广播应为阻燃型产品吗？

规范要求：《公共广播系统工程技术标准》（GB/T 50526—2021）中第3.6.6条：广播扬声器应使用阻燃材料，或具有阻燃外壳结构。

逻辑分析：虽然新规仍然有要求，但已经不是强制性条文，且整本规范都已为推荐性标准。作为普通条款还可以提出意见，但不按强制性条文进行要求，原消防广播应为阻燃型产品的强制性条文已经不存在。消防广播标注为阻燃型产品的案例如图5-21所示。

图5-21 消防广播标注为阻燃型产品案例示意

Q73 特殊场所的常见消防报警问题

1. 民用建筑内的柴油发电机房，是否应设置火灾自动报警系统及灭火设施？

规范要求：《民标》（GB 51348—2019）中第6.1.2条第4款规定：民用建筑内的柴油发电机房，应设置火灾自动报警系统和自动灭火设施。规范条文要求民用建筑内不分容量、建筑规模等情况，所有的柴油发电机房都应设置自动灭火设施。而《建规》（GB 50016—2014）（2018年版）中第5.4.13条规定：布置在民用建筑内的柴油发电机房应设置火灾报警装置及与柴油发电机容量和建筑规模相适应的灭火设施。

逻辑分析：上述两条文对于设备柴油发电机房的火灾自动报警系统要求相同，即均需设置。但是否采用灭火设施，两本规范的相应要求却区别较大。是按照《建规》（GB 50016—2014）（2018年版）中第5.4.13条规定，即根据柴油发电机组的大小、数量、用途等实际情况，确定柴油发电机房的灭火设施？还是按照《民标》（GB 51348—2019）中第6.1.2条第4款规定，不分容量、建筑规模等情况，只要是民用建筑内的柴油发电机房都应设置自动灭火设施？

应依据《民标》（GB 51348—2019）编制组民规〔2021〕1号回复执行。《民标》（GB 51348—2019）第6.1.2条第4款Ⅱ条依据编制组考虑了以下因素：①民用建筑内负荷等级为一级，且仅有一路市政电源时，应设置自备柴油发电机组。当有一级负荷中特别重要负荷时，应设置应急柴油发电机组。由上述可知，设置柴油发电机组的建筑，多为一类高层建筑、超高层建筑或重要的公共建筑。②柴油发电机房的可燃物为日用油箱和油管中的柴油，不管其容量大小，都为1m³，发生火灾时，其危害基本相同。基于上述考虑，做出《民标》（GB 51348—2019）第

6.1.2 条第 4 款规定，但对于在建筑物外设置独立柴油发电机房时，除有特殊规定者外，可不设置自动灭火系统。另外，民用建筑内，设置手推车式柴油发电机组时，可不设自动灭火装置。除此以外，均需设置自动灭火设施。

2. 柴油发电机房是否需要设置可燃气体探测器？

逻辑分析：这个问题乍看起来，可燃气体的场所当然应该设置可燃气体探测器，但参见《建规》（GB 50016—2014）（2018 年版）第 3.1.1 条中有关丙类存储物品的介绍，包括了闪点 ≥60℃的可燃液体，而柴油确实有此属性。即便此后应急管理部等十部委发布《公告》（2022 年第 8 号）中将"1674 柴油［闭杯闪点 ≤60℃］"调整为"1674 柴油"，但此仍为液体并非气体。又见《石油化工可燃气体和有毒气体检测报警设计规范》（GB 50493—2019）中第 2.0.1 条有关的可燃气体的定义，其至少为甲类可燃气体或是甲乙类可燃液体所形成的可燃气体。同时柴油为不易挥发的液体，则柴油算不上可燃气体，所以可不设置可燃气体探测器。

那柴油发电机房应设置什么类型的火灾探测器？见《建规》（GB 50016—2014）（2018 年版）中第 5.4.13 条第 6 款："应设置与柴油发电机容量和建筑规模相适应的灭火设施，当建筑内其他部位设置自动喷水灭火系统时，机房内应设置自动喷水灭火系统"。考虑到柴油发电机房的重要性及失火的严重后果，所以首先要设置灭火系统。按规范，采用自动喷水灭火系统没有问题，但产生大量的水对于柴油发电机房的人员安全及设备存有一定隐患，故在柴油发电机房设气体灭火系统更好，并且建议设置两种不同原理的火灾探测器［可见《气体灭火系统设计规范》（GB 50370—2005）中第 5.0.5 条："自动控制装置应在接到两个独立的火灾信号后才能启动"］，如烟感与温感的组合使用较为合理，该设计理念也同样适用于锅炉房。如未设置气体灭火系统的柴油发电机房则仅设置感温探测器即可［可见《火规》（GB 50116—2013）中第 5.2.5 条第 5 款：锅炉房、发电机房宜选择感温火灾探测器］，如图 5-22 所示。

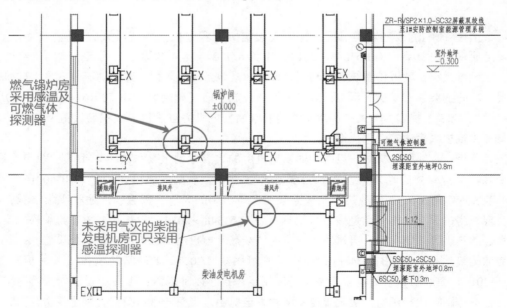

图 5-22　未设置气灭的柴油发电机房仅设置感温探测器的案例示意

3. 甲乙类仓库是否需要设置火灾报警系统？

逻辑分析：甲乙类仓库应设相应的气体探测装置，而不是感烟探测火灾报警系统。

这里以变配电室设置气体灭火系统为例，可见气灭系统不可只表示两种报警探测器（为达到灵敏级别高的要求，应设置两种探测器），还须设置其他联动及显示设施，如紧急启停按钮、放气指示灯、声光报警器等。可见《气体灭火系统设计规范》（GB 50370—2005）中第6.0.2条："防护区内的疏散通道及出口，应设应急照明与疏散指示标志。防护区内应设火灾声报警器，必要时，可增设闪光报警器。防护区的入口处应设火灾声、光报警器和灭火剂喷放指示灯，以及防护区采用的相应气体灭火系统的永久性标志牌。灭火剂喷放指示灯信号，应保持到防护区通风换气后，以手动方式解除。"这里手动方式解除由紧急停止按钮完成，一般内外均设，但仅外部设置也不违规，而声报警器及闪光报警器则是内外均需要设置的，如图5-23所示。

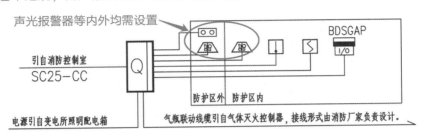

图 5-23 气体灭火系统图示意

4. 独立设置的变（配）电所（室外），是否需要设置火灾自动报警系统？

规范要求：《建规》（GB 50016—2014）（2018 年版）中第8.4.1条第10款：火灾危险性大的机器、仪器设备室应设火灾自动报警系统。其第8.4.1条第13款：设置机械防排烟系统、雨淋或预作用自动喷水灭火系统、固定消防水炮灭火系统、气体灭火系统等需与火灾自动报警系统联锁动作的场所或部位应设火灾自动报警系统。《火力发电厂与变电站设计防火标准》（GB 50229—2019）中第11.5.25条：符合条文中建设规模规定的变电站的相关场所（控制室、配电装置室、可燃介质电容器室、继电器室、通信机房、地下变电站、无人值班变电站的控制室、配电装置室、可燃介质电容器室、继电器室、通信机房）和设备应设火灾自动报警系统。

逻辑分析：对于性质重要、火灾危险性大、人员疏散和扑救难度大的场所及需要与火灾自动报警系统联动的场所或部位，应设火灾自动报警系统。依据上述规范，变配电室属于仪器设备间，且提供消防灭火等设备的电源，性质重要，也参与消防报警系统的切非等消防联动，并设有电容器补偿等，因此可判定独立设置的变（配）电所（室外），需要设置火灾自动报警系统。

5. 变配电室需要设置气体灭火系统吗？

规范要求：见《建规》（GB 50016—2014）（2018 年版）第8.3.9条第8款：其他特殊重要设备室应设置自动灭火系统，并宜采用气体灭火系统。

逻辑分析：见《建规》（GB 50016—2014）（2018 年版）第8.3.9条的条文说明：高层民用建筑内火灾危险性大，发生火灾后对生产、生活产生严重影响的配电室等，也属于特殊重要设备室。依据其规范正文，其他特殊重要设备室宜采用气体灭火系统。则可见高层建筑物的附设变配电室需要设置气体灭火装置，高层建筑物可以是建筑单体，也可以是包含有高层建筑的建筑群。另外，有 100 万册以上的图书馆、省级及以上档案馆、A/B 级电子信息机房也应依据规范的要求设置气体灭火装置。如图 5-24 所示为变配电室设置气体灭火装置案例平面示意图。

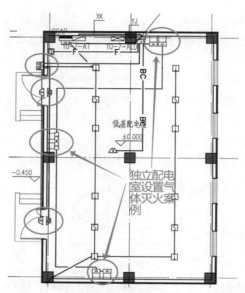

图 5-24　变配电室设置气体灭火装置案例平面示意

Q74　防火卷帘设置中的几个常见问题

1. **防火卷帘两侧报警总线跨越防火分区时，是否需要设置短路隔离模块？**

规范要求：《火规》（GB 50116—2013）中第 3.1.6 条要求：每只总线短路隔离器保护的火灾探测器、手动火灾报警按钮和模块等消防设备的总数不应超过 32 点；总线穿越防火分区时，应在穿越处设置总线短路隔离器。《消通规》（GB 55036—2022）中第 12.0.4 条要求亦同。

逻辑分析：设计中消防说明多数会介绍《火规》（GB 50116—2013）中第 3.1.6 条的内容，如仅为系统中标注有误，单只总线短路隔离模块超过 32 点，仅此种错误可判定为错漏碰缺。审查中，总线在穿越防火分区处应设置总线短路隔离器，主要依据平面图的实际错误予以判定，平面中总线短路隔离模块控制超过 32 点时或穿越防火分区处设置未见隔离模块时，均需提出，此为实质性违规。

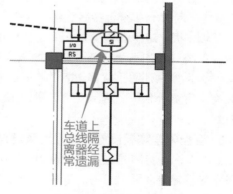

图 5-25　地下车库车道防火卷帘
分隔防火分区时设总线隔离器案例示意

审查中最常见的情况为，地下车库的车道两侧，防火卷帘分隔防火分区，防火卷帘两侧的一侧距卷帘纵深 0.5～5m 内设置不少于 2 只专门用于联动防火卷帘的感温火灾探测器，平面设计中分隔防火分区的防火卷帘两侧的探测器，因距离很短，多直接连线，易漏设总线隔离器，如图 5-25 所示。

2. **地下车库车辆通道上设置的防火卷帘门，是一步降底还是两步降底？**

规范要求：《火规》（GB 50116—2013）中第 4.6.3 条要求：防火分区内任两只独立的感烟火灾探测器或任一只专门用于联动防火卷帘的感烟火灾探测器的报警信号应联动控制防火卷帘

下降至距楼板面 1.8m 处，任一只专门用于联动防火卷帘的感温火灾探测器的报警信号应联动控制防火卷帘下降到楼板面。

逻辑分析：关于上述问题，其实在《火规》（GB 50116—2013）第 4.6.3 条的条文说明中已经有了结论，即地下车库车辆通道上设置的防火卷帘也应按疏散通道上设置防火卷帘的要求设置，故有前文隔离模块的设置要求，为两次降落。虽然作为地库主体的汽车并不需要疏散，但作为通道，如人员利用其撤离，也并无异议。

且规范指出在卷帘的任一侧距卷帘纵深 0.5 ~ 5m 内设置不少于 2 只专门用于联动防火卷帘的感温火灾探测器，更加保障了防火卷帘在火势蔓延到防护卷帘前能够及时动作，防止出现单只探测器由于偶发故障而不能动作的情况出现。

Q75 消防风机联动的几个常见问题

1. 消防风机是否还需要设置硬线（直启线）？

规范要求：《电通规》（GB 55024—2022）、《消通规》（GB 55036—2022）和《火规》（GB 50116—2013）三本标准都要求能在消防控制室手动控制防烟和排烟风机，但是具体的规定和实施要求存在差异。

《电通规》（GB 55024—2022）第 5.3.1 条之条文说明：防烟和排烟风机应由消防联动控制器按照预设逻辑和时序联动控制启动，或由防烟和排烟风机控制装置 [《消防联动控制系统》（GB 16806—2006）中的防烟和排烟风机控制装置] 连锁控制启动/停止。在《消防联动控制系统》（GB 16806—2006）中要求消防水泵控制装置、防烟和排烟风机控制装置均应具备手动控制功能。此处的"防烟和排烟风机控制装置"，即《消防联动控制系统》（GB 16806—2006）中第 4.4 节的消防电气控制装置。

《消通规》（GB 55036—2022）中第 11.1.5 条要求能在消防控制室手动启动防烟和排烟风机，但具体做法在规范中未作要求。

根据《火规》（GB 50116—2013）中第 4.1.4 条和第 4.5.3 条要求：在消防控制室手动控制防烟和排烟风机，应通过设在消防控制室内的消防联动控制器的手动控制盘实现。

逻辑分析：《电通规》（GB 55024—2022）的宣贯视频中指出，消防风机可以不设置手动直接控制线（硬线控制），但在《〈消防设施通用规范〉（GB 55036—2022）实施指南》第 11.1.5 条的图示中仍明确标有此硬线，现行《火规》（GB 50116—2013）第 4.5.3 条也明确规定应设，《电通规》（GB 55024—2022）出来以后设计的做法有了变化，但最常见的仍为设有直启线的做法，如图 5-26 所示。也有按《电通规》（GB 55024—2022）未设直启线的做法，如图 5-27 所示。

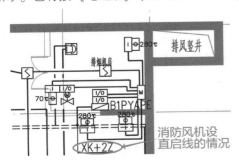

图 5-26 消防风机设有直启线的案例示意

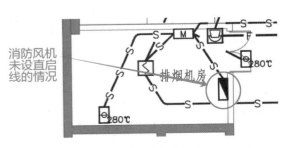

图 5-27 消防风机未设直启线的案例示意

但有无必要设置，则需要深层次分析，参考《〈火灾自动报警系统设计规范〉图示》（14X505—1）中提供的两种火灾自动报警系统框图，现行框架及目标框架如图5-28和图5-29所示。

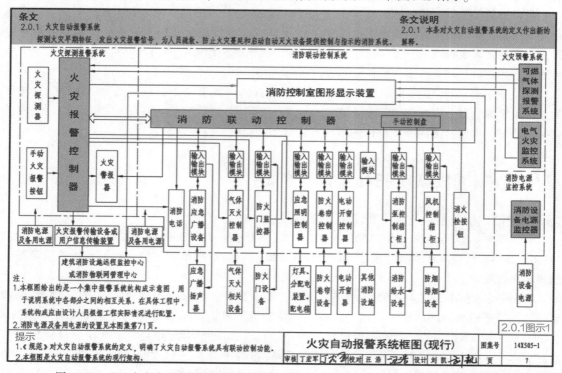

图5-28　《〈火灾自动报警系统设计规范〉图示》（14X505—1）中2.0.1图示1截图

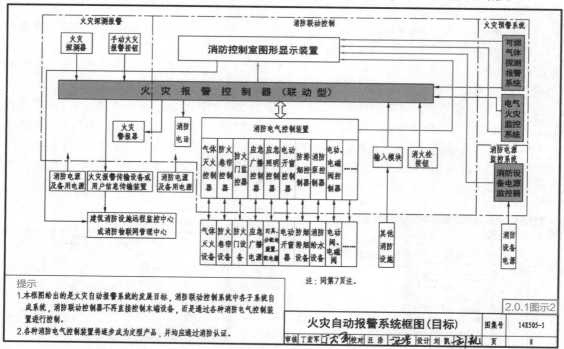

图5-29　《〈火灾自动报警系统设计规范〉图示》（14X505—1）中2.0.1图示2截图

由以上条文要求和系统框图对比清晰可见，在消防控制室手动控制防烟和排烟风机，有两种启动方式。

第一种（图5-28）是通过直接手动控制的硬线启动，可通过设在消防控制室内的消防联动控制器的手动控制盘控制，即现行框架，手动控制盘上的启停按钮应与防烟和排烟风机的控制箱直接用控制线或控制电缆连接。另一种（图5-29）是通过总线控制盘的启动方式，即《消防联动控制系统》（GB 16806—2006）中的消防电气控制装置（防烟和排烟风机控制装置）控制，当通过消防电气控制装置（防烟和排烟风机控制装置）实现手动控制时，应根据该装置的要求设置控制线路。这其中的核心是手动控制盘类似于多线控制，总线控制盘顾名思义就是总线制控制方式。

消防电气控制装置的工作原理为：消防电气控制设备接收现场手动控制信号或消防联动控制器的联动控制信号，对信号进行处理和变换，形成下一级控制信号，并将信号发送给被控制设备；控制主电路连接或断开受控设备的电源，完成受控设备控制的启停功能。可见从信号的接收到行动指令的发出是为一体的。

前一种方式是通过硬线直接接到水泵控制柜或消防风机控制柜的控制按钮上，通过手动操作控制按钮，就可以点对点地实现对现场设备的控制，即上图5-26中的直启线做法。第二种总线控制盘启动方式与自动联动控制是等效的，只是为了便于对现场设备的一键式操作，在消防控制室增设了总线控制盘（电气控制装置），即《消通规》（GB 55036—2022）的实质性内涵。消防风机则不必采用硬线在消防控制室进行控制，在消防控制室总线控制盘（电气控制装置）上采用手动启动的方式，也符合《消通规》（GB 55036—2022）第11.1.5条的规定。

综上可见，审查消防风机是否采用硬线，还是要依据消防系统本身的设计要求确定，如是旧系统改造，则还是应该设置；而如果是新工程，未见注明，可以按照不采用硬线进行审查。

2. 送风（烟口）是否可以直接连接加送风机排烟风机控制盘柜，从而实现加压送风口、排烟阀开启后连锁直接启动加压风机、排烟风机？

规范要求：《消通规》（GB 55036—2022）第11.1.5条要求，常闭加压送风口、排烟阀或排烟口开启，应联动启动相应的加压风机、排烟风机和补风机。《建筑防烟排烟系统技术标准》（GB 51251—2017）第5.1.2条第4款要求：系统中任一常闭加压送风口开启时，加压风机应能自动启动。

逻辑分析：两条规范从字面上有些区别，容易产生争议，但由于加压送风机必须具备多种启动方式，所以，规范中规定的四种启动方式必须同时满足：现场手动启动；通过火灾自动报警系统自动启动；消防控制室手动启动；系统中任一常闭加压送风口开启时，加压风机应能自动启动。但要注意送风口与报警系统用词均为自动启动，自动启动与联动启动的内在关联又是什么？《消通规》（GB 55036—2022）实施后，自动启动也是联动启动的一种形式，但并不能确认为直接启动。

联动控制在消防系统中指的是通过各种传感器、手动报警按钮等设备系统主机进行逻辑判断后，实现相关消防设备的智能控制，即联动启动。连锁控制则指不需经主机判断，直接控制被控设备，即我们常说的直启。

故应按《消通规》（GB 55036—2022）条文理解，防烟系统的联动控制方式应选用火灾自动报警系统联动来启动防烟系统。防烟系统的启动，需要先期的火灾判定。加压送风口、排烟阀（排烟口）开启后，可以利用火灾报警系统接收到其开启的反馈信号，由消防联动控制器联动开启相应的加压风机、排烟风机，也可以连锁直接启动加压风机、排烟风机。由后文排烟图集（图5-31）亦可得知。而配电系统送风口消防联动做法如图5-30所示。

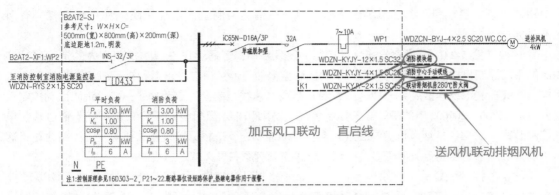

图 5-30　地库消防送风机案例系统示意

根据《消通规》（GB 55036—2022）第 11.1.5 条要求，常闭加压送风口开启，应联动启动相应的加压风机，其核心逻辑是"联动"启动，即通过火灾自动报警系统联动控制风机启动，不是将正压送风口的开启信号输出接点直接接入风机控制回路来启动风机。根据《建筑防烟排烟系统技术标准》（GB 51251—2017）第 5.1.2 条第 4 款的要求，其核心则为"自动"启动，均可见不是手动启动，故其逻辑相同，均为现场消防模块联动。

另《建筑防烟排烟系统技术标准》（GB 51251—2017）第 5.1.1 条要求：机械加压送风系统应与火灾自动报警系统联动，应以《火规》（GB 50116—2013）的相关规定为准来执行。即加压送风的联动应该以《火规》（GB 50116—2013）的要求为准。则加压风机、排烟风机和补风机的联动启动控制，可见《火规》（GB 50116—2013）第 4.5.1 条第 1 款、第 4.5.2 条第 2 款要求：通常加压风机的吸气口设有电动风阀，此阀与加压风机联动，加压风机启动，电动风阀开启；加压风机停止，电动风阀关闭。故常闭加压送风口不必设置硬线，就可直接连锁启动加压送风机。

3. 排烟防火阀 280℃ 时自行关闭和联锁关闭相应排烟风机的功能具体如何实施？

规范要求：《消通规》（GB 55036—2022）第 11.3.5 条：下列部位应设置排烟防火阀，排烟防火阀应具有在 280℃ 时自行关闭和联锁关闭相应排烟风机、补风机的功能：①垂直主排烟管道与每层水平排烟管道连接处的水平管段上；②一个排烟系统负担多个防烟分区的排烟支管上；③排烟风机入口处；④排烟管道穿越防火分区处。

逻辑分析：《消通规》（GB 55036—2022）第 11.3.5 条要求的是排烟防火阀应具有在 280℃ 时自行关闭和联锁关闭相应排烟风机、补风机的"功能"，是对排烟防火阀应具备功能的要求，不是对排烟风机、补风机的控制要求，而各部位排烟防火阀与排烟风机、补风机的联锁控制关系和控制要求是由暖通专业确定的。

如暖通专业未作要求，应按《火规》（GB 50116—2013）第 4.5.5 条要求实施，即"排烟风机入口处的总管上设置的 280℃ 排烟防火阀在关闭后应直接联动控制风机停止，排烟防火阀及风机的动作信号应反馈至消防联动控制器"。可按国标图集《防排烟及暖通防火设计审查与安装》（20K607）第 65 页"机械排烟系统联动控制示意图"（图 5-31）实施。

仅排烟风机入口处的总管上设置 280℃ 排烟防火阀关闭时连锁关闭排烟风机和补风机。排烟风机入口处总管上设置的排烟防火阀在 280℃ 关闭后，动作信号直接送至排烟风机控制箱，直接控制排烟风机停止，即要设置强启线。同时通过输入模块将动作信号反馈至消防联动控制器，由消防联动控制器输出联动控制信号，通过输出模块控制补风机停止。

支管位于《消通规》（GB 55036—2022）第 11.3.5 条中第 1、2、4 款描述的位置时，排烟防火阀在280℃关闭后，通过输入模块将动作信号反馈至消防联动控制器，由消防联动控制器输出联动控制信号，通过输出模块控制排烟风机、补风机停止。平面表示见图5-32。

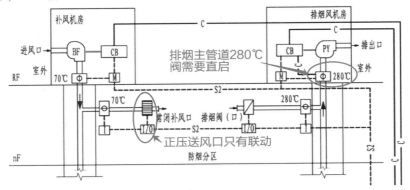

图5-31 《防排烟及暖通防火设计审查与安装》（20K607）第65页"机械排烟系统联动控制示意图"截图

4. 补风机的消防联动具体如何实施？

规范要求：《建筑防烟排烟系统技术标准》（GB 51251—2017）中第5.2.2条要求：排烟防火阀在280℃时应自行关闭，并应连锁关闭排烟风机和补风机。《消通规》（GB 55036—2022）亦有类似要求。

逻辑分析：允许通过火灾自动报警系统联动关闭补风机，并应在设计文件中明确具体联动控制要求，当补风机与排烟风机非一一对应关系时，应提供联动逻辑控制要求。

在《建筑防烟排烟系统技术标准》（GB 51251—2017）中第4.5.5条明确要求"补风系统应与排烟

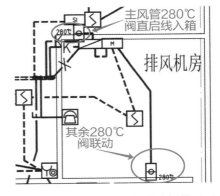

图5-32 280℃排烟防火阀消防报警平面示意

系统联动开启或关闭"。补风系统是防排烟系统的组成部分，应与排烟风机同时工作，并可通过火灾自动报警系统实现联动控制。故按《建筑防烟排烟系统技术标准》（GB 51251—2017）第5.2.2条要求，有如下两种控制方式。

方式一：由排烟风机总风管上设置的280℃排烟防火阀微动开关辅助触点接入补风机控制回路，当该排烟防火阀熔断关闭时，直接连锁关闭补风机。采用此方式时应注意，一般排烟防火阀微动开关只提供两组微动开关，一组用于报警，一组用于联锁排烟风机停止。但同时输出至两个控制回路，将会造成两个不同控制系统的控制电源短接，导致异相短路。应由排烟防火阀引出至排烟风机的控制回路，再由排烟风机的控制回路将扩展后的干接点引至补风机控制箱。所以当考虑采用通过专用控制线直接联锁关闭补风机时，则需增加微动开关或增设中间继电器来完成，目前国标图集《常用风机控制电路图》（16D303—2）无此联锁内容，若引用时应先对国标图做相应的修改完善。

方式二：参考前面《防排烟及暖通防火设计审查与安装》（20K607）第65页"机械排烟系统联动控制示意图"，该示意图采用火灾自动报警系统联动控制关闭补风机。消防联动控制器接收到排烟风机总风管上设置的280℃排烟防火阀关闭信号后，输出联动控制信号，通过输出模块控制关闭补风机。当补风机与排烟风机非一一对应关系时，尚应处理好各风机间联锁触点或联动控制的逻辑关系。

5. 暖通空调风管上的70℃防火阀是否需要与火灾自动报警系统联动?

逻辑分析:根据国标图集《建筑电气常用数据》（19DX101—1）第7~14页"表7.11　通风与空调工程的电动防火阀功能和主要技术参数"（图5-33），可见70℃防火阀均为易熔片动作，无须消防联动控制模块，如需反馈关闭信号的，需按照暖通专业要求设置，只设输入模块即可。

表7.11　通风与空调工程的电动防火阀功能和主要技术参数

设备分类	名称	额定电压(V)	额定电流(A)	控制方式	输出信号	阀到消防现场模块导线根数	复位方式	启闭状态	适合范围
防火类	防火阀	—	—	当温度到达70℃或150℃（厨房用）时，易熔片动作，阀门自行关闭。	输出阀门关闭无源节点信号	2根线	手动复位	常开	用于空调通风系统风管内，防止火势沿风管蔓延。
	简易防火阀防火风口	—	—	当温度到达70℃时，易熔片动作，阀门自动关闭。	无信号输出	—	手动复位	常开	可用于多个多层个人卫生间排风。
	电动防火阀	DC24V±10%	0.7	电动控制电磁铁动作关闭阀门，也可温度到70℃时易熔片动作，阀门自动关闭。	输出阀门关闭无源节点信号	6根线	手动复位	常开	用于空调通风系统风管内，当发生火灾时，能迅速关闭阀门，防止火势沿风管蔓延。

图5-33　《建筑电气常用数据》（19DX101—1）中表7.11截图

6. 图中仅排烟口示意消防联动是否可行?

规范要求:《建筑防烟排烟系统技术标准》（GB 51251—2017）第5.2.2条第4款要求:排烟风机、补风机系统中任一排烟阀或排烟口开启时，排烟风机、补风机自动启动。

逻辑分析:在上述条文中，排烟阀与排烟口虽然为"或"的关系，但在实际使用中，两者却缺一不可。审图中多见暖通专业排烟口与排烟阀均有表示，但电气专业未设置常闭多叶排烟口联动控制，则违反相关的条文要求。

暖通专业同时会设置280℃阀和常闭多叶排烟口，实际火灾时，如果仅280℃排烟阀动作打开，常闭多叶排烟口没有联动，则无法实现排烟的功能，故电气图纸仅设置了280℃排烟阀的联动，未设置常闭多叶排烟口的联动，十分危险。如图5-34和图5-35所示的案例，暖通图纸中280℃排烟阀与其后的多叶排烟口均有示意，但相应的电气图纸中却仅设置了280℃排烟阀，是不正确的。

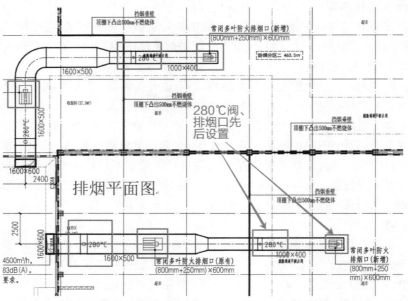

图5-34　暖通图纸中280℃排烟阀与多叶排烟口均设有的案例示意

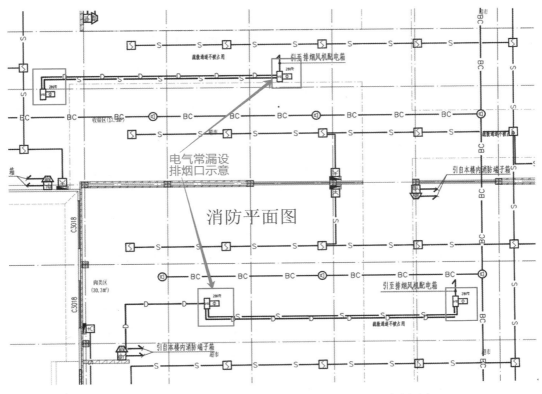

图 5-35　电气消防图纸中仅示意 280℃ 排烟阀的错误案例示意

7. 排烟阀或排烟口现场设置手动开启装置应由哪个专业进行审查？

逻辑分析：除了排烟口的消防联动，火灾时由火灾自动报警系统联动开启排烟区域的排烟阀或排烟口，也应在现场设置手动开启装置，此可见《建筑防烟排烟系统技术标准》（GB 51251—2017）中第 4.4.12 条第 4 款。但地下汽车库通风与排烟系统合用时，可不设常闭排烟阀及常闭排烟阀的手动开启装置。

该款出自通风专业规范，为"或"的要求，即排烟阀、排烟口两处中有一处设置手动开启装置即可，但暖通及电气均可作为实施专业。建议电气专业核对暖通图纸，如未表示手动开启装置，需与暖通专业协商，至少有一专业予以提出意见即可，如图 5-36 所示。

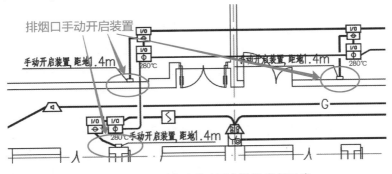

图 5-36　排烟口设置手动开启装置案例示意

Q76 既有建筑改造工程中常见的消防审查问题

1. 既有建筑改造中有哪些消防审查要求？

规范要求：既有建筑的消防改造为一大类问题，各地多以地区的要求为执行依据，且要求内容接近，以上海为例进行说明，见《上海市既有建筑改造工程消防技术指南》（2024年版）：7.2.1 整体改造时，火灾自动报警系统、防火门监控系统、消防电源监控系统及电气火灾监控系统的设置应按现行标准执行。7.2.2 局部改造时，改造工程区域内火灾自动报警系统的设置应按现行标准执行。7.3.1 整体改造时，消防应急照明及疏散指示系统应按现行标准执行。7.3.2 局部改造时，消防应急照明及疏散指示系统的设置应符合下列规定：整层改造时，改造范围内的消防应急照明及疏散指示系统应满足现行技术标准的要求；非整层改造仅涉及末端设备调整时，消防应急照明及疏散指示系统的型式可维持不变，但灯具的选择、布置及管线等应按现行标准执行。

逻辑分析：既有建筑改造的核心逻辑是在尊重建筑现状的情况下，尽量满足现行规范的要求，但这个度并不好把控，所以才出现了各地执行尺度多有不同的情况。

由《上海市既有建筑改造工程消防技术指南》可见，设计的主要区别在于是整体改造还是局部改造，局部改造各省要求又略有不同，如上海会详细到整层与非整层的区别。整体改造中，消防报警与应急照明等均需按现行标准执行。局部改造中，各地要求略有差别，如下逐条分析。审查则按本地区的要求最终执行。

2. 防火门监控系统、消防设备电源监控系统及电气火灾监控系统在既有改造中有何要求？

逻辑分析：局部改造时，防火门监控系统、消防设备电源监控系统及电气火灾监控系统，改造建筑施工图设计执行的是原标准，如既有建筑设有防火门监控系统、消防设备电源监控系统及电气火灾监控系统时，改造区域内的防火门监控系统、消防设备电源监控系统及电气火灾监控设备应接入原有系统。如原建筑无防火门监控系统、消防设备电源监控系统相关要求时，上述系统在局部改造中可不设。

这其中，有关电气火灾监控系统的要求又略有不同，除了上述要求，因其可以设置选择独立式系统，且各地普遍对该系统要求更高，如既有建筑局部改造工程无电气火灾监控系统的情况，宜按现行标准设置电气火灾监控系统，新增的电气火灾监控主机设备应设置在消防控制室内或24h有人值班的房间和场所内（山东地方要求），各地可参考执行。

消防电源监控改造案例（图5-37）：北京某工程中已设有消防电源监控系统，满足《火规》（GB 50116—2013）第3.4.2条要求，但本次改造涉及的消防配电箱未设计消防电源监控装置。对此，可根据《北京市既有建筑改造工程消防设计指南》（2023年版）第5.2.3条要求：局部改造时，消防电源监控系统可维持原设计。但原设计已经设有消防电源监控系统，则需修改消防配电箱系统图，增设消防电源监控装置，同时将涉及的消防配电箱内增设的消防电源监控信号接入原有消防电源监控系统。

3. 应如何处理既有建筑中防火卷帘、自动排烟窗、电动挡烟垂壁的增设？

逻辑分析：改造区域内设有防火卷帘，在封闭楼梯间、防烟楼梯间及疏散通道上设置防火门、自动排烟窗、电动挡烟垂壁时，宜采用消防控制室集中控制方式。当挡烟垂壁、防火卷帘等数量新增较多，需要多处设置火灾探测器进行联锁时，应考虑设置火灾自动报警系统进行联动控制。而当

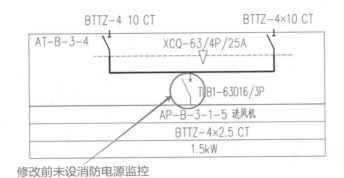

修改前未设消防电源监控

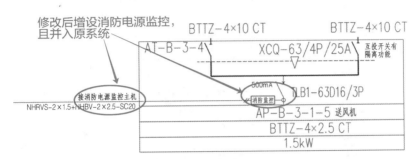

图 5-37 修改前后消防风机系统图案例示意

原建筑无火灾自动报警系统，且防火卷帘、防火门、自动排烟窗数量较少时，可采用自带火灾探测器接口的控制箱直接进行联动控制，或采用区域火灾报警控制器外接端子进行联动控制。

以陕西为例，如建筑中仅 1 或 2 处局部场所或部位设置了电动挡烟垂壁、防火卷帘，当其控制器具有接收火灾探测器报警信号功能时，可直接与两侧设置火灾探测器连接进行联动控制。当其控制器不具有接收火灾探测器报警信号功能，仅能接收来自消防联动控制设备的控制信号时，应设置具有无源输出干触点的小型火灾报警控制器，与设备控制器两侧设置火灾探测器连接，进行联动控制。同理，对常开防火门、自动排烟窗、自动防火窗均可按此执行。

局部改造中，既有消火栓箱内的报警按钮具有启动消防泵和火灾报警两项功能的，可予以保留（表 5-1）。

表 5-1　某省既有建筑消防改造要求

改造内容	可执行原标准的内容	备注
消防联动控制	消火栓泵原控制方式	应增加压力开关和流量开关控制方式
	新增的防火卷帘、常开防火门、电动排烟窗、电动挡烟垂壁消防联动控制方式	优先采用消防控制室集中控制，没有火灾报警时可在相关联的部位设置独立火灾联动控制装置
消防应急照明和疏散指示系统	供电系统型式和控制方式	按现行标准设置消防应急照明和疏散指示装置

4. 应如何处理既有建筑中的燃气厨房增设？

改造工程新增的可能散发可燃气体、可燃蒸汽的场所应设置可燃气体探测报警装置。如

图 5-38 所示，为北京地区典型装修设计燃气改造的案例，现改造后使用性质为餐饮，原工程已通过消防竣工验收，此次装修改动了平面布局及消防设施点位。

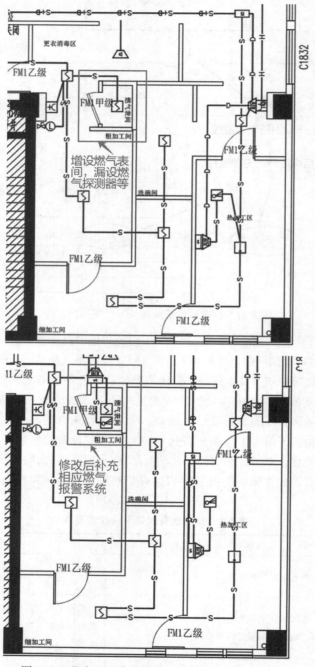

图 5-38　北京地区典型装修设计燃气改造案例示意

　　本项目对建筑局部功能进行了调整，新增餐饮功能，且设置了燃气厨房，应对其提出相应的消防设计要求，如燃气关断阀、导除静电装置、燃气报警等。故依据《北京市既有建筑改造工程消防设计指南》（2023 年版）要求，增设了燃气报警控制，并接入原消防报警系统。

5. 应如何处理既有建筑中的应急照明控制系统?

既有建筑局部改造时,原建筑消防应急照明和疏散指示系统是集中控制系统的应执行现行标准,如图5-39所示;原消防应急照明和疏散指示系统满足原标准要求时,原建筑不是采用集中控制系统的,可仅改造区域和本层与改造区域相关联的疏散走道、楼梯等处,按现行标准改造(含更换)消防应急照明和疏散指示装置,配电系统接入已有系统,但灯具的选择、布置及管线等应按现行标准执行,即A型灯具的要求,此处的应急照明集中电源或应急照明配电箱可采用非集中控制型。

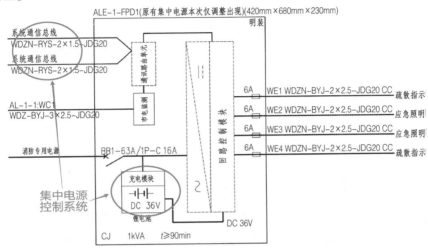

图5-39 既有建筑局部改造已设集中电源集中控制系统的案例示意

应急照明改造案例(图5-40):受限于新旧规范的差异,建筑原有消防应急照明系统和疏散指示系统中,应急照明和疏散标志灯具采用B型灯,不满足现行规范《应急照明标》(GB 51309—2018)第3.2.1条第4款的要求。依据《北京市既有建筑改造工程消防设计指南》(2023年版)第5.3.2条的规定,本项目改造区域应急照明和疏散指示灯具按《应急照明标》(GB 51309—2018)第3.2.1条第4款要求改为A型灯具,应急照明系统图等应做相应修改。

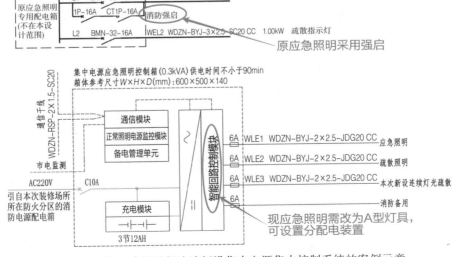

图5-40 既有建筑局部改造新设集中电源集中控制系统的案例示意

6. 既有餐饮建筑改造中的应急照明有何具体要求?

规范要求:《饮食建筑设计标准》(JGJ 64—2017)中第5.3.7条:饮食建筑的应急照明应按现行国家标准《建规》(GB 50016—2014)(2018年版)设置,且中型及中型以上饮食建筑的厨房区域应设置供继续工作的备用照明,其照度不应低于正常照明的1/5;用餐区域应设置供继续营业的备用照明,其照度不应低于正常照明的1/10。

逻辑分析:此处的备用照明依据规范的字面理解是应急照明的一种,且要求按消防规范《建规》(GB 50016—2014)(2018年版)设置,但各地在认定是否为消防应急照明上有争议。该种场所的典型空间如封闭的包间,无直接对外窗,断电后,内部黑暗。则备用照明可作为停电时短时继续工作的照明,也可作为包间内人员疏散的照明。

鉴于该处有争议,在既有建筑改造中,其包间备用照明的供电可接于疏散照明回路,也可以为单独设置的非消防用备用照明,如自带蓄电池的灯具。按照现场实施方便而定,只需要满足照明断电后可持续点亮的要求即可,无明确应急时间要求。如图5-41所示,该种做法,接自应急照明箱,属于消防疏散照明回路。

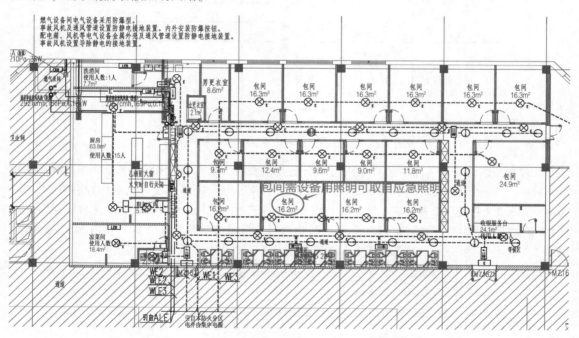

图5-41　餐厅装修包间备用照明取自应急照明案例示意

7. 既有建筑中设置充电桩有何具体要求?

规范要求:个人在既有建筑地下车库自有车位上安装充电桩时,需要满足《电动汽车分散充电设施工程技术标准》(GB/T 51313—2018)中第6.1.5条要求:防火单元最大允许建筑面积不超过1000m²(图5-42)。在既有建筑地下车库自有车位上安装的充电桩,非集中布置时,则应符合现行《电动汽车分散充电设施技术标准》(GB/T 51313—2018)中分散充电设施的定义,并应符合该标准

表6.1.5　集中布置的充电设施区防火单元最大允许建筑面积(m²)

耐火等级	单层汽车库	多层汽车库	地下汽车库或高层汽车库
一、二级	1500	1250	1000

图5-42　《电动汽车分散充电设施工程技术标准》
(GB/T 51313—2018)中表6.1.5截图

其他规定。另中国建筑学会标准《电动汽车充换电设施系统设计标准》（T/ASC 17—2021）中第8.2.1条要求：除充电站、电池更换站及独立建造的停车库外，额定功率大于7kW的电动汽车充电设备不应设在建筑物内。

逻辑分析：既有建筑设置充电桩电动汽车分散充电设施，多指用户根据情况另加充电桩的情况，而非整体规划，集体设计施工。《电动汽车分散充电设施工程技术标准》（GB/T 51313—2018）中第6.1.5条为对新建的汽车库内配建分散充电设施做出的规定，对于既有建筑增设车位没有直接的指导性。

但这本规范第6.1.6条对既有建筑内配建分散充电设施做出了如下规定：既有建筑的地下、半地下和高层汽车库内，未设置火灾自动报警系统、排烟设施、自动喷水灭火系统、消防应急照明和疏散指示标志的，不得配建分散充电设施。

对于竣工于国家标准《电动汽车分散充电设施工程技术标准》（GB/T 51313—2018）实施之前的既有建筑，建筑内地下停车库防火分区大于$1000m^2$，但能满足该标准其他条款，且满足《汽车库、修车库、停车场防火规范》（GB 50067—2014）等停车库其他相关标准要求时，可安装充电设施。

上述"其他条款"是指相关消防要求，对于建筑现状无法改变的情况，只能通过完善消防手段来避免火灾的危害。故对于既有建筑的地下、半地下和高层汽车库内，已设置了火灾自动报警系统、排烟设施、自动喷水灭火系统、消防应急照明和疏散指示标志的，应根据实际情况，宜符合《电动汽车分散充电设施工程技术标准》（GB/T 51313—2018）第6.1.5条规定，确保电动汽车充电安全即可。可见消防报警系统为首要要求，同时也需满足防火单元的面积要求，满足以上两点，则可以设置电动汽车充电桩。此外，电动汽车充电设备额定功率需满足不大于7kW的要求。

该处"宜"设置为住建部的回复，可以理解为该规范为推荐性规范，其强制性的"应"做了相应降级处理。当建筑现状无法改变，又必须设置时，以实际工程的安全要求为准，达到现有消防防护的要求即可。

8. 既有建筑中增设门禁系统应该注意什么？

新增门禁（可视对讲）系统时，其电源需从公共配电箱或就近灯口处接引，线路需在楼梯平台等处敷设，当采用金属线管沿墙明敷时，电气审查可认为不影响结构安全；如为暗敷，虽管路一般较细，但考虑老旧小区的房屋结构老化，剔凿的振动和破坏对既有建筑的影响无法量化，而改造设计中又多缺少结构计算和控制，则更需要审查敷设门禁系统干线时的剔凿是否可行。因老旧小区改造多不涉及结构专业，线槽及管道板上开洞需与结构专业核实。

另外，楼梯间内不应有影响疏散的凸出物或其他障碍物，新增的箱体如设于疏散楼梯间内，应与建筑专业落实是否影响疏散，此可见《建规》（GB 50016—2014）（2018年版）第6.4.1条第3款。如图5-43所示，门禁系统应明确信号引至住宅小区安防控制中心。

9. 既有建筑中增设电梯应该注意什么？

规范要求：《北京市既有多层建筑加装电梯工程技术导则（试行）》中第4.4.5条要求：电梯配电箱应设置在电梯顶层层站电梯井道附近的公共区域，并应加装安全防护锁。

逻辑分析：各地既有建筑增设电梯的要求多有不同，北京地区实施较早，相对更加成熟，各地可作为参考，具体实施依据当地规定。

此时，最易漏审配电箱的设置，上述条文的条文说明中介绍：配电箱应设置在人员可以直接触摸到的地方以便于操作，为保证电梯使用安全，避免无关人员误操作。可见，增设电梯时基于安全考虑，应将电气配电箱或控制箱设于顶层，这样人员流动更少，相对于底层，更加安全。其配套图集如图 5-44 所示。

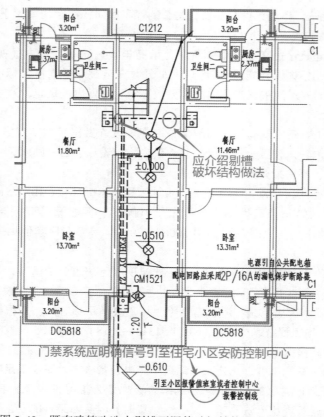

图 5-43　既有建筑改造中剔槽开洞等破坏结构安全的案例示意

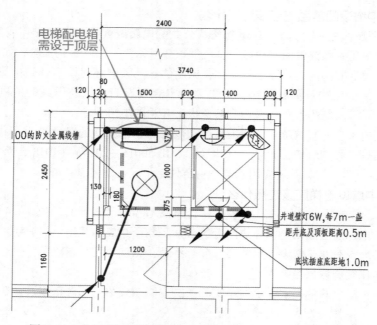

图 5-44　老旧小区加装电梯配电箱应设置在电梯顶层的图集示意

Q77 电动排烟窗等小型设备消防联动常见问题

1. 设有电动排烟窗时必须要设消防报警系统吗？

规范要求：《建筑防烟排烟系统技术标准》（GB 51251—2017）中第5.2.6条：自动排烟窗可采用与火灾自动报警系统联动和温度释放装置联动控制方式。

逻辑分析：先介绍电动排烟窗的概念，其是指依靠电力驱动执行机构开启窗扇的自然排烟窗。自动排烟窗是指发生火灾后能自动开启的自然排烟窗，一般由窗体、执行机构、控制系统、管路（线）等组成。当项目中采用不需要自动开启的排烟窗时，电动排烟窗仅仅是为了更方便开启，并不需设置火灾自动报警系统联动开启。当需要自动开启时，根据上述条文，可采取在该自动排烟窗的防烟分区内，合理设置提供开启联动信号的火灾探测器、手动报警按钮或联动控制器，也可选用带有温控功能的自动排烟窗，其温控释放温度应大于环境温度30℃且小于100℃。

可见电动排烟窗是可通过按钮控制电动开窗机打开的自然排烟窗，自动排烟窗则是由消防联动打开的自然排烟窗。项目中采用电动排烟窗仅仅是为了更方便开启，可视为是一种更高效的手动排烟窗。电动排烟窗与火灾自动报警系统既无设置条件上的因果关系，也无互相联动的必要性。而自动排烟窗是便捷和智能的自然排烟设备，它确实需要由火灾自动报警系统联动控制实现自动开启功能。但若条件受限，也并不用因为设有自然排烟窗，而对整个建筑进行完整的火灾自动报警系统的设计。可以按照《火规》（GB 50116—2013）第4.5.2条第1款要求，在该自动排烟窗的防烟分区内，合理设置提供开启联动信号的火灾探测器及联动控制器的独立系统。

集中报警消防联动型自动排烟窗系统及平面如图5-45和图5-46所示。

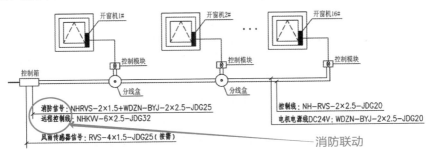

图 5-45　自动排烟窗报警系统案例示意

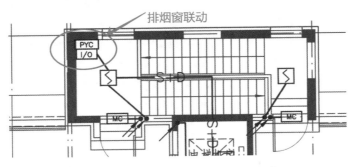

图 5-46　自动排烟窗报警平面案例示意

2. 仅设置了防火卷帘或常开防火门等，是否需要设置火灾自动报警系统？

规范要求：《建规》（GB 50016—2014）（2018 年版）第 8.4.1 条第 13 款规定：设置机械排烟、防烟系统，雨淋或预作用自动喷水灭火系统，固定消防水炮灭火系统、气体灭火系统等需与火灾自动报警系统联锁动作的场所或部位应设置火灾自动报警系统。

逻辑分析：该条规范从字面理解是存有争议的。争议其一是对场所或部位的理解不同，也是本类问题的核心逻辑，部位一般指物体的某个部位，属于小地点；而场所为一个地点，用于各大场合之中，可见部位显然更小，按消防从严审查的要求，具体部位如涉及消防联动，则该场所的建筑需要设置消防报警系统。

争议其二是某建筑仅在部分场所设置了防火卷帘、自动排烟窗或常开防火门等规范中未描述的消防设备时，是不是也按消防联动设备进行要求？按照《建规》（GB 50016—2014）（2018 年版）第 8.4.1 条规定，对仅设防火卷帘、常开防火门等设备的场所，或其余《建规》（GB 50016—2014）（2018 年版）第 8.4.1 条第 13 款规定未明确介绍的联动内容，如出现在第 8.4.1 条规定的场所或建筑外，均满足不设计消防报警系统的条件，则不需在整个建筑内设火灾自动报警系统，也不需设置消防控制室。

可在防火卷帘附近设置相应的火灾探测器，由防火卷帘自带的控制器完成联动控制功能。对仅设常开防火门的场所，可在常开防火门附近设置相应的火灾探测器，在有人值班的场所或防火门附近设置区域报警控制器，由区域报警控制器的外控接点完成常开防火门的联动控制。

Q78 如何界定局部设有老年人用房的建筑是否按照老年人照料设施的要求进行了设计？

规范要求：《老年人照料设施建筑设计标准》（JGJ 450—2018）第 1.0.2 条：本标准适用于新建、改建和扩建的设计总床位数或老年人总数不少于 20 床（人）的老年人照料设施建筑设计。

逻辑分析：如不满足上述规范的人数要求，不应定义为老年人照料设施，核心是"20 床"的门槛。尚应满足《老年人照料设施建筑设计标准》（JGJ 450—2018）第 5.1.1 条中条文说明的要求："老年人照料设施"是为老年人提供集中照料服务的公共建筑，包括老年人全日照料设施和日间照料设施（可见仅日间照料的建筑也是）。如满足上述两点要求的建筑物，则按老年人照料设施进行消防审查。其他专供老年人使用的、非集中照料的设施或场所，如老年大学、老年活动中心等不属于老年人照料设施。

图纸审查中发现的常见问题：老年人照料设施中的老年人用房（居室）未设置声警报装置或消防广播，违反《建规》（GB 50016—2014）（2018 年版）中第 8.4.1 条的要求。

如图 5-47 所示，某项目为老年人用房，其中老年人照料设施中的老年人用房（居室）合计为 21 床，未设置声警报装置或消防广播，被判违反强制性条文［《建通规》（GB 55037—2022）实施之前案例］。

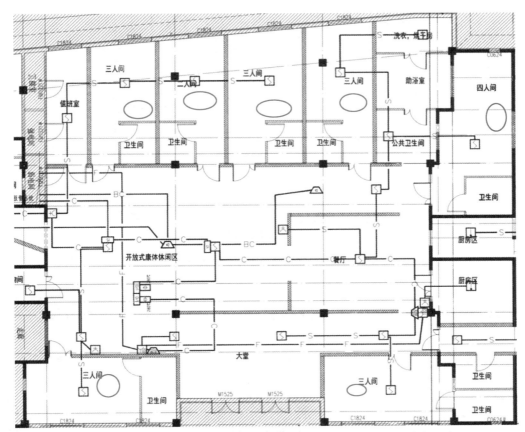

图 5-47　老年人照料设施中老年人用房合计超 20 床而未设广播案例示意

Q79 小学学校的教学用房是否属于儿童活动场所？是否需要设置火灾自动报警系统？

规范要求：《建通规》（GB 55037—2022）中第 8.3.2 条第 8 款：托儿所、幼儿园，老年人照料设施，任一层建筑面积大于 500m² 或总建筑面积大于 1000m² 的其他儿童活动场所应设置火灾自动报警系统。

逻辑分析：《建通规》（GB 55037—2022）的条文说明中明确该条规定的其他儿童活动场所不包括小学学校的教室等教学用房。故儿童活动场所不包括小学学校的教学用房，但如有消防联动要求的小学学校的教学用房仍可以依据《建规》（GB 50016—2014）（2018 年版）第 8.4.1 条第 13 款要求，需设置火灾自动报警系统。如图 5-48 所示为某明显设有消防风机联动的小学建筑，也就需要设置消防报警系统。

这里需要注意，在教育部办公厅及国家消防救援局办公室联合发布的《中小学校、幼儿园消防安全十项规定》（教发厅〔2024〕1 号）中第七条要求：中小学校、幼儿园的学生宿舍或午休室必须安装火灾自动报警系统或者具有联网功能的独立式火灾探测报警器。可见宿舍及午休室有了独立的消防报警系统设计要求，此文不是规范，但需要重视。

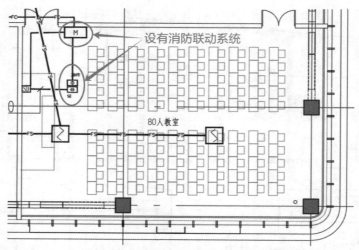

图 5-48　设有消防风机联动的教室设置消防报警系统案例示意

Q80 厨房可燃气体探测器直接接入火灾报警总线是否可行？

规范要求：《消通规》（GB 55036—2022）第 12.0.13 条：可燃气体探测报警系统应独立组成，可燃气体探测器不应直接接入火灾报警控制器的报警总线。

逻辑分析：可见厨房可燃气体探测器不可直接接入火灾报警总线。实际审查中要分两种情况来区别对待。

第一种是公共建筑及厂房的燃气报警系统。见《建规》（GB 50016—2014）（2018 年版）中第 8.4.3 条要求：公共建筑及厂房内存有、生产或会散发（管道阀门）可燃气体的情况下要设置可燃气体报警装置。重点审核公共建筑的餐饮、厨房区域是否使用了可燃气体，如有相应的管道阀门等，则应设可燃气体探测器。典型的燃气表间、燃气锅炉房，是审查中的高频场所，应设可燃气体探测系统，并独立成系统，不可直接接入消防报警总线。可以按控制器的方式接入火灾报警系统，但仅是报警信号传输，而消控中心并不进行控制。不满足规范的案例如图 5-49 所示。满足规范的案例如

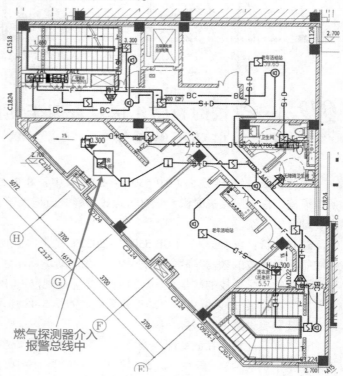

图 5-49　燃气探测器直接接入消防报警总线的错误案例示意

图 5-50 所示。

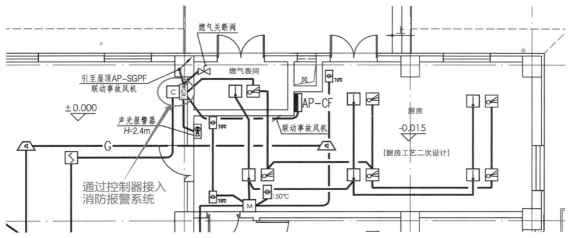

图 5-50 燃气探测器以控制器形式接入消防报警系统的正确案例示意

第二种是住宅户内燃气监控。住宅厨房的可燃气体探测器并不由施工单位及设计单位负责，可见《建通规》（GB 55037—2022）中第 8.3.3 条要求：除住宅建筑的燃气用气部位外。实际使用中，该部分的燃气泄漏监控由供应商在关断阀门上设置，相当于自带，应该说上述两个系统不存在关联，但同样不能列入消防报警系统之内。如图 5-51 所示，燃气探测器通过可视对讲主机，接入小区的安防系统内。

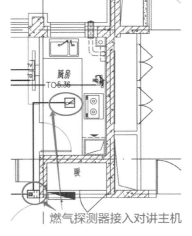

图 5-51 住宅厨房可燃气体探测器设置案例示意

Q81 住宅需要设置消防报警系统吗？卫生间需要设置烟感吗？

规范要求：《火规》（GB 50116—2013）中第 7.3.1 条要求：住宅之卧室、起居室设烟感探测器。而在《建规》（GB 50016—2014）（2018 年版）中第 8.4.2 条又分为 3 种情况处理，其中建筑高度不大于 54m 的高层住宅建筑，只要求公共部位应设置火灾自动报警系统，套内宜设置火灾探测器。《建通规》（GB 55037—2022）中第 8.3.2 条仅提出建筑高度大于 100m 的住宅建筑应设置火灾自动报警系统。

逻辑分析：上述规范之间有些矛盾，如行规与国标冲突时，应以国标为准；如国标之间冲突时，以基础规范为准。如该处，应以《建规》（GB 50016—2014）（2018 年版）为基础规范；当国标规范有新旧之分时，应以新规为标准。

故该条应以《建规》（GB 50016—2014）（2018 年版）及《建通规》（GB 55037—2022）为标准，要求 54m 及以上的高层住宅建筑公共部位应设置火灾自动报警系统，户内宜设计。虽然《火规》（GB 50116—2013）、《建规》（GB 50016—2014）（2018 年版）两本规范都为国标，但由于《火规》（GB 50116—2013）规范先发布，但其中对于住宅的消防报警 A～D 类建筑形式并不好予以区分，套内烟感的设置容易，因并非公共区域，维护有难度，且系统巨大，可能出现误报（如室内吸烟、做饭油烟等）。又当《建通规》（GB 55037—2022）发布后，其对于住宅的火灾报警系统规定更为明确，即建筑高度100m及以下的住宅，套内并无要求，标准比《建规》（GB 50016—2014）（2018年版）更低，实际设计中应该选择该条作为设计依据，符合当前住宅的使用标准及维护现状。但也要兼顾当地消防部门的意见，和地区经济发展水平等，综合决策。常见住宅消防报警系统如图5-52所示。

卫生间从电气消防规范的角度审视，无须设计感烟探测器，但多地区装修设计时、验收时仍有设置要求，则是因为控烟的要求。如北京地区《北京市控制吸烟条例》（2021年修正）第九条要求：公共场所、工作场所的室内区域以及公共交通工具内禁止吸烟。公共卫生间内常把感烟探测器作为控烟的一种技术手段，被相关部门要求，其与消防报警设计的审查无关，但与实际验收能否通过有关，设计与审查前可了解当地的地方规定，尤其是装修电气设计。

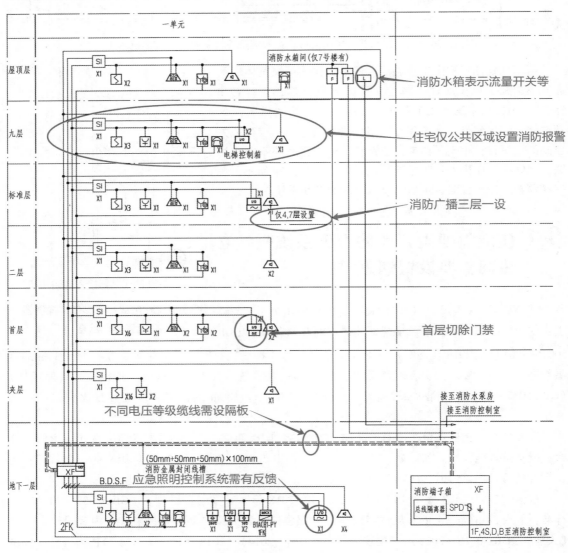

图5-52　常见住宅消防报警系统示意

Q82 楼梯间及前室的压力传感器一般由哪个专业负责设计？哪个专业进行审查？

规范要求：《消通规》（GB 55036—2022）中第11.2.5条要求：机械加压送风系统的送风量应满足不同部位的余压值要求。

逻辑分析：该审查内容，核心问题是压力传感器是由哪个专业负责审查？类似的专业交叉内容还很多，如CO监控属于暖通还是电气专业审查？井道、机房的防水门槛或高出地面的要求属于建筑还是电气专业审查？设备管道穿越电气机房属于水暖还是电气专业审查？

核心逻辑是由实施专业审查为原则，CO监控为电气专业实施则由电气专业审查，暖通专业配合核实；门槛及地面要求为建筑专业实施则由建筑专业审查，电气专业配合核实；设备管道穿越电气机房为水暖专业实施则由水暖专业审查，电气专业配合核实。

依据此逻辑，由空调专业确定是否需要电气专业设计，如需要电气专业负责设计，由空调专业提出，明确加压送风机、常闭加压送风口、泄压电动阀、测压点等设备的具体位置。楼梯间及前室的压力传感器由电气专业实施则由电气专业审查，暖通专业配合复核。

审查中，压力传感器需要设置于消防前室或封闭楼梯间，依据暖通图纸，进行核对。旁通泄压阀控制箱可以在正压风机控制箱旁边单独设置，或设于其内。如图5-53和图5-54所示，均符合消防控制的要求。

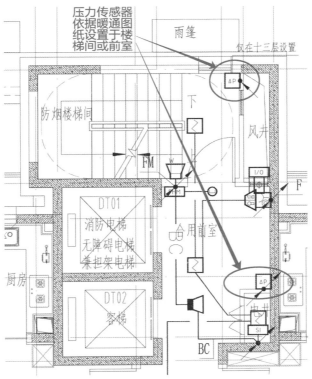

图5-53 压力传感器设置于消防前室或封闭楼梯间平面示意

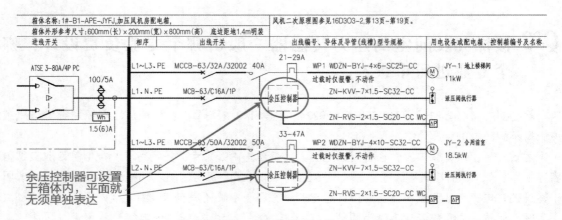

图 5-54　旁通泄压阀（余压控制器）设于箱内的案例示意

第6章

人防设计常见审查问题及解析

Q83 人防排水泵的负荷等级有哪些设计要求？

规范要求：《人民防空工程设计防火规范》（GB 50098—2009）中第7.8.1条要求：设有消防给水的人防工程，必须设置消防排水设施。

逻辑分析：多年来，因其要求为强制性条文，故是车库设计时的常见审查问题。其核心争议是给水排水专业规范并未有强制性条文的要求，但确也提及存有消防给水的地下室要求设消防排水系统。见《消防给水及消火栓系统技术规范》（GB 50974—2014）第9.2.1条第2款：设有消防给水系统的地下室应采取消防排水措施。

故人防地下车库排水泵确实为消防排水泵，如未按消防负荷设计，则无双电源、消防电源监控、耐火缆线等配置时需要提出意见，如图6-1所示。可按给水排水专业的要求为准，且人防区与非人防区的消防排水做法一致为宜。但是否审核意见按强制性条文提出，则需要与给水排水专业核实后另行决定。

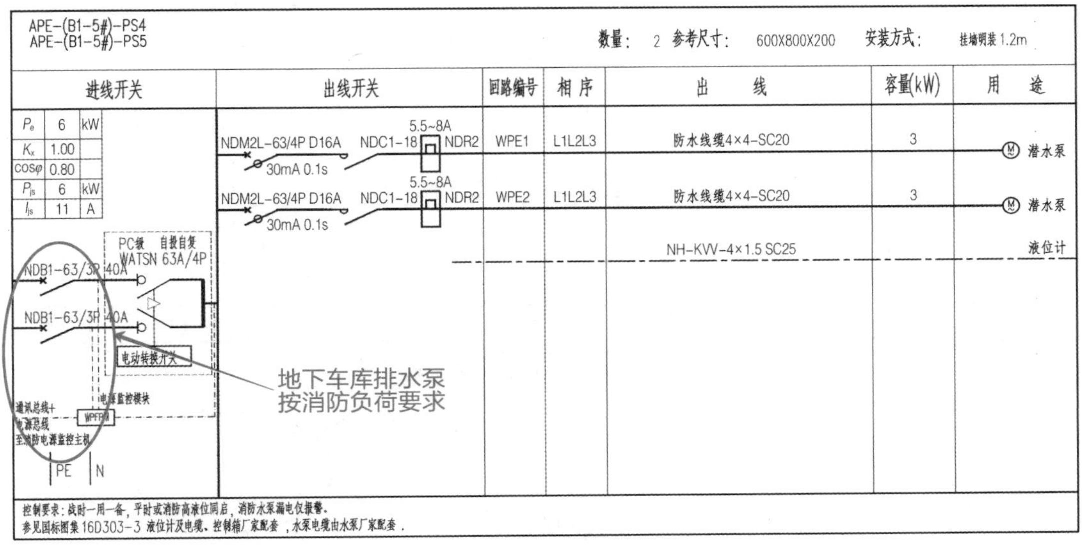

图6-1 人防车库消防排水泵系统案例示意

Q84 人防电站设计中的几个常见问题

1. 人防工程设置柴油发电站等战时电源有什么设置要求？

规范要求：《人民防空地下室设计规范》（GB 50038—2005）（2023年版）中第7.2.13条第

1 款、第 7.2.13 条第 3 款及第 7.2.13 条第 4 款的相应要求。

逻辑分析：是否需要设置区域电站，首先需要咨询人防办公室，各地的要求多有不同，设计应依据当地人防部门的要求，外审阶段由设计单位向审图部门出具当地人防单位的批复。

电站设置是人防的核心内容，在初期审图阶段可按上述规范要求执行，概括如下：

不需要设置人防电站的情况：中小型人防工程，当面积小于 $5000m^2$ 的场所，不需要设置人防电站，由地区人防电站提供低压供电电源，其中战时一级负荷，应另设置蓄电池组；如不具备区域电源条件，战时一、二级负荷，应设置蓄电池组作内部自备电源，同时预留引接区域电源电力的接口条件，如进出户管道或防爆波电缆井等。

当人防区域为建筑面积之和大于 $5000m^2$ 的人防地下工程时，宜设置柴油电站；周边各类分散布置的多个防空地下室，则应设置柴油电站，可以设置固定电站也可以是移动电站，依据战时负荷容量而定。移动电站仅预留安装位置及运输坡道等土建条件即可，待战时另行安装，但相关通风、排风系统需要考虑；当人防负荷大于 $120kW$ 时宜设置固定式电站，如图 6-2 所示，且单机容量不应大于 $300kW$。同时需要审查人防的批文内容是否对应。

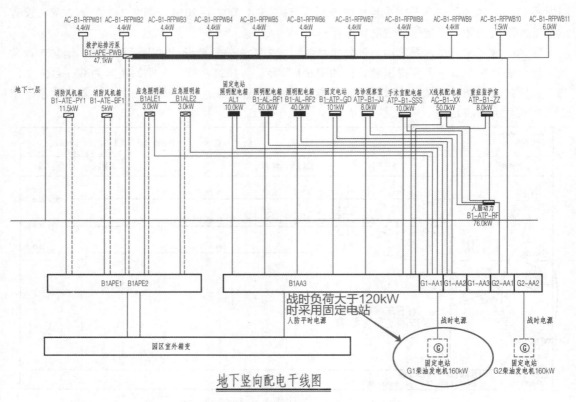

图 6-2 人防电站干线系统图示意

2. 人防柴油发电机是否可以并机运行？

规范要求：《人民防空地下室设计规范》（GB 50038—2005）（2023 年版）要求：当发电机组总容量大于 $120kW$ 时，宜设置固定电站；当条件受到限制时，可设置 2 个或多个移动电站。

逻辑分析：如设置两台机组时是否可以并机？当设置两个战时负荷母线段时，是否需要设置联络开关？因并机做法会增加并机控制柜、并机母线等部位的潜在故障点，会降低系统可靠性，所以战时柴油发电机组不宜并机运行。两台柴油发电机组投入两段母线及母线联络做法，配电系统主结线可参见图集《防空地下室固定柴油电站》（08FJ04）第61页，其主旨就是分立设置电源，可设母联开关，如图6-3所示。

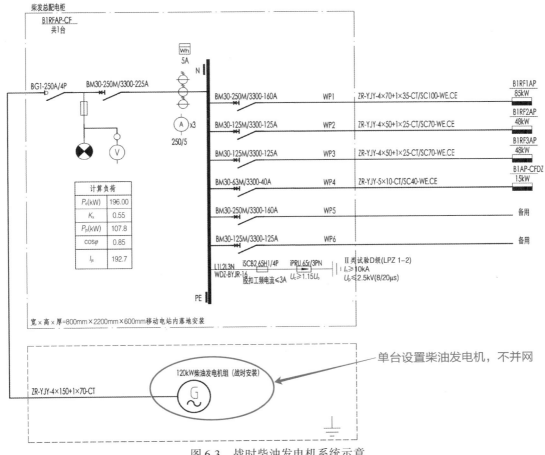

图6-3　战时柴油发电机系统示意

Q85　人防电源的几个常见问题

1. 独立电源、内部电源、区域电源、自备电源等有何区别?

规范要求：《人民防空地下室设计规范》（GB 50038—2005）（2023年版）第2.1.60条~第2.1.64条要求：内部电源是设置在防空地下室内部，具有防护功能的电源。通常为柴油发电机组或蓄电池组。按其与用电工程的相互关系可分为区域电源和自备电源。区域电源是能供给在供电半径范围内多个用电防空地下室的内部电源。自备电源为设置在防空地下室内部的电源。内部电站是设置在防空地下室内部的柴油电站。按其设置的机组情况，可分为固定电站和移动电站。区域电站独立设置或设置在某个防空地下室内，能供给多个防空地下工程。

逻辑分析：上述规范介绍清晰，人防柴油电站，其本质上是设置在人防工程内的、具有防护功能的内部电源，它可以为自己供电，也可以为周边防护单元供电，但供电可靠性有所不同。

根据规范的定义，内部电源与各用电工程的相互关系可分为区域电源和自备电源。区域电源是在用电半径内为多个用电工程供电的电源，自备电源则是设置了柴油电站或蓄电池组的、为工程自身供电的电源。

如仅有专业队工程设置了柴油电站，则此该柴油电站是专业队工程的自备电源，其电源相对可靠。而对于其他防护单元，该柴油电站则为其他防护单元的区域电源，但各防护单元的一级负荷仍需配蓄电池的内部电源，如图6-4所示。

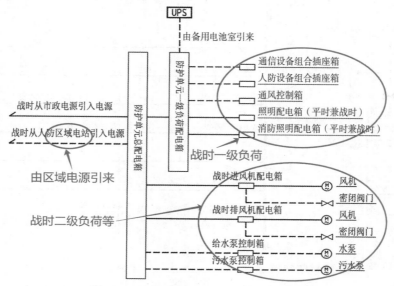

图 6-4　人防采用区域电源系统构架示意

而独立电源是针对负荷等级，指独立进线的意思，见《人民防空地下室设计规范》（GB 50038—2005）（2023年版）第7.2.15条第1款要求：战时一级负荷时，应有两个独立的电源供电，其中一路独立电源为内部电源（该建筑防空地下室的柴油发电机或是蓄电池电源），另一路为电力系统电源（正常供电电源），这里可见电力系统电源为另一路独立电源。

2. 一个地块的柴油电站是否可认定为是相互连通的各防护单元的内部电源？

逻辑分析：当一个地块内布置多个防护单元时，在最高防护等级的防护单元内设置了柴油电站，该柴油电站不可认定为是相互连通的各防护单元的内部电源。

根据上文，内部电源的概念是设置在人防工程内部，具有防护能力的电源。人防工程可以是一个防护单元，也可以是多个防护单元，柴油电站可以是一个防护单元的内部电源，也可以是多个防护单元的内部电源。因此，设置在最高防护等级防护单元内的柴油电站就是内部电源。

战时在区域电源未遭到破坏且输电线缆完好时可以为周边防护单元提供电力服务，但不能作为战时各用电防护单元的可靠电源。因为仅依靠区域电源供电时，一旦设置了柴油电站的防护单元损坏，则会造成众多用电防护单元无电可用，进而危及工程内掩蔽人员的安全。所以并不可认定为是相互连通的各防护单元的内部电源。所以才有作为区域电源时，一级负荷仍然要设置蓄电池的内部电源的要求。

3. 设有内部电源（柴油发电机组）一级负荷在战时是否还需要安装 EPS 自备电源？

规范要求：《人民防空地下室设计规范》（GB 50038—2005）（2023年版）第7.2.13条第4款第3)项规定，建筑面积5000m² 及以下的各类未设内部电站的防空地下室，战时供电应符合蓄电池组的连续工作时间不应小于隔绝防护时间（见该规范表5.2.4）。《平战结合人民防空工程设计规范》（DB11/994—2021）第7.2.6条：内部电源应采用柴油发电机组或蓄电池组。内部电源的连续工作时间不应小于战时隔绝防护时间。

逻辑分析：核心逻辑为内部电源应采用柴油发电机组或蓄电池组，两者皆可。人民防空地下室在由市政电力系统电源供电，同时设置有内部电源（柴油发动机组）的情况下，防空专业队工程、一等人员掩蔽所、二等人员掩蔽所的一级负荷在战时不需要安装EPS自备电源。但备用照明中的灯具需要设置蓄电池电源，其作为电源转换时过渡照明。

设置有内部电源（柴油发动机组）的人防工程电源是有保障的，且根据图集《人民防空地下室设计规范图示》（05SFD10）第3-20页、《防空地下室电气设计示例》（07FD01）第10页中"方案三"，当有电力系统电源及内部电源（柴油发动机组）时，可不需再设置战时安装的EPS自备电源，以节约物资、节省转换时间，如图6-5所示。

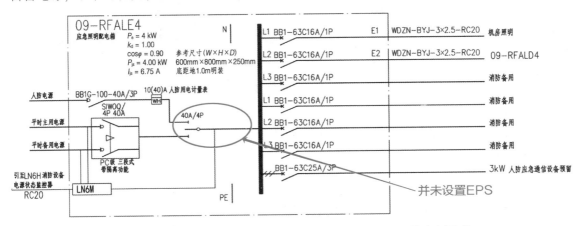

图6-5 设有电力系统电源及内部电源时不需再设置EPS的案例示意

当地块内有多个防护单元且被非人防区域分隔时，除柴油电站所结合的防护单元外，其他防护单元均应设置为战时一级负荷供电的柴油电站或蓄电池组。

4. 有多个防护单元时，是否可在其中一个防护单元做人防总配电柜，然后放射至各个防护单元？

规范要求：《人民防空地下室设计规范》（GB 50038—2005）（2023年版）第7.4.9条要求：从低压配电室、电站控制室至每个防护单元的战时配电回路应各自独立。

逻辑分析：当有多个防护单元时，依据规范可在其中一个防护单元做人防总配电柜，然后放射至各个防护单元，这样可以减少工程上级低压配电柜的出线回路。

但设置人防总配电柜的防护单元应为抗力级别最高的防护单元，以避免其最先损毁而导致其余所有防护单元失去供电。此处可参见《平战结合人民防空工程设计规范》（DB11/994—2021）第7.3.5条之条文说明：1~2个防护单元的人防工程宜由地面建筑低压配电室直接供电，3个及以上防护单元的人防工程宜在人防工程内抗力级别最高的防护单元内设置低压配电室。防空地下室的低压配电室、电站控制室至每个防护单元的配电回路应独立，均以放射式配电，目的是为了保证各防护单元的独立性，互不影响，自成系统。

5. 人防工程什么情况下可以不设置防爆波电缆井？

逻辑分析：仍依据《人民防空地下室设计规范》（GB 50038—2005）（2023年版）第7.4.9

条要求：战时内部电源配电回路的电缆穿过其他防护区或非防护区时，在穿过的其他防护单元或非防护区内，应采取与受电端防护单元等级相一致的防护措施。

电力系统电源进入防空地下室的低压配电室内，电缆线路的保护措施应与工程抗力级别一致，是为了保证受电端的供电可靠。所以，人防电源只要由本建筑内部电源引入，不需设置防爆波电缆井，如需穿过的其他防护单元，需采用密闭肋处理方式；但是穿过非防护区，即室外，则需要设计防爆波电缆井，通过防爆波电缆井使内部电源配电回路与受电端防护单元等级相一致。

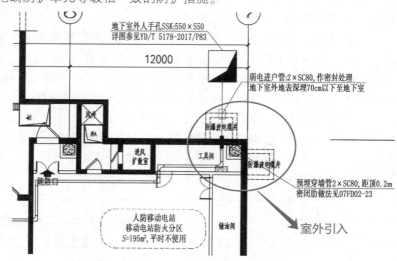

图 6-6　防爆波电缆井设置案例示意

同时如本地下室内有内部电源（柴油发动机组），地块内有多个防护单元且被非人防区域分隔时，需从柴油电站所在防护单元向外提供电源，以作为其他防护单元的区域电站，则本地下室向室外配出电源时，同样需要设置防爆波电缆井，如图 6-6 所示。

Q86　关于出入口的几个常见问题

1. 人员出入口和连通口是如何界定的？

规范要求：《人民防空地下室设计规范》（GB 50038—2005）（2023 年版）第 7.4.5 条要求：各人员出入口和连通口的防护密闭门门框墙、密闭门门框墙上均应预埋 4 ~ 6 根备用管，滤毒室密闭门门框墙上应预埋 2 根备用管，备用管应为管径为 50 ~ 80mm，管壁厚度不小于 2.5mm 的热镀锌钢管，并应符合防护密闭要求。

逻辑分析：首先应确认是否属于人员出入口和连通口，如是，应按规范要求设置备用的保护管，并应设置于门框墙区域，以便于日后查找备用保护管位置。人员出入口不难确认，其与正常使用的楼梯出入口多吻合，主要、次要人员出入口等人防建筑平面也会有示意。

车道的连通口不好判断，其在《人民防空地下室设计规范》（GB 50038—2005）（2023 年版）中的定义为：在地面以下与其他人防工程（包括防空地下室）相连通的出入口而注其在《平战结合人民防空工程设计规范》（DB11/994—2021）为，在地面以下与其他地下建筑（包括人防工程）相连通的出入，该处存有区别，但均可看出连通口包括车辆于车道上设置的连通门。

需分情况鉴别，如属于人防防护区与非防护区之间的防护密闭门，依据《人民防空地下室设计规范》（GB 50038—2005）（2023 年版）中第 3.2.10 条的规定，则应设置两樘人防门，一樘门为防护密闭门，一樘为密闭门，且该种情况需要设置备用保护管。

如属于两个相邻人防防护单元之间的隔断门，则双向受力的防护密闭隔断门仅用于平时连通，战时进行封堵并采取辅助密闭措施，此处可不设置备用保护管。是否战时封堵，需与相关专业核实。

但两相邻抗爆单元之间至少应设置一个连通口，当不利用车道的隔断门时，需单独设置仅人员通过的小连通口，且要预留备用套管。上述三种情况，如图6-7所示。

2. 次要出入口是否需要设置音响信号按钮？

规范要求：《人民防空地下室设计规范》（GB 50038—2005）（2023年版）第7.3.8条：每个防护单元战时人员主要出入口防护密闭门外侧，应设置有防护能力的音响信号按钮。

逻辑分析：当人防工程内处于滤毒式通风工况时，有人员从人防工程外需要进入人防内，为防止外部进入人员将染毒物、放射性等有毒、有害毒剂、气体等带入工程内，人防工程规定必须从防护单元的主要出入口才能进入，通过人防呼叫按钮通知防化通信值班室中的值班人员，告知有人需要进入。

在设有三种通风方式的防空地下室，每个防护单元或战时主要出入口防护密闭门外侧应设置有防护能力的音响信号按钮，审核的重点是"主要出入口"并非所有出入口，因为次要出入口战时并不作人员进出使用，所以并没有必要设置，如均装设了按钮，同样不正确，有增加染毒的可能。配线采用两芯以上即可，仅为音频信号输出，音响信号按钮应设在值班室内，如图6-8所示。

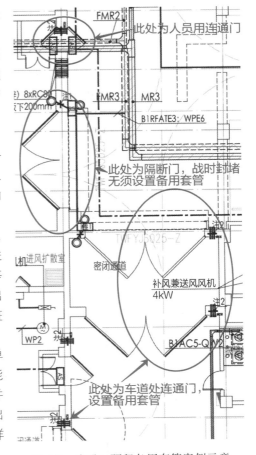

图6-7　连通口预留备用套管案例示意

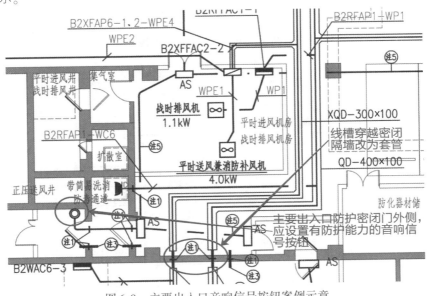

图6-8　主要出入口音响信号按钮案例示意

Q87 基本通信设备、应急通信设备是否需要分别预留电源？

规范要求：《人民防空地下室设计规范》（GB 50038—2005）（2023年版）表7.2.4中要求：基本通信设备、应急通信设备分设，均为一级负荷。

逻辑分析：其条文说明中，各类工程一级负荷中的"基本通信设备、应急通信设备、音响警报接收设备"一般指与外界进行联络所必不可少的通信联络报警设备。如与指挥所、防空专业队工程、医疗救护工程之间的通信、报警设备。可见上述几种负荷形式可分类为，基本通信设备、应急通信设备为通信设备，音响警报接收设备为报警设备，则基本通信设备、应急通信设备可按一类设备处理，可分别设置配出回路，分别预留电源，但也可仅预留一组预留电源，不分设。以上情况均可，不违规。

但需要注意在《人民防空地下室设计规范》（GB 50038—2005）（2023年版）的表7.2.4中，单独提出防化电源配电箱为一级负荷，此为2023年版新规的要求，且需要审查单独配出回路，预留负荷，其与战时通信电源并列在系统中表达，其两种插座箱的配置要求也并不相同，如图6-9和图6-10所示。

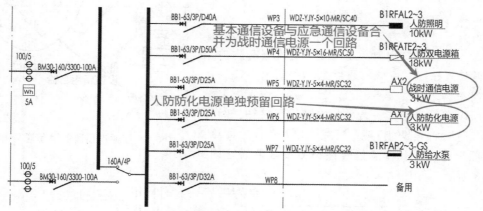

图6-9　人防防化电源、战时通信电源系统示意

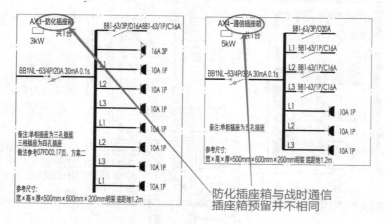

图6-10　人防防化电源、战时通信电源插座箱系统示意

Q88 人防照明设计中的几个常见问题

1. 人防工程临战时，需要按战时要求调整疏散指示灯的方向吗？

规范要求：《人民防空工程设计防火规范》（GB 50098—2009）第1.0.2条要求：本规范适用于新建、扩建和改建供平时使用的人防工程防火设计。

逻辑分析：人防工程临战不需按战时要求调整疏散指示灯的方向。在上述条文里提及规范适用于新建、扩建和改建供平时使用的人防工程防火设计，是指平战结合人防工程中，平时应遵守的《人民防空工程设计防火规范》（GB 50098—2009）。由于战时消防条件必然受限，战时要求高于消防要求，故此规范消防内容不是针对工程战时的消防设计。人防工程内的平时疏散指示是针对工程的平时消防应急照明的要求，战时仅利用它作为一种自带应急电源，为应急照明灯具维持照明提供电源，并不等同于平时消防的疏散功能。另外，人防的功能具有时效性，战后还需要恢复为平时状态，故战时也无须改变。

2. 对于非防护区照明灯具应设置单独回路供电，不可与防护区内照明采用熔断器共用电源回路，是指主要出入口吗？熔断器是否还需要设置？

规范要求：《人民防空地下室设计规范》（GB 50038—2005）（2023年版）第7.5.16条要求：从防护区内引至非防护区（防护密闭门以外）的照明电源回路不得与防护区内照明回路共用一个电源回路，应各自分开。

逻辑分析：该条是对2005年版规范的重大修改，但在更早的《平战结合人民防空工程设计规范》（DB11/994—2021）中对于应急照明已有类似的要求，但其条文仅适用于非防护区疏散照明灯具，而在《人民防空地下室设计规范》（GB 50038—2005）（2023年版）中，没有提及疏散照明的特殊性，疏散照明及普通照明均适用。

关于熔断器的设置要求，可根据《应急照明标》（GB 51309—2018）中第3.3.2条要求：应急照明配电箱或集中电源的输入及输出回路中不应装设剩余电流动作保护器，输出回路严禁接入系统以外的开关装置、插座及其他负载。故不能再采用在应急照明输出回路中设置熔断器的方式，来分隔保护同一回路中的防护区内、外应急照明灯具，这也是规范之间相互对应的一种体现。

上述条文并非仅针对主要出入口，此可见《人民防空地下室设计规范》（GB 50038—2005）（2023年版）第7.5.16条的描述：从防护区内引至非防护区的照明电源回路。故无论哪类出入口，非防护区的普通照明及疏散照明灯具均应设置单独回路供电，不得与防护区内普通照明及疏散照明回路混接，以避免非防护区灯具损毁造成的短路故障影响防护区内的普通照明及应急照明。

如图6-11所示的错误案例，对于非防护区疏散照明灯具未设置单独回路供电，仅设置密闭处理有误。

如图6-12所示的错误案例，非防护区疏散照明及安全出口指示与防护区疏散照明及安全出口指示同一回路时，虽装设了熔断器并进行了密闭处理但仍有误，该种做法符合2005年版的《人民防空地下室设计规范》要求，但不适用2023年版的要求。对于非防护区照明灯具应设置单独回路供电，不可再与防护区内照明采用熔断器共用电源回路。

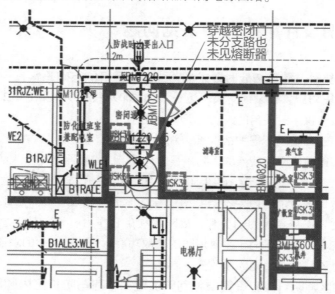

图6-11 疏散照明从防护区内引至非防护区未设单独回路供电的错误案例示意

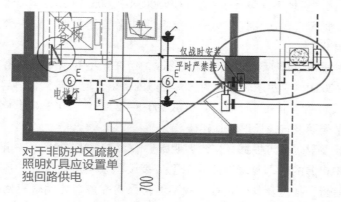

图6-12 疏散照明采用熔断器共用电源回路的错误案例示意

3. 人防滤毒室、除尘室、扩散室、集气室是否需要照明?

规范要求：《人民防空地下室设计规范》（GB 50038—2005）（2023年版）中表7.5.7-1内容：滤毒室、除尘室、洗消间有照度要求。

逻辑分析：由规范可知，人防滤毒室、除尘室、洗消间应设置照明，扩散室、集气室没有照明要求。对于滤毒室，是考虑滤毒室内安装有防化设备，平、战时均有人员出入，所以应有照明。而各防护单元内除尘室、扩散室、集气室普遍空间狭小，人员难以进入，但该区域的除尘网、活门有检修维护照明要求，防护设备维护检修可借用附近滤毒室、楼梯、前室等处照明，灯具的设置位置需根据具体情况确定。另外，人防电站除尘室及进、排风扩散室面积较大，位置独立，无法利用周边照明时，该区域也应设置检修维护照明，如图6-13所示。

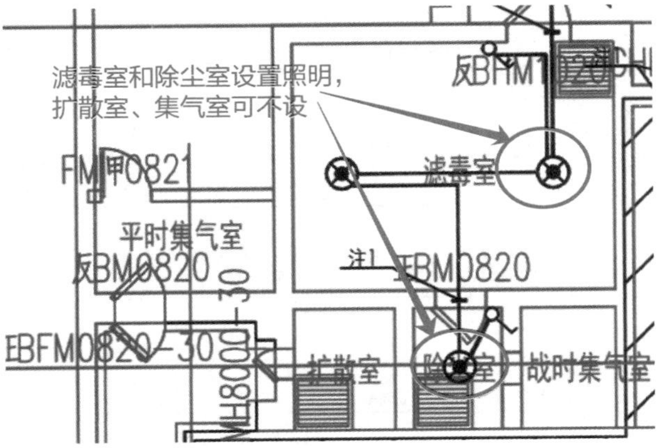

图6-13　滤毒室、除尘室、扩散室、集气室等照明设置要求的案例示意

Q89 人防警报室设计中的几个常见问题

1. 人防警报室战时一级电力负荷是如何实现的？

规范要求：《人民防空地下室设计规范》（GB 50038—2005）（2023 年版）中表 7.2.4 的内容：二等人员掩蔽所的音响警报接收设备为战时一级负荷。其第 7.2.15 条第 1 款：战时一级负荷，应有两个独立的电源供电，其中一个独立电源应是该防空地下室的自备电源。

《平战结合人民防空工程设计规范》（DB11/994—2021）中第 7.2.2 条及第 7.2.9 条也有类似要求。其第 7.11.3 条又单独提出："防空警报器设施、高点监控设备电源箱应由该楼人防配电箱（柜）专用回路供电"。

逻辑分析：该电源箱通常由人防配电箱（柜）单回路供电，经由非防护区竖井敷设，线缆经过非防护区敷设，因防空警报室和高点监控室本身就在非防护区，战时无防护能力，即使现场设置了蓄电池组，战时也可能被损毁，因此防空警报室和高点监控室重点应满足平时的使用、演习和临战时的使用需求，对其在战争中的完整性不作考虑，仅要求满足战时一级负荷的供电要求。

则审查核心为是否满足《人民防空地下室设计规范》（GB 50038—2005）（2023 年版）第 7.2.15 条第 1 款的战时一级电力负荷供电要求。

一种做法：当建筑设有自备电源时，战时电源接入自备电源。由人防配电箱引上的专用供电回路，单路电源也可，但应同时满足"平时电力负荷按所在建筑物最高电力负荷等级设计"的要求。该单回路是经过电力系统电源和战时自备电源转换后输出的，其可满足战时一级负荷要求，则防空警报室现场可不必再设置临战时安装的蓄电池组（EPS）。

另一种做法：如该建筑平时供电负荷等级最高为一级时，也可从人防配电室引上双路电源至防空警报器设施电源箱进行互投。上述两路电源中，至少有一路是经过电力系统电源和战时自备电源手动转换后输出的，满足战时一级负荷供电要求，防空警报室现场可同样不必再设置临战时安装的蓄电池组（EPS），如图 6-14 所示。

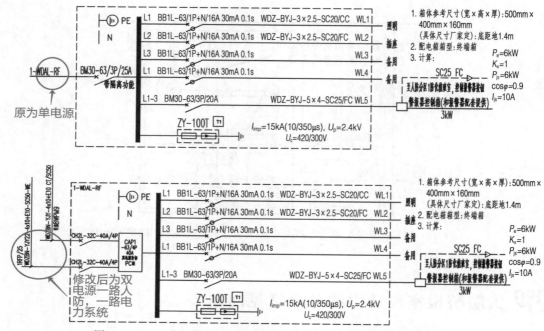

图6-14　上口满足战时一级负荷供电要求时人防警报室系统案例示意

2. 人防警报设施按战时一级负荷设计，由人防区域电源引接战时电源时，设否需要设置EPS电源？

规范要求：《平战结合人民防空工程设计规范》（DB11/994—2021）中表7.2.2内容：以人员掩蔽工程为例，战时一级负荷中人防警报设施包括音响警报接收设备、高点监控设备等。

逻辑分析：关于人防警报设施包含的内容，地区标准与国家标准要求略有不同，国家标准并未有音响警报接收设备、高点监控设备等，但在北京地区为强制性标准，所以各地区仅作参考，可以统一按人防警报设施预留电源箱。

与上案例不同，当建筑未设自备电源，战时电源由区域电源引来，则此时双路电源不能满足战时一级负荷的要求。人防配电箱引上的专用供电回路，经电力系统电源和战时自备电源转换后，防空警报室专用配电箱还应设置战时EPS电源，以满足自备电源的要求，如图6-15所示。

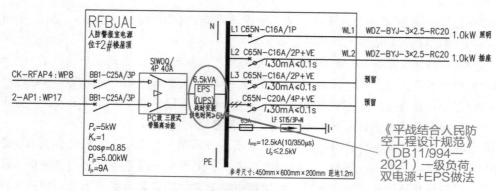

图6-15　上口不满足战时一级负荷供电要求时人防警报室系统案例示意

第7章

防雷及接地常见审查问题及解析

Q90 为何说导除静电的接地装置是装修消防施工图审查的重中之重？

规范要求：《建规》（GB 50016—2014）（2018 年版）第 9.3.9 条第 1 款要求：排除有燃烧或爆炸危险气体、蒸气和粉尘的排风系统，排风系统应设置导除静电的接地装置。《电通规》（GB 55024—2022）中第 7.2.12 条亦有提出相同要求。

可燃液体蒸气和可燃气体，由于固体或液体中夹带有杂质，当它们从缝隙或阀门高速喷出时或在管道内高速流动时，可能产生危险的静电积聚，如果在适合静电火灾或爆炸前提的场所放电，就可能点燃可燃气体等，导致火灾或爆炸发生。故有燃烧或爆炸危险的气体、蒸气和粉尘的排风系统，如事故风机的风管内，有可燃气体流动，又因粉尘杂质很多，会静电聚集，排风系统应设置导除静电的接地装置。

通过采取相应的措施，确保防静电接地线的可靠性和有效性，通过对风管接口处进行搭接处理，可有效地预防静电引起的火灾或爆炸等安全事故。民用建筑中漏设导除静电接地装置最常见的场所为燃气厨房的燃气表间，其余如燃气锅炉房等场所也有要求。需依据事故风机的独立风管（风口）来设置导除静电的接地装置，考虑装修深化设计的不确定性，最低要求也要在图中示意局部等电位联结，以备接深化设计中的金属风管等。如图 7-1 所示，为两道风管且分设风口，需要设置两处局部等电位联结。

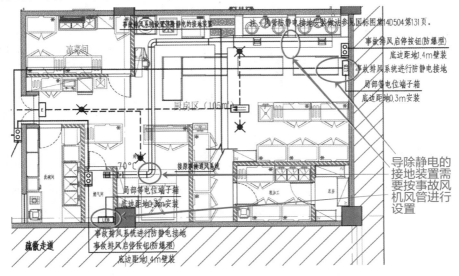

图 7-1　事故风机设置导除静电的接地装置案例示意

另外，厨房中除燃气表间，非燃气厨房也应设置等电位联结，此可见《民标》（GB 51348—2019）第9.8.6条第5款：厨房设备应设置等电位联结。另《电通规》（GB 55024—2022）中第4.6.10条第2款也有要求：公共厨房用电设备应设置辅助等电位联结。其中"公共厨房"是指公共建筑如宾馆、饭店、商业及职工食堂等内部设有大型电炊设备，如电烤箱、电蒸锅、大型电冰柜、电冰箱、和面机、面条机等的厨房，而非指住宅内的厨房。

Q91 关于防雷接地材质选用的几个常见问题

1. 考虑电化学腐蚀，室外镀锌扁钢是否还能使用？

规范要求：《电通规》（GB 55024—2022）第7.2.8条第4款：接地装置采用不同材料时，应考虑电化学腐蚀的影响。

逻辑分析：对于接地装置防电化学腐蚀，《建筑物防雷设计规范》（以下简称"《雷规》"）（GB 50057—2010）第5.4.5条及条文说明阐述得更明确：在敷设于土壤中的接地体连接到混凝土基础内起基础接地体作用的钢筋或钢材的情况下，土壤中的接地体（包括与混凝土基础内接地体连接的导体）宜采用铜质、镀铜钢或不锈钢导体。

接地装置采用不同材料时，应考虑电化学腐蚀的影响，不可采用镀锌扁钢。依据规范，当共用接地极时，混凝土基础内的钢筋或钢材起接地体作用。则敷设于土壤中的接地体连接到混凝土基础内的钢筋或钢材时，土壤中的接地体，包括由混凝土基础内接地体引出的部分导体，均宜采用铜质，或镀铜钢或不锈钢导体。

核心逻辑是共用接地极，且确实构成室内外接地体的连接时，应提出意见；如仅是预留引出接地扁钢，现状已经满足接地电阻的要求时，无实际违反规范的情况，提出审查意见时则酌情从轻考虑。违规做法如图7-2所示，合规做法如图7-3所示。

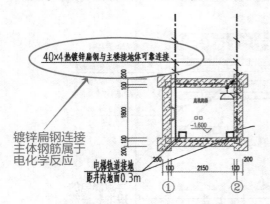

图7-2　室外接地体不满足电化学腐蚀
要求的案例示意

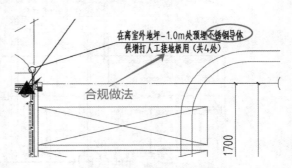

图7-3　室外接地体满足电化学腐蚀
要求的案例示意

2. 防雷接地体为何要采用热镀锌材质？

规范要求：《雷规》（GB 50057—2010）第5.2条表5.2.1中有关于热浸镀锌钢的相关要求。

逻辑分析：热镀锌是较冷镀锌而言的，因为加工的工艺不同。热镀锌钢板的防腐能力强，热镀锌也称热浸锌，是指将钢铁工件经过除油、除锈，在其呈现出无污、浸润的表面时，立即浸入到预先将锌加热融熔了的镀槽中去，从而在工件表面形成一层锌镀层的方法。由于镀锌层的附着力和硬度较好，抗腐蚀性也更强。

而冷镀锌的扁钢则是基于"电镀"的原理，即把锌盐溶液通过电解，不用加热，使铁离子和锌离子进行置换反应，上锌量相比热镀锌要少得多。所以使用在接闪带这样长期外露的场所，冷镀锌钢材会很快腐蚀生锈，影响接地的效果，从而产生严重的后果，故审图时如未注明热镀锌的要求，需要提出意见。

Q92 如何界定人员密集场所？火灾危险场所又是如何界定的？

规范要求：根据《中华人民共和国消防法》及《重大火灾隐患判定方法》（GB 35181—2017），人员密集场所包括但不限于下列场所：公众聚集场所（指宾馆、饭店、商场、集贸市场、客运车站候车室、客运码头候船厅、民用机场航站楼、体育场馆、会堂及公共娱乐场所等），医院的门诊楼、病房楼，学校的教学楼、图书馆、食堂和集体宿舍，养老院，福利院，托儿所，幼儿园，公共图书馆的阅览室，公共展览馆、博物馆的展示厅，劳动密集型企业的生产加工车间和员工集体宿舍，旅游、宗教活动场所。其中劳动密集型企业依据《中华人民共和国消防法》第七十三条规定的劳动密集型企业的生产加工车间在同一时间容纳 30 人以上，应认为是人员密集的厂房。

逻辑分析：上述内容主要用于审查防雷等级，符合预计雷击次数大于 0.05 次/a 的人员密集的公共建筑物及火灾危险场所应为第二类防雷，按二类防雷要求设防，此可见《雷规》（GB 50057—2010）第3.0.3条第9款中的相关要求。如按《电通规》（GB 55024—2022）中第7.1.1条第2款第2）项要求：预计雷击次数大于 0.25 次/a 的建筑物，按第二类防雷要求。未再提及人员密集场所，该处就高不就低，应按《雷规》（GB 50057—2010）执行审查。表7-1 为某幼儿园年雷击计算表，可依据人员密集的公共建筑物属性计算。

表 7-1　某幼儿园年雷击计算表（矩形建筑物）

建筑物数据	建筑物的长 L/m	63.15
	建筑物的宽 W/m	34.1
	建筑物的高 H/m	15.7
	等效面积 A_e/km²	0.0217
	建筑物属性	省部级办公建筑物和其他重要或人员密集的公共建筑物以及火灾危险场所
气象参数	地区	北京市
	年平均雷暴日 T_d/(d/a)	36.3
	年平均密度 N_g/(次/(km·a))	3.6300
计算结果	预计雷击次数 N/(次/a)	0.0788
	防雷类别	第二类防雷

常见学校、幼儿园等建筑

类型为商业网点的建筑物，并不是人员密集的公共场所，虽然商场属于人员密集场所，但住宅设置的商业服务网点，并不属于商场，而更倾向于住宅的特点，规范中对商业网点也没有单独提及，则认为其不属于人员密集场所。商业服务网点的年预计雷击次数大于 0.05 次/a 且小于等于 0.25 次/a 时，建议按住宅要求来执行，即按第三类防雷要求进行设计审查。

如年预计雷击次数大于 0.05 次/a 的学校食堂、封闭操场、幼儿园等则可按第二类防雷建筑设计进行审查。而室外独立的 10kV 变配电站，基于规范没有明确说法，则按普通建筑审查，如其年预计雷击次数大于或等于 0.05 次/a，且小于或等于 0.25 次/a 时，10kV 变电所属于第三类防雷建筑物。

此外，人员密集场所中疏散照明常被漏审的一种情况：未在人员密集场所的疏散出口、安全出口附近应增设多信息复合标志灯具。此可见《应急照明标》（GB 51309—2018）中第 3.2.11 条的要求，所谓的"多信息"，是指标志灯具中需要表达疏散方向、安全出口方位、楼层等相关信息，其更为复杂，应与安全出口指示或疏散指示标志相区别，如图 7-4 所示。

火灾危险场所又是如何界定的？

规范要求："火灾危险场所"的概念来源于 IEC 的标准，在 IEC60364-3 中将"火灾危险场所"定义为 BE2 场所，其特性解释为生产、加工或储存可燃性材料，包括粉尘。其条文后的应用和举例中，列举了"车库、木制品商店、造纸厂"。

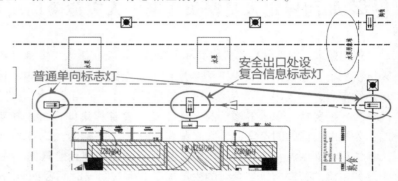

图 7-4　人员密集场所采用多信息复合标志灯具案例示意

逻辑分析：已作废规范《爆炸和火灾危险环境电力装置设计规范》（GB 50058—1992）中有专门章节阐述火灾危险环境，并有定义（火灾危险 21、22、23 区）。而现行规范《爆炸危险环境电力装置设计规范》（GB 50058—2014）中有关火灾危险的章节已取消，准确的定义难以查询。只能依据《建规》（GB 50016—2014）（2018 年版）第 3.1.1 条内容：生产的火灾危险性应根据生产中使用或产生的物质性质及其数量等因素进行划分，可分为甲、乙、丙、丁、戊类，并应符合表 3.1.1 的规定。由此可看出储存、生产甲、乙、丙类燃烧介质的场所为火灾危险场所。

设计中如出现丙类及以上的库房和车间类型，可以按照火灾危险场所来确定防雷等级，见《雷规》（GB 50057—2010）中第 3.0.3 条第 9 款有关火灾危险场所的要求。如为易燃易爆场所按爆炸危险场所定级，见《雷规》（GB 50057—2010）中第 3.0.3 条第 7 款内容的要求。表 7-2 为某甲类库的年雷击次数计算。

表 7-2　某甲类库年雷击次数计算表（矩形建筑物）

建筑物数据	建筑物的长 L/m	21.4
	建筑物的宽 W/m	14.2
	建筑物的高 H/m	7.55
	等效面积 A_e/km²	0.0076
	建筑物属性	具有2区或22区爆炸危险场所的建筑物
气象参数	地区	北京市
	年平均雷暴日 T_d/(d/a)	36.3
	年平均密度 N_g/(次/(km²·a))	3.6300
计算结果	预计雷击次数 N/(次/a)	0.0276
	防雷类别	第二类防雷

易燃气体且易爆

如设有燃气厨房、燃气锅炉房的公共建筑应当满足《雷规》（GB 50057—2010）中第4.5.1条第3款要求：当第一、二类防雷建筑物部分的面积之和小于建筑物总面积的30%，且不可能遭直接雷击时可判定为第三类防雷建筑物。

Q93 室外设备接地的几个常见问题

1. 厂房的金属电动门，是否属于《电通规》（GB 55024—2022）第4.6.10条规定的"人员可触及的室外金属电动门"？

规范要求：《民标》（GB 51348—2019）第9.4.3条和第9.4.6条要求：室外带金属构件的电动伸缩门的配电线路，应采用不大于30mA的剩余电流动作保护电器和辅助等电位联结两者兼有的附加防护措施。

逻辑分析：基于安全防护要求，自动门和卷帘门及汽车道闸等存有金属构件的设备需要进行接地，由于为电力拖动的设备，存在电气设备漏电后人员触电的可能性，故设备外露的可导电部分要采取可靠的接地措施。且将这个要求的内涵进行拓展，则汽车道闸、电动天窗等传动机构也需要考虑接地。

规范此处新增了剩余电流动作保护电器的要求，此处则主要是指室外电动门、伸缩门等设备。其设于室外，大雨积水时，极其容易产生漏电，此时即便接地，物体、地面、水面均为同一电压水平，向四周逐步降低。物体处的接触电位差，对于人员有生命安全的危险。故需要采用不大于30mA的剩余电流动作保护电器和辅助等电位联结两者兼有的附加防护措施。对于已经发生漏电的场所，剩余电流保护器断电此时更为安全。如图7-5的系统及图7-6的平面所示的双重保护。

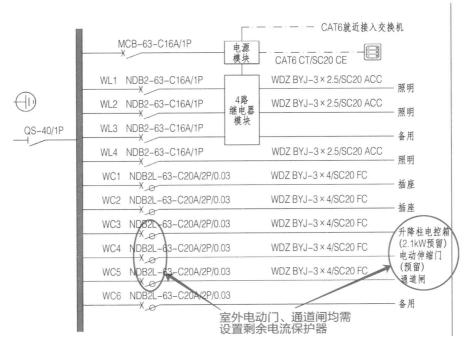

图7-5 室外电动门、伸缩门采用剩余电流动作保护器案例示意

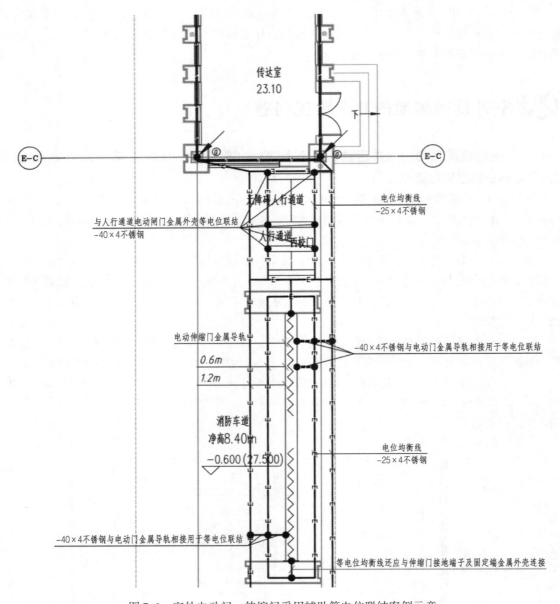

图7-6 室外电动门、伸缩门采用辅助等电位联结案例示意

而厂房一层对外的金属电动卷帘门为建筑物的内门，不属于人员可触及的室外金属电动门。核心逻辑是其未设于室外，且多有雨篷等防护，危险级别低，故上述两种防护可以不设。

2. 升降停车设备接地需要单独考虑吗？

规范要求：《民标》（GB 51348—2019）中第9.8.4条要求：升降停车设备的金属导轨、金属构件及为其供电的电源应设置等电位联结。《电通规》（GB 55024—2022）中第4.6.10条第2款要求：升降停车设备等用电设备的电击防护应设置附加防护，应设置辅助等电位联结。

逻辑分析：此处"供电的电源"意指为升降停车设备供电的配电箱，配电箱外露可导电部分与升降停车设备的金属导轨、金属构件用保护连接导体做等电位联结，故需审查平面图中是否设有等电位联结。如图 7-7 所示，单独设置等电位联结即为达标。

3. 空调室外机等室外电气设备是否需要考虑局部等电位接地？

规范要求：应满足《雷规》（GB 50057—2010）中第 4.2.4 条第 7 款、第 4.3.9 条第 3 款及第 4.4.8 条第 3 款的要求：外墙内、外竖直敷设的金属管道及金属物的顶端和底端，应与防雷装置等电位联结。

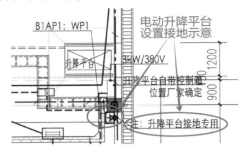

图 7-7　升降平台辅助等电位联结案例示意

逻辑分析：空调室外机是否需要考虑接地，与防侧击雷的要求相似。外墙内、外竖直敷设的金属管道及金属物的顶端和底端，应与防雷装置等电位联结，自然也包括了空调室外机的金属部分。但 60m 之上的公共建筑不会设分体空调，因此只有住宅类建筑才有可能装设，但住宅类建筑最多是第二类防雷建筑。在《民标》（GB 51348—2019）中第 11.3.3 条：应将 45m 及以上外墙上的栏杆、门窗等较大金属物直接或通过预埋件与防雷装置相连。此处专门针对第二类防雷建筑进行了要求，可见高层住宅，尤其是当高层住宅达到第二类防雷建筑的要求时，需要考虑空调室外机接地设计。对此，应先在空调板附近预留接地螺栓，螺栓下部焊接预埋板，预埋板又与板内钢筋连接，以便使室外机在安装完成后，外墙预设的空调支架可以与建筑接地网进行连接。各种预埋件做法如图 7-8 所示，墙面亦同。

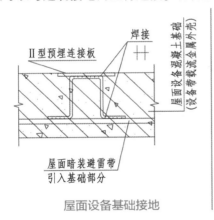

屋面设备基础接地

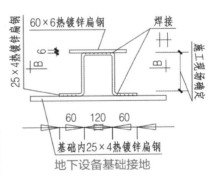

地下设备基础接地

图 7-8　接地用埋件大样示意

4. 屋顶配电箱的室外配电线路是否需要考虑接地？

规范要求：《雷规》（GB 50057—2010）中第 4.5.4 条第 2 款：从配电箱引出的配电线路应穿钢管。钢管的一端应与配电箱和 PE 线相连；另一端应与用电设备外壳、保护罩相连，并应就近与屋顶防雷装置相连。《电通规》（GB 55024—2022）中第 7.3.1 条：建筑物内的接地导体、总接地端子和进出建筑物外墙处的金属管线的可导电部分应实施保护等电位联结。

逻辑分析：随着高层及超高层建筑物的日渐增多，屋面的电气设备也越来越多，设备功能性及复杂度的要求更高，金属管路及金属线槽沿顶敷设，受到直接雷击的可能极大，而形成的感应雷轻则影响使用功能，重则毁坏设备，更甚者造成人员伤亡。所以该处须严格审核。

平面图中最好以局部等电位联结形式予以表示。如果室外设备数量众多，也要在说明中予以介绍，明确钢管或金属线槽要与设备外壳及防雷装置连接，可以采用镀锌圆钢焊接搭接，钢管入箱体的部分还要与箱体的金属外壳进行双面焊搭接。此外，金属箱体内部的PE线端子需要与进线电缆的PE线进行端接，以满足综合防雷接地的要求，同时为了进行等电位联结，均用以降低预期的接地电压。室外配电线路接地如图7-9所示。

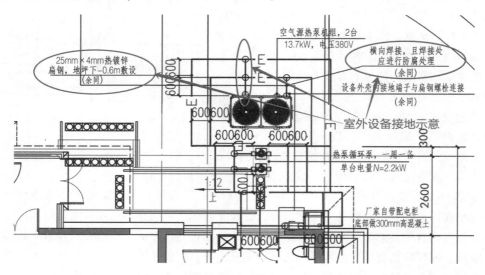

图7-9　室外设备配电线路接地案例示意

Q94 电涌保护器的几个常见问题

1. 安装在屋面（室外）的箱体，或安装于屋面（室外）的用电设备，其配电箱内是否要安装I级试验的电涌保护器？

规范要求：《电通规》（GB 55024—2022）中第7.1.6条第1款：进出防雷建筑物的低压电气系统和智能化系统应装设电涌保护器，当闪电直接闪击引入防雷建筑物的架空或室外明敷设的线路上时，应选择I级试验的电涌保护器。

逻辑分析：固定在建筑物上的节日彩灯、航空障碍信号灯及其他安装在屋面上的设备，以景观照明的支路断路器为例，在不使用期间内，断路器处于断开状态。当遭受雷击时，开关电源侧的电线、设备与钢管、配电箱、PE线之间可能产生危险的电位差而击穿电气绝缘，从户外导入的过电压可能击穿断路器，进而影响到配电箱的电源侧供电，故屋面设备配电箱SPD应安装在电源侧，如图7-10和图7-11所示。

其实在上述条文执行以前，已有《雷规》（GB 50057—2010）中第4.3.8条等要求：当电源线路从防雷分区的LPZ0区引入LPZ1区时，应安装I级试验的电涌保护器。而屋顶露天配电箱，其电源线很多是从屋顶穿线槽或明管铺设，再引入配电箱的，而屋顶外部空间属于LPZ0区。所以这种情况属于从LPZ0区到LPZ1区，应该安装I级电涌保护器。

I级电涌保护器的优点是耐受能力强，但残压相对II级的会高一些，装设在分箱内其实并不理想。且有另外一种观点，认为电源线路室外铺设的线路多穿金属管或线槽敷设，金属管或线槽再至室内或户外配电箱，因为金属套管的存在，将LPZ0区变为了LPZ1区，如按这种观点理解，则可采用Ⅱ类电涌保护器。争议源自规范"架空或室外明敷设的线路"中确实没有提及管线，而只是线路，这种"线路"的称呼可理解为明敷的裸线，但实际屋面并不支持这种安装方式，规范的初衷应该是指管线。

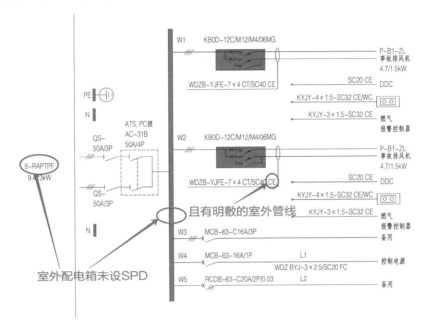

图 7-10 室外设备配电系统未设 SPD 的错误案例系统示意

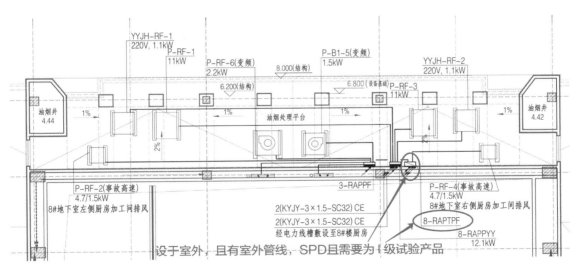

图 7-11 室外设备配电系统未设 SPD 的错误案例平面示意

但可以明确的是：当有室外明敷的管线或线槽时，则无论箱体是否为室外设置，都必须设置电涌保护器。需要注意室外箱体明敷进出线，系统敷设方式还需要参照平面的实际做法，以确定管线是否有明敷的部分，如有，需审查是否设置了电涌保护器，未设，以强制性条文要求提出；应设置Ⅰ级试验电涌保护器可提出，但不宜以强制性条文要求提出，如图 7-12 所示。

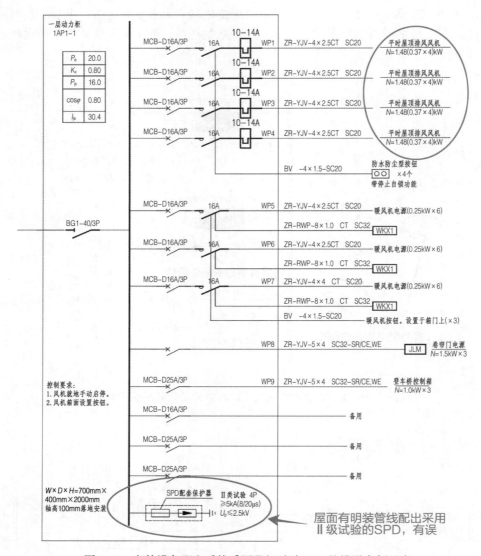

图 7-12　室外设备配电系统采用 Ⅱ 级试验 SPD 的错误案例示意

2. 电涌保护器应如何选择？

　　规范要求：由于每栋建筑物的防雷装置和配电线路差别很大，故 SPD 的放电电流应根据具体情况确定。可见《建筑物电子信息系统防雷技术规范》（GB 50343—2012）中第 5.4.3 条第 3 款所述："在配电线路分配电箱、电子设备机房配电箱等后续防护区交界处，可设置 Ⅱ 类或 Ⅲ 类试验的电涌保护器作为后级保护；特殊重要的电子信息设备电源端口可安装 Ⅱ 类或 Ⅲ 类试验的电涌保护器作为精细保护"。加之规范中图 5.4.3-1 的示意，可说明二级配电箱（后续保护区）、动力设备机房配电箱（如电梯机房的配电箱，也为后续保护区，处于 LPZ0B 与 LPZ1 交界）及网络机房、数据机房、智能化系统机房、消防安防控制室配电箱（重要的电子信息设备）等设备建议设置 Ⅱ 类或 Ⅲ 类试验的电涌保护器。又见该规范第 5.2.8 条："进入建筑物的金属管线（含金属管、电力线、信号线）应在入口处就近连接到等电位连接端子板上。在 LPZ1 入口处应分别设置适配的电源和信号电涌保护器，使电子信息系统的带电导体实现等电位连接"。则屋顶风机、窗井内潜污泵（并应选用防水型）等设有室外设备的室内配电箱应设电涌保护器。电涌保护器设置位置可参见图7-13。

逻辑分析：审查SPD的流程示意，如某三级医院的审查中，首先审查说明中应明确的雷电防护等级，并按《建筑物电子信息系统防雷技术规范》（GB 50343—2012）第4.3.1条表4.3.1确定雷电防护等级，如三级医院为A级，二级医院及五星级以上宾馆为B级。

其次，按《雷规》（GB 50057—2010）第4.2.4条第8款要求：在电源引入的总配电箱处应装设Ⅰ级试验电涌保护器。同时根据第4.3.8条第5款要求：Yyn0型或Dyn11型接线的配电变压器设在本

表5.4.3-3　电源线路浪涌保护器冲击电流和标称放电电流参数推荐值

雷电防护等级	总配电箱		分配电箱	设备机房配电箱和需要特殊保护的电子信息设备端口处	
	LPZ0与LPZ1边界		LPZ1与LPZ2边界	后续防护区的边界	
	10/350μs Ⅰ类试验	8/20μs Ⅱ类试验	8/20μs Ⅱ类试验	8/20μs Ⅱ类试验	1.2/50μs和8/20μs 复合波Ⅲ类试验
	I_{imp}（kA）	I_n（kA）	I_n（kA）	I_n（kA）	U_{oc}（kV）/I_{sc}（kA）
A	≥20	≥80	≥40	≥5	≥10/≥5
B	≥15	≥60	≥30	≥5	≥10/≥5
C	≥12.5	≥50	≥20	≥3	≥6/≥3
D	≥12.5	≥50	≥10	≥3	≥6/≥3

图7-13　《建筑物电子信息系统防雷技术规范》
（GB 50343—2012）中表5.4.3-3截图

建筑物内或附设于外墙处时，应在变压器高压侧装设避雷器；在低压侧的配电屏上，当有线路引出本建筑物至其他有独立敷设接地装置的配电装置时，应在母线上装设Ⅰ级试验的电涌保护器。据此审查进户处的电涌保护器等级是否正确。

审查三级医院变电室低压配电柜母线电涌保护器时，应按《建筑物电子信息系统防雷技术规范》（GB 50343—2012）表5.4.3-3中A级的要求，即电源线路电涌保护器冲击电流选择$I_{imp} \geq$ 20kA，而不能采用《雷规》（GB 50057—2010）规定的$I_{imp} \geq 12.5$kA（如其第4.3.8条第4款，规范多处有表述）。

Q95 关于雷电反击的几个常见问题

1. 近距离敷设两条接闪带是否可以？

规范要求：《雷规》（GB 50057—2010）中第4.2.1条第5款：独立接闪杆和架空接闪线或网的支柱及其接地装置与被保护建筑物及与其有联系的管道、电缆等金属物之间的间隔距离应按公式计算，且不得小于3m。

逻辑分析：公式计算一般用不到，但这个"3m"的常规要求，容易执行。规范要求为架空接闪线或网与金属物之间的间隔距离，则近距离敷设的两条接闪带符合规范中的背景要求。其中一条可以认为是架空接闪线，另外一条则为金属物，如贴邻敷设，则存有雷电反击的可能。如图7-14所示，即为常见错误。

2. 防雷引下线与建筑物室内接地线能否连接在一起？是否存有雷电反击的可能？

规范要求：《雷规》（GB 50057—2010）中第4.3.8条及第4.4.7条要求：当金属物或线路与引下线之间有自然或人工接地的钢筋混凝土件、金属板、金属网等静电屏蔽物隔开时，金属物或线路与引下线之间的间隔距离可无要求。

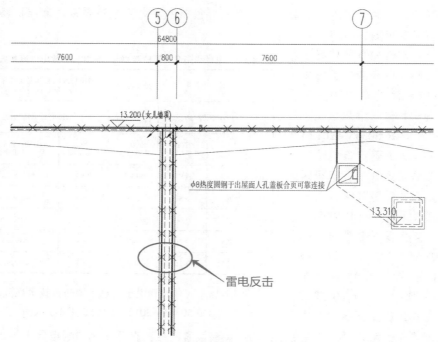

图 7-14　避雷带雷电反击案例示意

　　逻辑分析：建筑立面内的竖向防雷引下线与室内接地金属不建议直接连接，因距离太短，如上文所述，可能形成雷电反击，对建筑物实体及人员安全形成隐患。需要防止雷电流对室内的设备形成反击，故设有电气井道内的通长专用接地线，用于各种等电位的联结。而防雷引下线和建筑物室内接地线或是其他金属件要离开一定的距离才较为合理，需要分开敷设，距引下线 3m 范围内不存有室内金属接地线，即可认为不会发生雷电流反击。

　　而依据上文规范的要求，当金属物或线路与引下线之间有自然或人工接地的钢筋混凝土件、金属板、金属网等静电屏蔽物隔开时，金属物或线路与引下线之间的间隔距离可无要求，普通钢筋混凝土建筑均可以满足该要求。当建筑物的内部为钢筋混凝土形成的金属钢筋网罩形态时，则防雷引下线和建筑物室内金属件就没必要分隔，如图 7-15 所示。

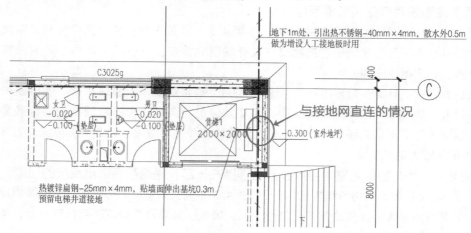

图 7-15　引下线与接地网直连的案例示意

3. 防雷引下线可以穿越建筑内部吗?

规范要求:《电通规》(GB 55024—2022)中第7.1.8条要求:专用引下线或专设引下线应沿建筑物外轮廓均匀设置。建筑物外的引下线敷设在人员可停留或经过的区域时,应采用下列一种或两种方法,防止跨步电压、接触电压和旁侧闪络电压对人员造成伤害。《雷规》(GB 50057—2010)中第4.2.4条第2款等有要求:引下线不应少于2根,并应沿建筑物四周和内庭院四周均匀或对称布置。

逻辑分析:防雷引下线需要设置在建筑物的四周,而不可以穿越建筑内部,规范中要求为沿建筑物外轮廓均匀设置,可见规范对于实施结果的要求。建筑物被雷击时,雷电流下泄,如果有钢筋外露或是搭接到其他的内部接地线的情况,则雷电流不会直接泄入地下,而是通过接触面,产生跨步电压、接触电压,人员接触时对人员容易造成伤害。并可能产生感应雷,造成电气设备的损坏,所以出现在室内的引下线是禁止的。依据规范要求,如无法避免,则采用一种或两种方法规避,常见为设置防护网、绝缘管,或是设置警告牌。

此类审查内容的常见情况为建筑物上下结构位置不对应,上方顶为屋顶外围,下方至接地部分就变为了室内,则容易出现引下线入户的情况。所以建议接地和防雷应从下向上进行对应,而非按习惯思路从上向下绘制,这样可杜绝引下线进入室内的可能。如图7-16所示,引下线设于四周柱网,但穿越室内,需要考虑跨步电压等防护。

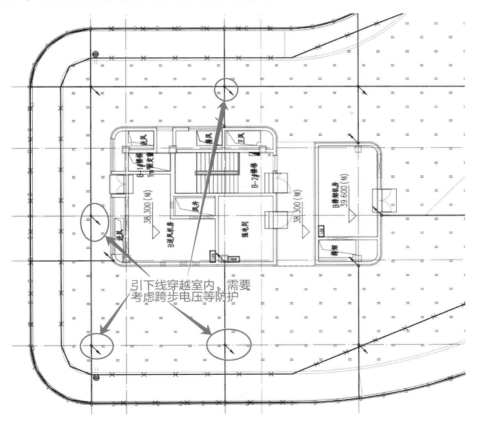

图7-16 引下线穿越室内案例示意

Q96 关于接地电阻的几个常见问题

1. 工作接地与保护接地是否需要分开?

规范要求:《建筑物电子信息系统防雷技术规范》(GB 50343—2012) 中第5.2.5条:防雷接地与交流工作接地、直流工作接地、安全保护接地共用一组接地装置时,接地装置的接地电阻值必须按接入设备中要求的最小值确定。《电通规》(GB 55024—2022) 中第7.2.7条:共用接地装置的电阻值应满足各种接地的最小电阻值的要求。

逻辑分析:首先,两者的定义就不同。工作接地是通过将金属接地体连接到裸露的导线和设备上,形成电气连接,从而将电场电势限制到安全范围内,民用建筑电气中最常见的就是变压器中性点工作接地,可防止零序电压偏移,以保持三相电压基本平衡,可见工作接地并不起保护电气设备的作用,而是保障电气设备的运行。而保护接地因名可知,为保护人体免遭电击伤而进行的外壳接地。所以变配电室变压器中性点接地需要与其保护接地分开设置,除此以外,民用建筑接地系统可以共用,如图7-17所示。

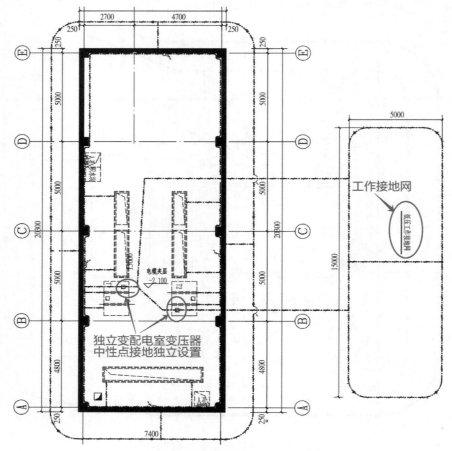

图7-17 室外独立变配电室工作接地与保护接地分开设置案例示意

由于工作接地的电阻要求与保护接地、防雷接地的阻值要求并不同，所以弱电机房的等电位联结板与机房工作接地应分别与基础接地极相连，不应彼此直接相连。但当工作接地、保护接地、防雷接地按最小的接地电阻进行要求时，则可以共用一组接地装置，此可见上述规范要求。

审图时看是否均采用综合接地电阻≤1Ω（北京地区综合接地电阻≤0.5Ω），如果是，则已经按综合接地电阻最小值进行设计，可以认为各接地系统已连接成为一个整体，如图7-18所示。

上述的接地系统均针对 TN 系统，因为在《电通规》（GB 55024—2022）中第7.2.2条要求：TT 接地系统的电气设备外露可导电部分所连接的接地装置不应与变压器中性点的接地装置相连接。可见 TT 系统需要严格执行，保护接地与工作接地应分开设置。

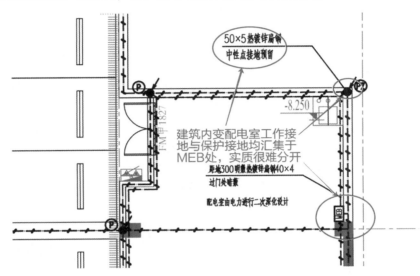

图 7-18　室内变配电室工作接地与保护接地实质合用案例示意

2. 整体建筑为公共接地系统时，室外设施接地电阻是否可以按 4Ω 来要求？

规范要求：《民标》（GB 51348—2019）中第12.5.11条：建筑物各电气系统的接地，除另有规定外，应采用同一接地装置，接地装置的接地电阻应符合其中最小值的要求。各系统不能确定接地电阻值时，接地电阻不应大于1Ω。

逻辑分析：建筑物各电气系统的接地，采用同一接地装置时，接地装置的接地电阻应符合其中最小值的要求。当下新建项目多采用共用接地系统，因此，上述条文适用性较普遍。当各系统不能确定接地电阻值时，如室外景观照明由本体建筑供电，接地系统成一体，则接地电阻不应大于1Ω。如地区接地电阻有更高的要求，如在北京地区，公共接地电阻为0.5Ω，则接地电阻不应大于0.5Ω。如图7-19所示的案例说明中，见室外照明为 TN-S 接地系统，采用公共接地系统，则说明中的4Ω偏大。

7. 接地
(1) 本工程低压配电系统接地型式采用TN-S系统，TN-S接地系统的PE、N应分别设置。凡不带电的金属设备外壳及金属配线管等均应按有关规范要求接PE线。
(2) 本工程实施总等电位联结:电源进户线处应做重复接地。接地极与防雷系统共用。凡有出入本建筑的电缆金属外皮、金属管道等应与防雷接地系统相连，所有出入本建筑的金属管道均应可靠连通实施等电位联结。重复接地做法参照图纸14D504-P17、P122。　　　　与室内共用接地系统
(3) 接地电阻不得大于4欧姆。否则应补打接地极直至合格。　接地电阻按室外接地要求不妥

图 7-19　公共接地系统应取最小值的错误说明案例示意

Q97 存有高差的建筑物屋顶，低层如何确定防雷等级？

规范要求：《雷规》（GB 50057—2010）中第4.5.2条第3款：当防雷建筑物部分的面积占建筑物总面积的50%以上时，该建筑物宜按本规范第4.5.1条的规定采取防雷措施。

逻辑分析：存有高差的建筑物屋顶，是指建筑物存在多个屋顶标高的情况，实际中多指高层建筑物下的裙房屋面。而关于此，第一类防雷建筑并不多［《电通规》（GB 55024—2022）实施后，第一类防雷民用建筑已不存在］，所以民用建筑多为第二、三类防雷兼存的情况。而《雷规》（GB 50057—2010）第4.5.1条的核心内容为高防雷要求的屋面面积超30%时，防雷按高等级要求，否则按其下级要求。

主体建筑为主要防雷部分，因其高度高，虽然面积可能相对会小，但多大于屋面总面积的30%，故在不能准确计算裙房的防雷等级时，一般建议裙房与主体结构防雷等级相同较为稳妥，采用同样的防雷要求，规避防雷等级的计算错误。

重点审核图纸中的高差，要求设计人员在图纸上标注屋顶的标高，以方便发现平面中的高差区别，当发现在同一平面图中存在不同高差时，审查较低处屋面接口处是否缺失接闪器。

既有建筑改造中，常见防雷设施参与改造，如更换避雷带时，同标高或略低于屋面标高的阳台，易漏设置接闪器。或有高差的相邻两个露台交接处，同样需要设计接闪器。对此均需审查，如图7-20和图7-21所示。

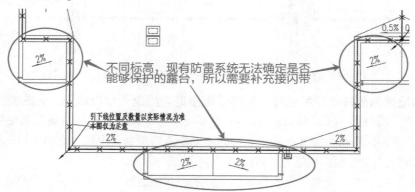

图7-20 既有建筑改造中漏设置接闪器的案例示意

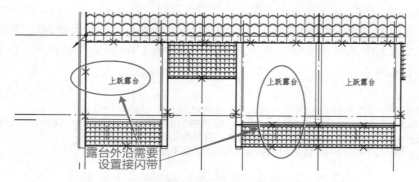

图7-21 既有建筑改造中露台设置接闪器案例示意

第8章

弱电设计常见审查问题及解析

Q98 消防电梯轿厢内部应设置专用消防对讲电话，其是否可兼用作电梯五方对讲的轿厢分机？

规范要求：《建规》（GB 50016—2014）（2018 年版）中第 7.3.8 条第 7 款要求：消防电梯轿厢内部应设置专用消防对讲电话。《火规》（GB 50116—2013）中第 4.7.2 条要求：电梯运行状态信息和停于首层或转换层的反馈信号，应传送给消防控制室显示，轿厢内应设置能直接与消防控制室通话的专用电话。

逻辑分析：电梯轿厢电话是五方通话中的一方，用于物业管理，并非消防设施，一般由电梯厂家完成，其通信线缆的选型和敷设达不到消防要求，不能替代消防专用电话，且消防电梯机房的消防电话为独立的消防通信系统。

但当电梯五方对讲系统主机设置在消防控制室内，为多线制调度主机时，且相关通信线路满足《火规》（GB 50116—2013）第 11.2.2 条和第 11.2.5 条的规定，即电压等级相同，且采用阻燃或阻燃耐火电线电缆时，可用电梯五方对讲的轿厢分机替代消防电梯轿厢内部专用消防对讲电话使用。或利用电梯机房内设置的消防专用电话分机，轿厢内消防电话与之共用电话线路，但不能利用电梯前室的消防电话插孔回路，如图 8-1 所示。

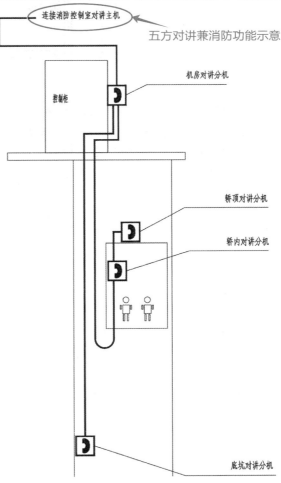

图 8-1 电梯五方对讲分机兼用消防电梯消防对讲电话案例示意

Q99 无障碍设施的几个常见问题

1. 无障碍卫生间门口是否应设置声光报警器？

规范要求：公共无障碍卫生间按《民标》（GB 51348—2019）第 17.2.8 条第 4 款

第3）项要求：需在无障碍卫生间门口设置声光报警器。

逻辑分析：从规范字面来说，无障碍卫生间门口设置声光报警器并无异议，无障碍客房和无障碍住房、居室内的无障碍卫生间均需要在无障碍卫生间门口设置声光报警器。但考虑到声光报警器的设置意义是将该客房、住房、居室的其他主要人员活动空间的救助呼叫信号，统一送至有人值班处，则公共无障碍卫生间应要求救助呼叫信号系统应具有确定求助地址的功能。现场声光报警器的设置，同样是需要让公共空间的工作人员第一时间得到信号。

而居室内部的无障碍卫生间无人值守，则没必要在无障碍客房和无障碍住房居室内的无障碍卫生间门口设置声光报警器，建议在无障碍客房和无障碍住房外侧门头处设置声光报警器。如图8-2所示为社区养老中心的示意，卫生间外为公共场合，置于卫生间门外合理。

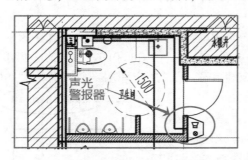

图8-2 公共卫生间声光报警器置于卫生间门外案例示意

2. 无障碍服务设施内的照明、设备、设施的开关和调控面板距地面高度应为0.85 ~ 1.10m，这其中的无障碍服务设施具体指哪些场所？

规范要求：《建筑与市政工程无障碍通用规范》（GB 55019—2021）中第3.1.6条要求：无障碍服务设施内供使用者操控的照明、设备、设施的开关和调控面板应易于识别，距地面高度应为0.85 ~ 1.10m。

逻辑分析：关于无障碍服务设施包含的场所，可见上述条文的条文说明：无障碍厕所、无障碍客房和无障碍住房、居室等无障碍设施的内部，墙面上布置的控制照明、空调等设备设施的开关和调控面板，在选择产品时应优先选择通用设计的产品，安装高度应考虑乘轮椅者及身材矮小者的使用需要，要比一般场所更低。可见审查中需要注意0.85 ~ 1.10m的设计高度，不仅包含照明开关，也包括调控面板；不仅包含无障碍居室及卫生间，也包含无障碍居室内部的封闭厨房等轮椅者可能使用的场所。

该条规范编制最适用的场景是适老性建筑，以面对老龄化社会的到来。开关设置要符合老年人的需求，为了方便老人使用，除了满足高度的要求，在养老类建筑的审图和设计中，灯具的开关应带指示灯，以便于老年人在黑暗中识别开关。而由于大多数老年人均为远视眼，为更加便利地打开和关闭开关，疗养室、养老建筑等场所的照明开关应选用宽板开关，故要在说明或材料表中说明选用的是宽板带指示灯的开关面板。见《老年人照料设施建筑设计标准》（JGJ 450—2018）中第7.3.5条：照明开关应选用带夜间指示灯的宽板翘板开关，安装位置应醒目，且颜色应与墙壁区分，高度宜距地面1.1m。该处分平面与材料表两处审查，如一处有表达，则满足要求，如图8-3所示。

39	⚊⚊	单联，双联，三联单控翘板防水型开关	200V 10A	距地1.3m（残卫距地1.0m）
40	⚊⚊	单联，双联，三联单控翘板暗开关	200V 10A	距地1.3m（残卫距地1.0m）
41	⚊⚊	单联，双联，三联单控防爆型开关	200V 10A	距地1.3m
42	⚊	红外感应延时开关 具备存在感应延时与亮度控制功能	(250V 10A t=60s)	暗装，底距地1.3m
43	⚊	单联双控开关（电梯井道内为防水型）	200V 10A	暗装，底距地1.3m
44	Ⓣ	感应器-照明控制用 存在感应延时与亮度控制		吸顶或AFFL2.3m壁装
45	⚋	安全型二三孔暗装插座	250V 10A	距地0.3m
46	⚋	安全型二三孔暗装插座(防水型 IP54)	250V 10A	除注明外底距地1.5m（安装在2区之外）
47	⚋	厨宝安全型二三孔暗装插座(防水型 IP54)	250V 10A	底边距地0.5m（安装在2区之外）
48	⚋	安全型三孔壁挂空调暗装插座	250V 16A	底边距地2.30m
49	⚋	安全型三孔柜式空调暗装插座	250V 16A	底边距地0.30m
50	⊙	感应器防水接线盒	DC12V安全型电源，电源转换器设备自带	小便器的感应器接线盒底距地1.2m 蹲便、洗手盆的感应器接线盒底边距地0.5m
51	⊖ ⊠	排风扇		位置以设备专业为准，顶板预留86盒
52	⚊	空调室内机/新风换气机温控面板	产品配套提供	暗装，底距地1.3m（残卫距地1.0m）

无障碍开关的高度注明
卫生间插座设于2区以外注明
小便器的电源等级注明
安全型插座的要求

图 8-3 材料表中无障碍设施开关案例示意

Q100 机房监控的几个常见问题

1. 生活泵房是否需要设置溢流显示？

规范要求：《建筑给水排水与节水通用规范》（GB 55020—2021）中第3.3.5条要求：生活饮用水水箱间、给水泵房应设置入侵报警系统。其第3.4.6条要求：生活给水水池（箱）应设置水位控制和溢流报警装置。

逻辑分析：生活泵房应配备门禁、摄像头等安防措施或采用密码、指纹等身份识别安全技术。在审查中要求为必须设置，需审查门禁及内外的摄像头是否设计。但若没有设置，不一定按强制性条文提意见，需要分为下面两种情况区别对待：已注明属于智能化设计范围，且送审的智能化图纸中包含视频监控系统和出入口控制系统等设计内容时，应该审查，并提出意见；如为后期深化，且注明智能化设计不在本次设计范围内，未送视频监控系统和出入口控制的设计图纸，则可不作审查。如图8-4所示，当在平面图中注明相关文字时，审图可不予提出。

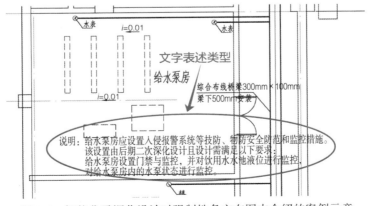

图 8-4 智能化需深化设计时强制性条文在图中介绍的案例示意

而对于《建筑给水排水与节水通用规范》（GB 55020—2021）第3.4.6条关于溢流报警的要求，应由给水排水专业设计和审查，电气专业仅根据给水排水专业所提供的资料，配合管线设计，但不作为电气专业审查内容。如电气予以标识也可，如不标识，也不算违规，提醒给水排水专业进行核实即可。

此外，住宅小区生活泵房多由当地城市供水公司设计，其生活泵房设计均已满足《建筑给水排水与节水通用规范》（GB 55020—2021）第3.3.5条和第3.4.6条要求（杭州地区要求），审查时要了解当地的相关政策。而除住宅小区的生活泵房，其他工程项目的生活泵房设计仍多由建筑主体设计单位完成。因此，对于《建筑给水排水与节水通用规范》（GB 55020—2021）第3.3.5条，住宅小区生活泵房可不作审查，其他工程项目应审查溢流系统，如图8-5所示。

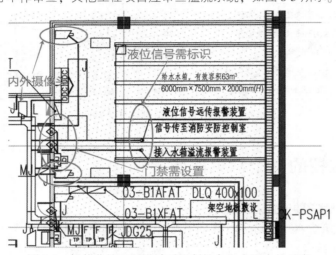

图8-5　智能化施工图设计时强制性条文在图中的示意

2. 消防安防合用时控制中心的视频监控及门禁有何审查要求？

规范要求：《安全防范工程通用规范》（GB 55029—2022）中第3.1.9条要求：高风险保护对象的监控中心防护应设置视频监控装置，且其采集的图像应能清晰显示人员出入及室内活动的情况，还应设置入侵探测、出入口控制装置。

逻辑分析：对比之前的规范《安全防范工程技术标准》（GB 50348—2018）中的相关条文，内容的表述有一些微小的变动，但已足可以影响审查的要求。如《安全防范工程技术标准》（GB 50348—2018）中第6.14.2条的要求：监控中心出入口应设置视频监控和出入口控制装置；监视效果应能清晰显示监控中心出入口外部区域的人员特征及活动情况。监控中心内应设置视频监控装置，监视效果应能清晰显示监控中心内人员活动的情况。由上述两项条文的文字进行对比可见，前者中对于外部的视频监控没有了要求，但相应增加了入侵探测的要求，但也提出适用于高风险保护对象的监控中心。

前者的条文说明中介绍：高风险保护对象是指依法确定的治安保卫重点单位和防范恐怖袭击重点目标。

1）治安保卫重点单位如：广播电台、电视台、通迅社等重要新闻单位；机场、港口、大型车站等重要交通枢纽；国防科技工业重要产品的研制、生产单位；电信、邮政、金融单位；大型能源动力设施、水利设施和城市水、电、燃气、热力供应设施；大型物资储备单位和大型商贸中心；教育、科研、医疗单位和大型文化、体育场所；博物馆、档案馆和重点文物保护单位；研制、生产、销售、储存危险物品或者实验、保藏传染性菌种、毒种的单位；国家重点建设工程单位；其他需要列为治安保卫重点的单位。

2）防范恐怖袭击重点目标，公安机关应当会同有关部门来决定。

而在《电通规》（GB 55024—2022）第5.3.3条中与之对应：安防监控中心应具有防止非正常进入的安全防护措施。其条文说明对"安全防护措施"的电气部分解释为安防监控中心内部的监视、出入口控制、入侵和紧急报警等多种形式或其组合。

上述两本规范的相关条文各有特点，但均为强制性条文。《安全防范工程通用规范》（GB 55029—2022）实施措施清晰，《电通规》（GB 55024—2022）中条文实施需与条文说明对照才可，但再无高风险保护对象的要求，所以其要求更具普遍性。故审查时建议以高风险保护对象监控中心作为审查中选择规范的前置条件，如不为高风险保护对象监控中心，可依据《电通规》（GB 55024—2022）中要求提出意见。

而如为无人员值守的场所，入侵检测则可用外部的视频监控来兼顾，如有人值守，入侵检测也可不设，如图8-6所示。

3. 生活水泵房监控有何要求？

规范要求：《建筑给水排水与节水通用规范》（GB 55020—2021）中第3.3.5条：生活饮用水水箱间、给水泵房应设置入侵报警系统等技防、物防安全防范和监控措施。

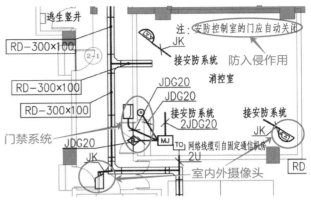

图8-6 消防安防合用时视频监控及门禁设置案例示意

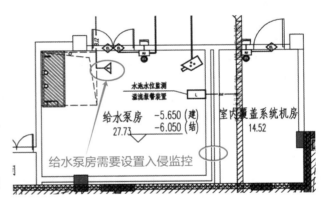

图8-7 生活水泵房监控设置案例示意

逻辑分析：如图8-7所示，入侵报警可采用双鉴探测器；监控措施是指视频监控系统；生活水泵房物防安全措施中的实体门与电气无关，物防安全防范中的电气内容则多指门禁系统。

Q101 火灾报警系统与灭火系统和视频监控系统的联动应如何实现？

规范要求：《数据中心设计规范》（GB 50174—2017）中第13.3.1条要求：采用管网式气体灭火系统或细水雾灭火系统的主机房，应同时设置两组独立的火灾探测器，火灾报警系统应与灭火系统和视频监控系统联动。《火灾自动报警系统设计规范》（GB 50116—2013）中第4.10.2条要求：消防联动控制器应具有自动打开涉及疏散的电动栅杆等的功能，宜开启相关区域安全技术防范系统的摄像机监视火灾现场。

逻辑分析：火灾报警系统应与灭火系统和视频监控系统联动，分为两种情况：一种是烟雾需要及早发现的场所，如空气高速流动的数据中心，由于烟雾被气流稀释，致使一般感烟探测器的灵敏度降低，只有当两组独立的火灾探测器同时发出报警，火情才予以确认。此外，烟雾可导致电子信息设备损坏，如能及早发现火灾，可减少设备损失，因此主机房宜采用灵敏度严于 $0.01\%\,obs/m$ 的吸气式烟雾探测火灾报警系统作为感烟探测器来使用。此时，火灾报警系统接收到火灾探测器的信号后发出控制信号，启动灭火系统和视频监控系统。通过安装视频监控设备，对消防区域进行实时监控和录像存储，以便对火灾事件进行追踪分析，提高火灾处理的效率和准确率，为火灾时使用。

另外一种则是因为场景需要，设置了门禁系统的情况，典型如剧本杀经营等场所，这是基于《文化和旅游部公安部住房和城乡建设部应急管理部市场监管总局关于加强剧本娱乐经营场所管理的通知》（文旅市场发〔2022〕70号文）。在北京地区要求剧本杀经营场所应当设置视频监控系统，此可见《剧本娱乐经营场所消防安全指南（试行）》（消防〔2023〕26号）中第一条第（四）款。剧本杀应当设置一键开锁装置，见《剧本娱乐经营场所

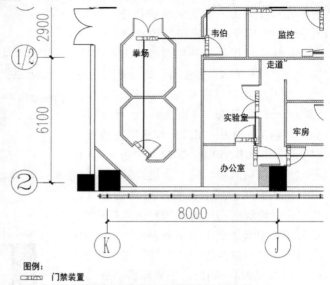

图例：
门禁装置
（发生火灾时监控室可将场所内所有密码锁、电子锁、门禁系统一键全开。每个房间内另设本房间一键开启按钮。线缆型号采用WDZN-RYS-2x1.5）

图 8-8　剧本杀经营场所门禁设置平面案例示意

消防安全指南（试行）》（消防〔2023〕26号）中第一条第（七）款。通过视频监控系统，能第一时间发现火情，并通过消防报警系统的联动，快速打开门禁系统，如图 8-8 和图 8-9 所示。

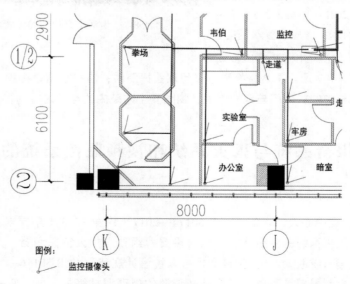

图例：
监控摄像头

图 8-9　剧本杀经营场所视频监控设置平面案例示意

附　　录

序号	标准名称	简称	标准号	区域	性质
1	《建筑设计防火规范》	《建规》	GB 50016—2014（2018 年版）	国家	标准
2	《低压配电设计规范》	《低规》	GB 50054—2011	国家	标准
3	《建筑物防雷设计规范》	《雷规》	GB 50057—2010	国家	标准
4	《火灾自动报警系统设计规范》	《火规》	GB 50116—2013	国家	标准
5	《民用建筑电气设计标准》	《民标》	GB 51348—2019	国家	标准
6	《建筑节能与可再生能源利用通用规范》	《节能通规》	GB 55015—2021	国家	标准
7	《建筑电气与智能化通用规范》	《电通规》	GB 55024—2022	国家	标准
8	《消防设施通用规范》	《消通规》	GB 55036—2022	国家	标准
9	《建筑防火通用规范》	《建通规》	GB 55037—2022	国家	标准
10	《消防应急照明和疏散指示系统技术标准》	《应急照明标》	GB 51309—2018	国家	标准
11	《北京市既有建筑改造工程消防设计指南》		无（2023 年版）	北京	指南
12	《上海市房屋建筑工程施工图设计文件技术审查要点（建筑设备篇）》（3.0 版）		无（2024 年版）	上海	要点
13	《上海市既有建筑改造工程消防技术指南》		无（2024 年版）	上海	指南
14	《天津市特殊建设工程消防设计审查常见问题疑难解析》		无（2023 年版）	天津	解析
15	《人民防空工程常见问题及解释》		无（2023 年版）	北京	问题解释
16	《广东省建设工程人防设计、审查疑难问题解析》		无（2023 年版）	广东	解析
17	《广东省建设工程消防设计审查疑难问题解析》		无（2023 年版）	广东	解析
18	《深圳市建设工程消防设计疑难解析》		无（2022 年版）	深圳	解析
19	《深圳市房屋建筑工程施工图设计文件监督抽查常见问题汇编》（第 1 版）		无（2023 年版）	深圳	问题汇编
20	《江苏省建设工程施工图设计审查技术问答》		无（2023 年版）	江苏	技术问答
21	《江苏省建设工程消防设计审查验收常见技术难点问题解答 2.0》		无（2022 年版）	江苏	问题解释
22	《江苏省既有建筑改造消防设计技术要点（试行）》		无（2023 年版）	江苏	要点
23	《南京市既有建筑改造消防设计审查工作指南》		无（2021 年版）	南京	指南
24	《南京市建设工程消防验收技术指南（试行）》		无（2021 年版）	南京	指南
25	《苏州市既有建筑改造施工图设计审查要点》		无（2020 年版）	苏州	要点

（续）

序号	标准名称	简称	标准号	区域	性质
26	《山东省施工图审查常见问题解答（第一册 房屋建筑）》		无（2024年版）	山东	问题解答
27	《山东省建设工程消防设计审查验收技术指南（电气）》		无（2022年版）	山东	指南
28	《山东省既有建筑改造工程消防设计审查验收技术指南》		无（2023年版）	山东	指南
29	《青岛市建筑工程施工图设计审查技术问答清单》		无（2024年版）	青岛	清单
30	《浙江省建筑工程消防验收操作技术导则（试行）》		无（2022年版）	浙江	导则
31	《杭州市既有建筑改造消防技术导则（试行)》		无（2022年版）	杭州	导则
32	《杭州市勘察设计综合检查施工图设计常见问题及质量通病》		无（2020年版）	杭州	常见问题
33	《宁波市施工图设计常见问题及质量通病》		无（2020年版）	宁波	常见问题
34	《杭州市建设工程有关消防技术问题的专家答复》		无（2022年版）	杭州	答复
35	《海南省消防技术规范难点问题操作技术指南（暂行)》		无（2018年版）	海南	指南
36	《海南省建设工程消防设计审查验收疑难问题解答》		无（2023年版）	海南	问题解答
37	《陕西省建筑防火设计、审查、验收疑难问题技术指南》		无（2021年版）	陕西	指南
38	《西安市建筑防火设计、审查、验收疑难点问题技术指南》		无（2019年版）	西安	指南
39	《西安市既有建筑改造消防设计、审查技术指南（试行)》		无（2021年版）	西安	指南
40	《广西建设工程消防设计审查验收常见问题汇编》		无（2023年版）	广西	汇编
41	《南宁市建筑工程消防技术难点问题解答》		无（2022年版）	南宁	问题解答
42	《云南省建设工程消防技术导则—建筑篇（试行)》		无（2021年版）	云南	导则
43	《河南省房屋建筑工程消防设计审查常见技术问题解答》		无（2023年版）	河南	问题解答
44	《河南省建设工程消防设计审查验收疑难问题技术指南》		无（2023年版）	河南	指南
45	《河南省房屋建筑工程消防验收现场评定常见问题解析》		无（2023年版）	河南	问题解答
46	《湖北省建设工程消防设计审查验收疑难问题技术指南》		无（2022年版）	湖北	指南
47	《执行工程建设标准及强制性条文等疑难问题解答》		无（2021年版）	武汉	问题解答

（续）

序号	标准名称	简称	标准号	区域	性质
48	《武汉市既有建筑改造工程消防设计指南（试行)》		无（2024年版）	武汉	指南
49	《湖南省房屋建筑和市政基础设施工程施工图设计文件审查要点（第一册)》		无（2023年版）	湖南	要点
50	《安徽省建设工程消防设计审查验收疑难问题解答》		无（2024年版）	安徽	问题解答
51	《合肥市既有建筑改造消防设计及审查指南（试行)》		无（2022年版）	合肥	指南
52	《合肥市建设工程消防设计审查工作指南（试行)》		无（2021年版）	合肥	指南
53	《合肥市建设工程消防常见问题质量手册》		无（2022年版）	合肥	质量手册
54	《重庆市建设工程消防设计审查技术疑难问答》		无（2023年版）	重庆	问答
55	《成都市既有建筑改造工程消防设计指南》		无（2022年版）	成都	指南
56	《四川省房屋建筑工程消防设计技术审查要点（试行)》		无（2022年版）	四川	要点
57	《石家庄市消防设计审查疑难问题操作指南》		无（2021年版）	石家庄	指南
58	《雄安新区建设工程消防验收常见典型问题处理工具手册》		无（2023年版）	雄安	手册
59	《山西省民用建筑工程消防设计审查难点解析》		无（2022年版）	山西	难点解析
60	《贵州省消防技术规范疑难问题技术指南》		无（2022年版）	贵州	指南
61	《福建省房屋建筑和市政基础设施工程消防设计技术审查导则》		无（2022年版）	福建	导则
62	《江西省建筑工程消防技术相关问题意见》		无（2020年版）	江西	意见
63	《甘肃省建设工程消防设计技术审查要点（建筑工程)》		无（2020年版）	甘肃	要点
64	《乌鲁木齐市施工图审查常见问题汇总—建筑专业》		无（2020—2023年版）	乌鲁木齐	问题汇总
65	《关于发布〈北京市推广、限制和禁止使用建筑材料目录（2014年版)〉的通知》		无（京建发〔2015〕86号）	北京	地方文件
66	《北京市建筑工程施工图设计文件审查 电气专业相关问题研讨会纪要》		无（京施审专家委房建〔2015〕水字第1号）	北京	会议纪要

参 考 文 献

[1] 白永生.民用建筑电气审图要点解析 [M].北京：中国建筑工业出版社，2020.

[2] 白永生.建筑电气弱电系统设计指导与实例 [M].2 版.北京：中国建筑工业出版社，2019.

[3] 白永生.建筑电气强电设计指导与实例 [M].北京：中国建筑工业出版社，2016.

[4] 白永生.建筑电气常见二次原理图设计与实际操作要点解析 [M].北京：机械工业出版社，2022.

[5] 中国建筑标准设计研究院.全国民用建筑工程设计技术措施（电气）[M].北京：中国计划出版社，2009.

[6] 中南建筑设计院股份有限公司.建筑工程设计文件编制深度规定 [M].北京：中国计划出版社，2017.

[7] 中国航空工业规划设计研究院.工业与民用配电设计手册 [M].3 版.北京：中国电力出版社，2005.